高等职业教育土建类"十四五"规划教材

工程CAD实训教程

王其恒 ◎ 编著

華中科技大學出版社
http://press.hust.edu.cn
中国 · 武汉

内 容 简 介

编者编写本书有两个目的，一是为 CAD 学习者提供实训素材，二是为 CAD 学习者提供图形绘制视频教程。

全书内容分为几何图形的绘制、常用系统变量及其设置、工程构造图的绘制、专业工程图的绘制等部分，每一部分内容均以图形为主，文字仅用于表达绘图要求和注意事项。本书几何图形的绘制部分对所有工科专业均适用；专业工程图的绘制以土木类专业图形为主，同时稍微进行了拓展。本书视频教程可通过扫描书中二维码获得。

本书可供普通高等学校本科、专科学生学习使用，也可供中专、中职学生或社会从业者学习使用。

图书在版编目(CIP)数据

工程 CAD 实训教程/王其恒编著. —武汉：华中科技大学出版社，2023.8(2024.8 重印)
ISBN 978-7-5680-9801-4

Ⅰ.①工… Ⅱ.①王… Ⅲ.①工程制图-AutoCAD 软件-教材 Ⅳ.①TB237

中国国家版本馆 CIP 数据核字(2023)第 158975 号

工程 CAD 实训教程
Gongcheng CAD Shixun Jiaocheng

王其恒 编著

策划编辑：康 序
责任编辑：史永霞
封面设计：孢 子
责任监印：朱 玢
出版发行：华中科技大学出版社(中国·武汉) 电话：(027)81321913
武汉市东湖新技术开发区华工科技园 邮编：430223
录 排：武汉创易图文工作室
印 刷：武汉市洪林印务有限公司
开 本：880mm×1230mm 1/16
印 张：8.5
字 数：390 千字
版 次：2024 年 8 月第 1 版第 2 次印刷
定 价：35.00 元

前　　言

AutoCAD 从早期的 R14、R15 到现在的 2023、2024，经历了多个版本，使用越来越广泛。在教学中，编者深切体会到一个问题，就是学生的实训素材不足，普通的 CAD 教材中有实训素材，但其数量和种类远远不够。而没有实训素材，学生就会陷于盲目学习，不知如何练习，学习效果自然不佳。学生的实训素材主要由教师提供，但很多年轻教师从教年限尚短，自身没有积累太多素材，且在收集素材时往往抓不住重点；也有一些教师，虽从教多年，但教学中没有主动收集教学素材，手头素材同样也是不足。

编者从事 CAD 教学 20 多年，收集了大量 CAD 实训素材，这些素材有编者自己绘制的，有参考其他图书和网上资料的，还有根据近十年的 CAD 各种大赛资料整理的。编者通过细心甄选、仔细雕琢，尽力使其适于学生学习以及排版刊印。这些素材主要分为几何图形、工程构造图、专业工程图三个部分，其中以几何图形的篇幅最多。几何图形分为二维几何图形和三维建模两类。三维建模在 CAD 中应用不多，故本书安排的素材较少；二维几何图形素材则较多，编者按难度将其分为简单、较复杂和复杂三个层次，同时还介绍了技巧图和轴测图的绘制。本书工程构造图和专业工程图以建筑施工图、结构施工图、给排水施工图、水利工程图、路桥工程图、机械工程图等为主。另外，本书还介绍了常用系统变量及其设置、CAD 绘图中的常见问题及其解决办法等。编者在编排本书素材时采用的是由易到难、由简至繁、由分散到集中、由基础到专业，循序渐进、逐步提升的方式，在选择素材时兼顾 CAD 绘图中的各种常用命令，在选择专业图时尽可能考虑其典型性和代表性，并且致力于解决工程绘图中的实际问题。书中所选素材涉及的命令均是实际绘图中十分常用的，只要学生认真完成书中的绘图任务，则可熟练掌握 CAD 中的常见命令，并可轻松绘制各种专业工程图。

书中实训任务没有对绘图环境诸如图层、颜色、线型、线宽、文字样式、标注样式等做出详细规定，教师可根据实际情况，让学生自行设置绘图环境。

本书可作为与 CAD 教材配套的辅助资料使用，教师可根据学生所学专业、课时多少有针对性地布置相关作业，学生也可自行练习书上各种素材。本书素材是以 AutoCAD 软件为基础而收集的，绘图也以 AutoCAD 软件为主，但书中的专业工程图也可用其他专业软件绘制，如天正建筑系列软件、斯维尔建筑系列软件等，而水利工程图和路桥工程图则可用相应的水利软件或路桥软件绘制。本书图形也可用国产绘图软件绘制，如中望 CAD、浩辰 CAD 等。本书素材主要服务于土木类专业，但几何图形部分的素材也可用于其他专业参考学习。本书采用视频形式对部分实训任务进行了视频讲解，之所以采用视频的形式，一是因为若采用文字叙述，篇幅太长，过于冗沓；二是 CAD 绘图是实践课，更合适视频讲解的方式。读者扫描书中相应位置的二维码，即可观看视频讲解。当然每个图都有若干种画法，视频中采用的只是其中一种画法，教师可根据实际情况给学生讲解其他画法。

本书旨在为 CAD 学习者提供相应的实训素材，为教学者提供便利。编者在编写过程中，参考了大量书籍、CAD 各种大赛资料和网上资料，在此表示感谢。我院贾芸教授仔细审阅了全书，并提出了宝贵的修改意见，编者在此表示衷心感谢。限于水平，本书难免有缺陷与不足，敬请读者批评指正。

王其恒

2023 年 1 月

目　录

用LINE或PLINE命令绘制图形。

1. 请分别用绝对和相对直角坐标绘制下面矩形。

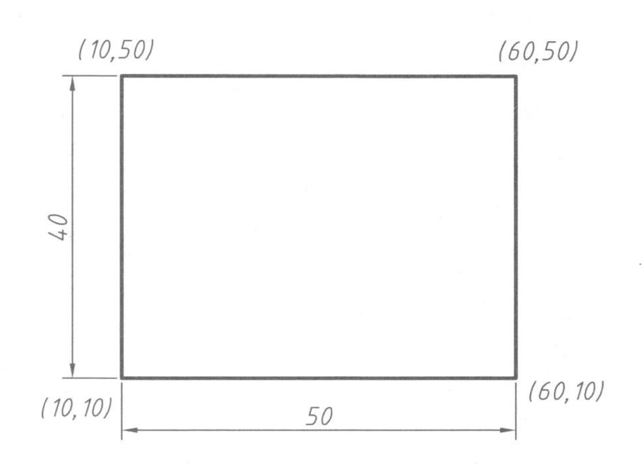

2. 请分别用绝对和相对直角坐标绘制下面五边形。

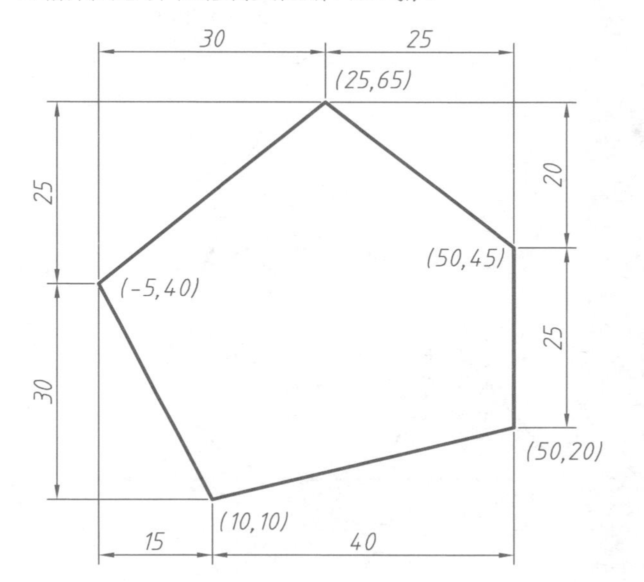

3. 请分别用绝对和相对极坐标绘制下面正六边形，中心处为坐标原点。

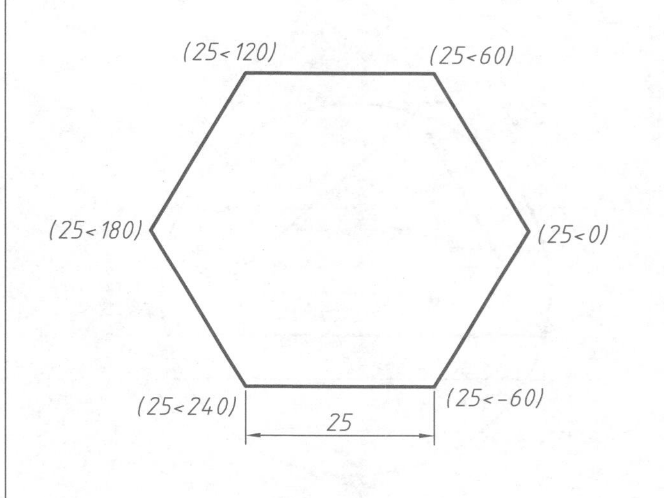

4. 请用相对极坐标绘制下面图形。

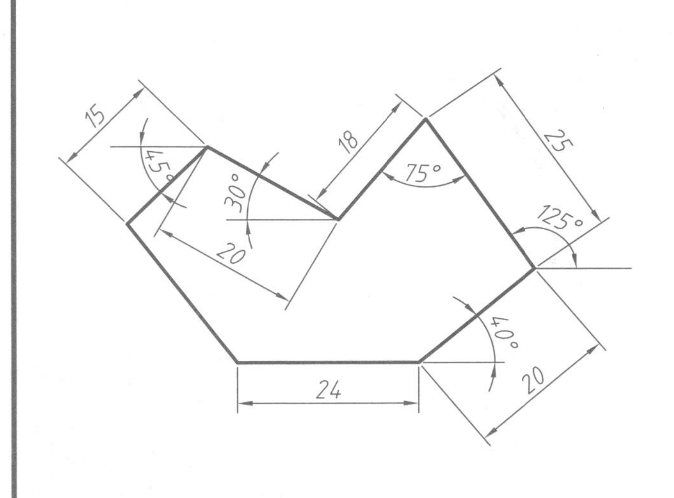

5. 综合运用相对直角坐标和相对极坐标绘制下面图形。

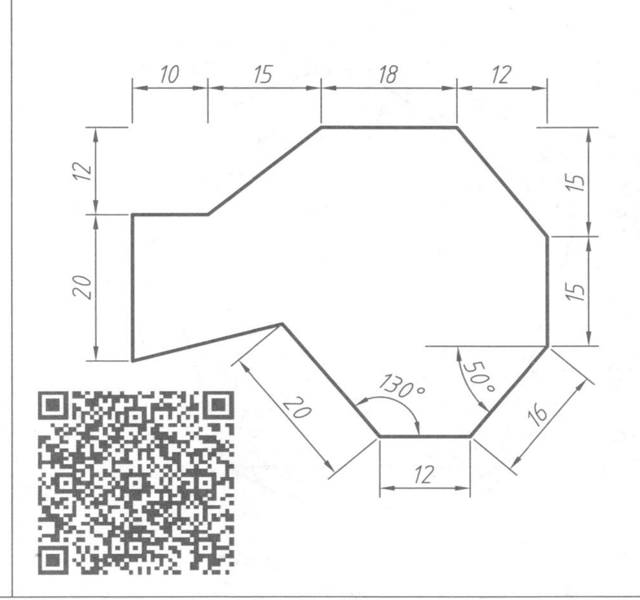

6. 综合运用相对直角坐标和相对极坐标绘制下面图形。

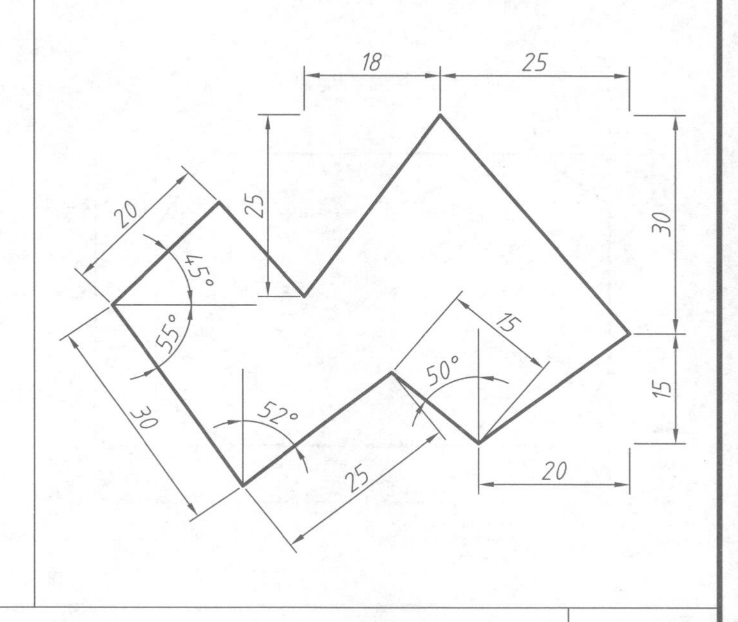

主要练习绝对坐标和相对坐标的输入，注意动态输入的切换，线条可用LINE或PLINE命令绘制。

运用基本绘图命令绘制简单图形。

1.先绘制三角形，再画其外接圆。

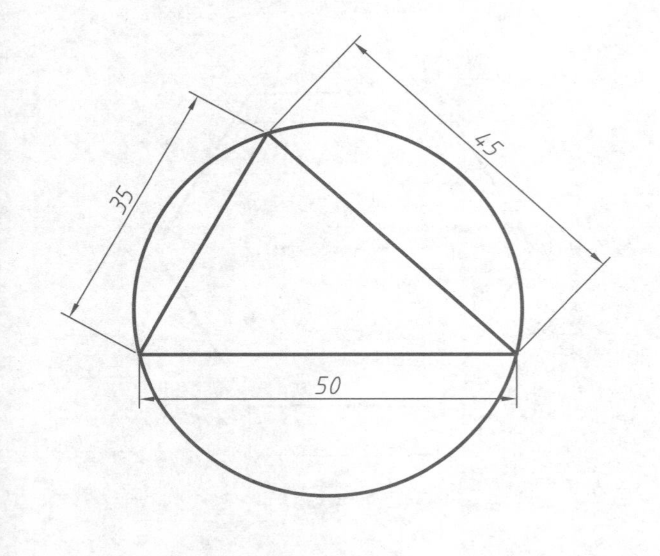

2.先绘制三角形，再画其内切圆。

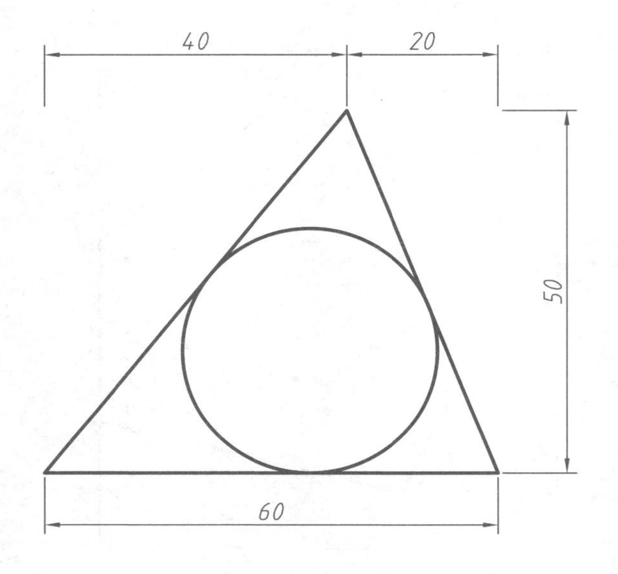

3.绘制带有圆角的矩形。

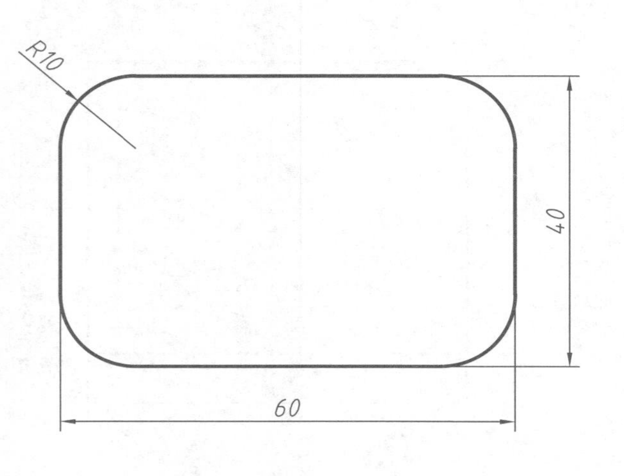

4.绘制带有倒角的矩形。

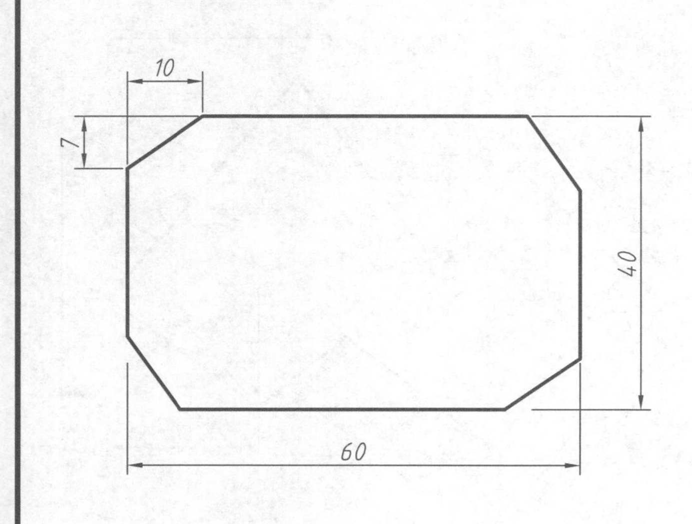

5.先绘制圆，再画其内接正五边形。

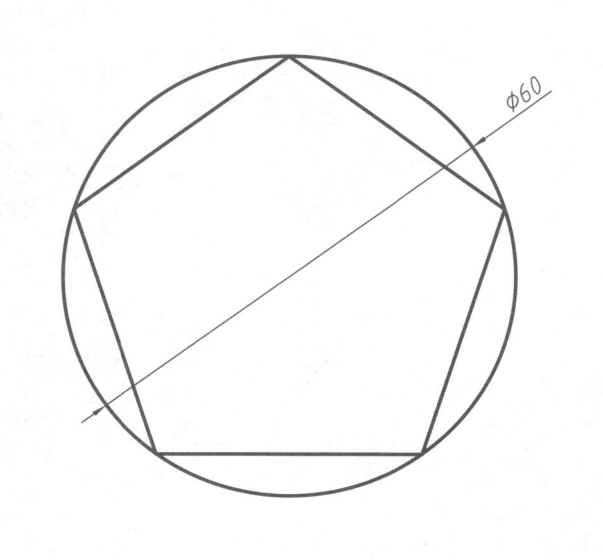

6.先绘制圆，再画其外切正六边形。

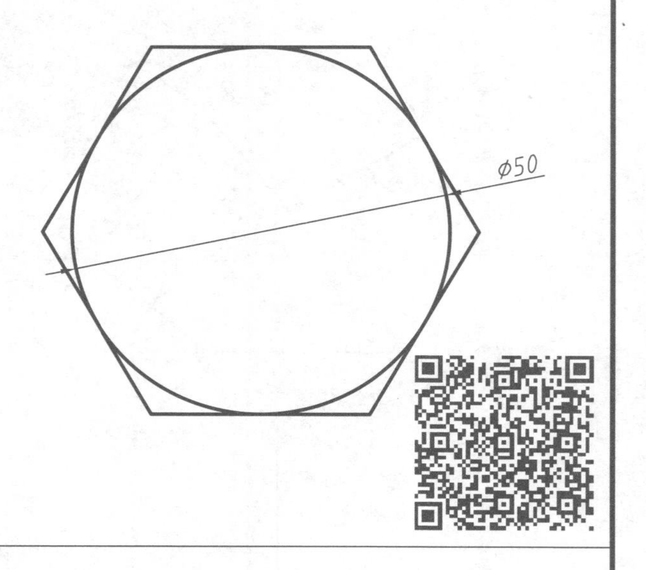

主要练习圆、矩形、正多边形的画法。

1.请绘制下面正八边形。

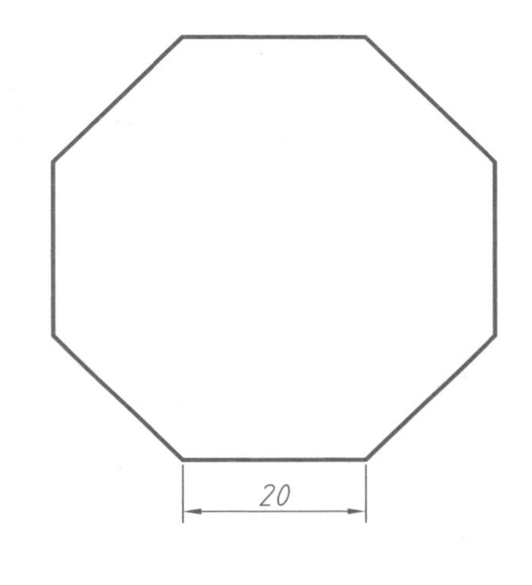

2.请用多段线命令绘制下面箭头。

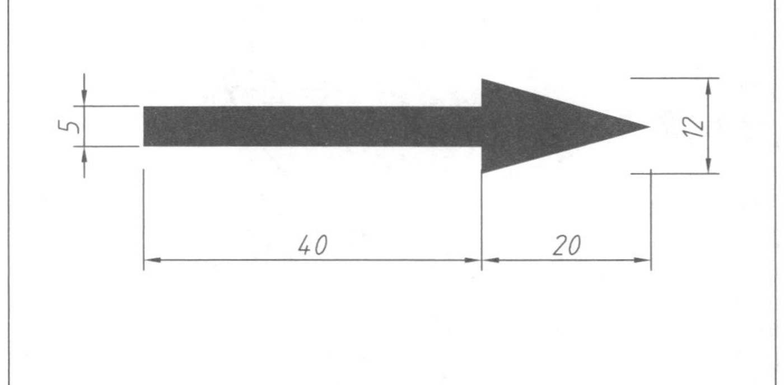

3.请绘制下面圆弧三角形（每段弧全等）。

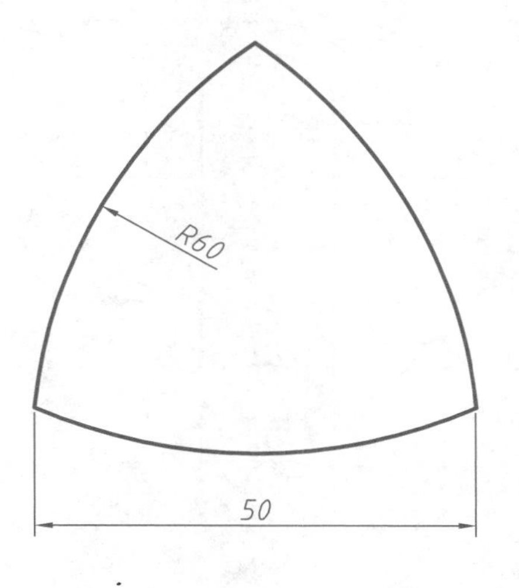

4.请绘制下面圆弧三角形（每段弧全等）。

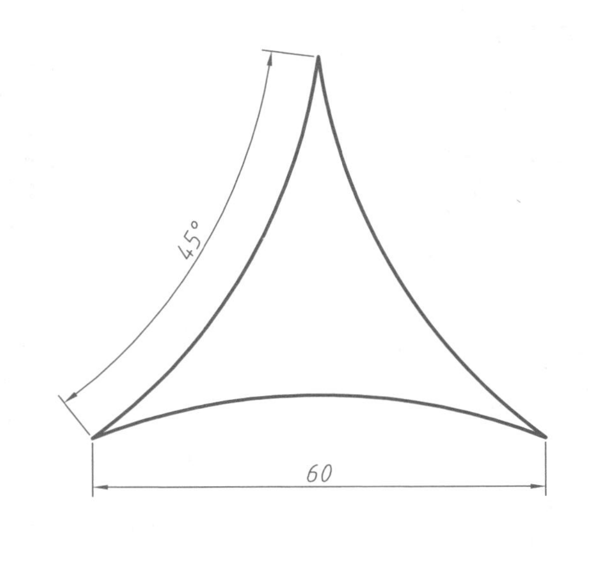

5.请绘制下面圆弧三角形（每段弧全等）。

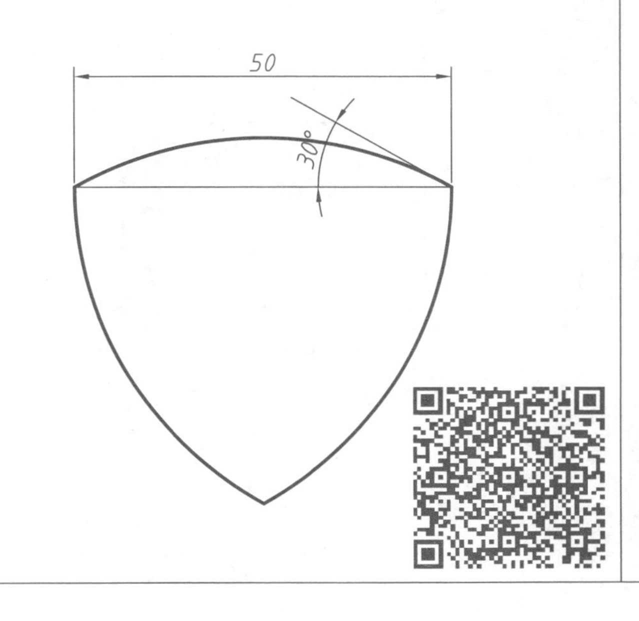

6.请绘制下面两个圆弧。

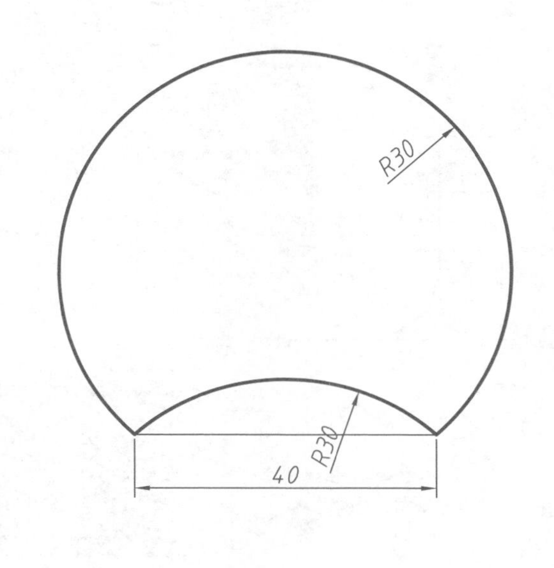

主要练习多段线、圆弧的画法。

1.请用多段线命令一笔画出下面图形。

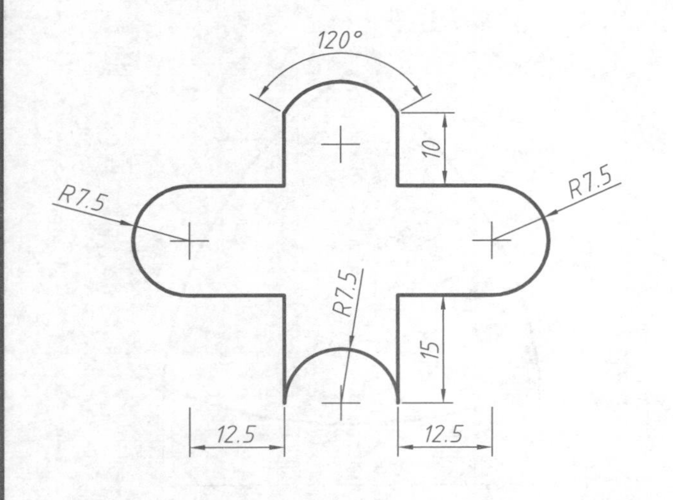

2.请绘制下面椭圆。

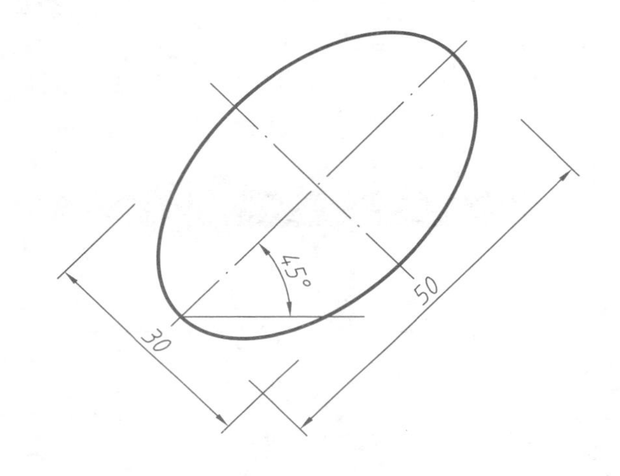

3.请用样条曲线绘制下面图形。

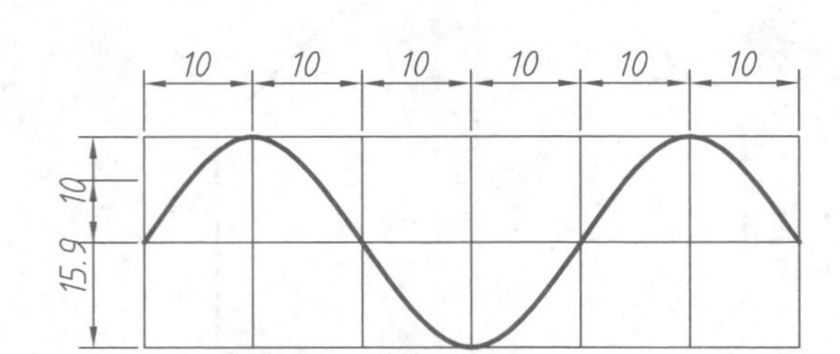

4.请用定数等分命令绘制下面图形（等分为30份）。

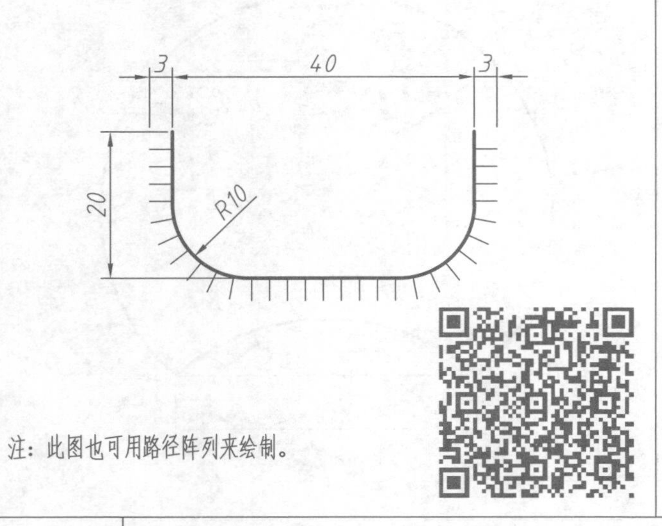

注：此图也可用路径阵列来绘制。

5.请用定距等分命令绘制下面图形（距离取5）。

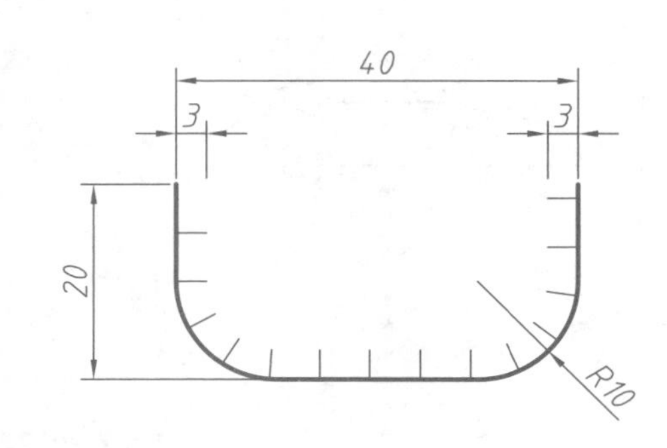

注：此图也可用路径阵列来绘制。

6.请至少用5种方法绘制下面线段。

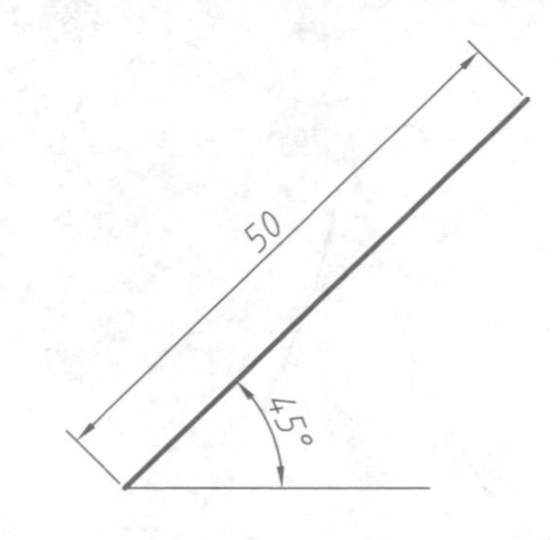

包括但不限于以下5 种方法：

①使用相对极坐标绘制；

②使用极轴绘制，极轴增量角设45度；

③使用LINE或PLINE绘制时，先输入长度50，按Tab键，再输入角度45；

④先画一条水平线，再旋转45度；

⑤水平和垂直画等长线段，用斜线连起来，截取（或延长）斜线长度等于50。

主要练习点、直线、多段线、椭圆、样条曲线等命令。

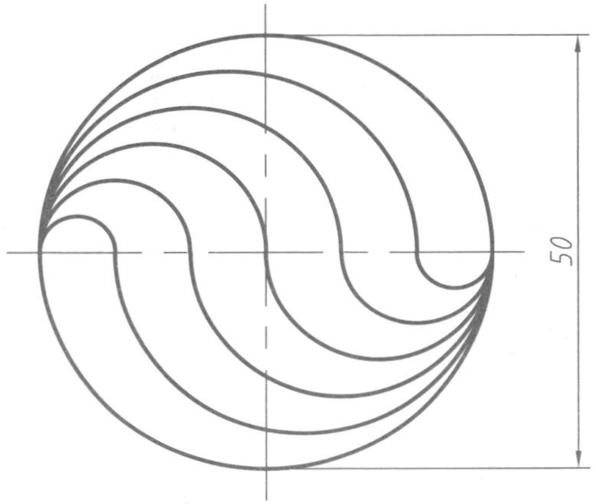

50

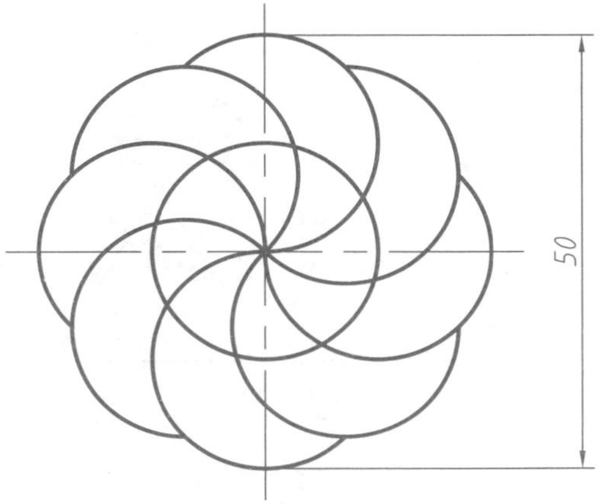

50

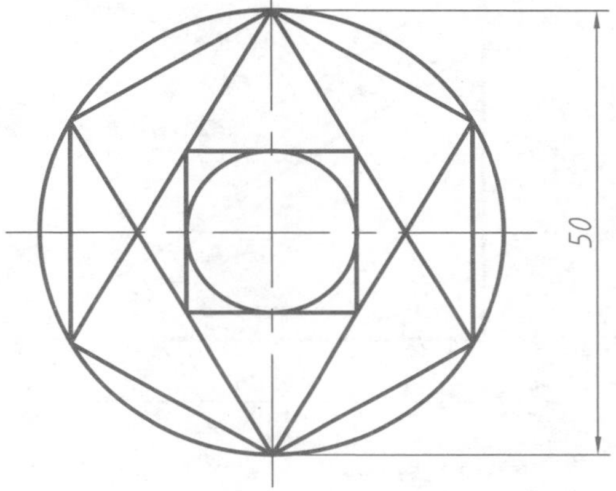

50

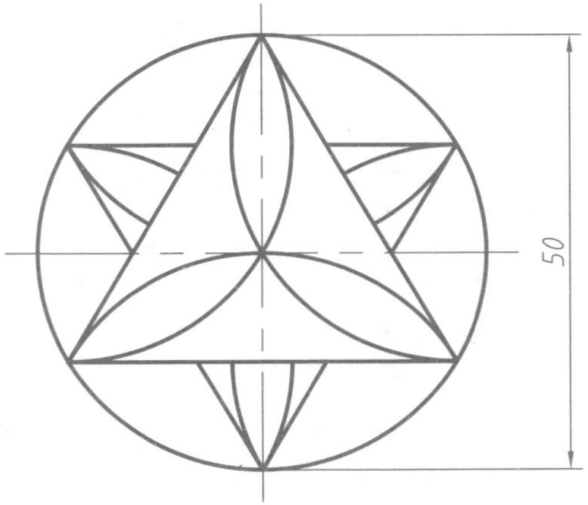

50

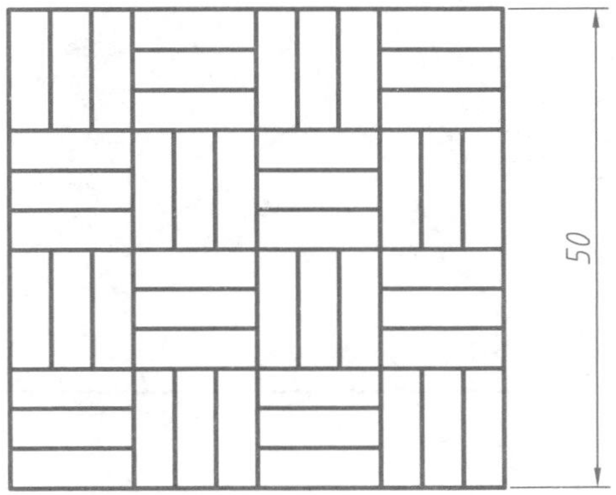

50

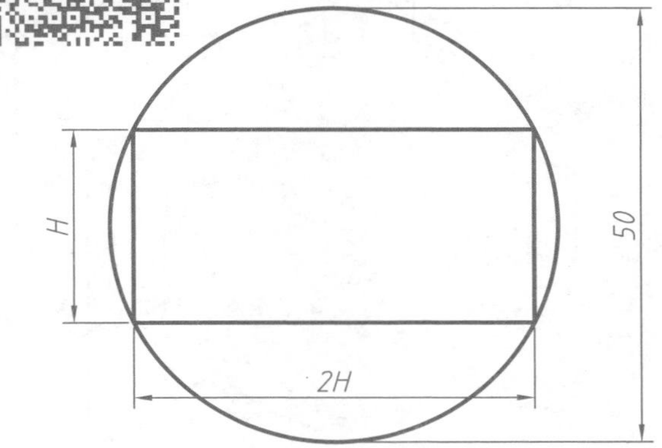

H

2H

50

综合练习二维绘图与编辑命令，平均每个图形5分钟完成及格，3分钟完成良好，2分钟完成优秀。

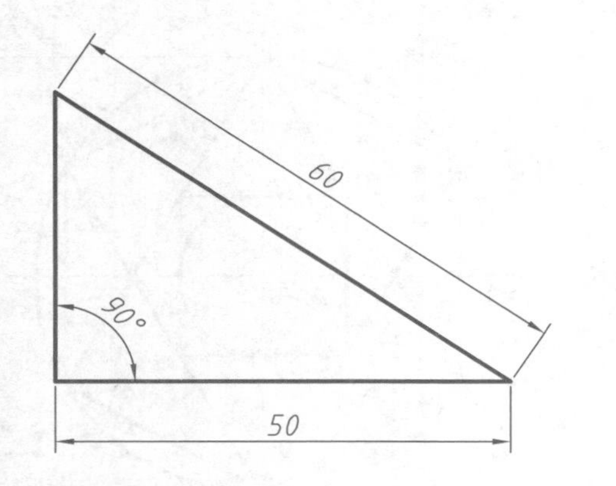

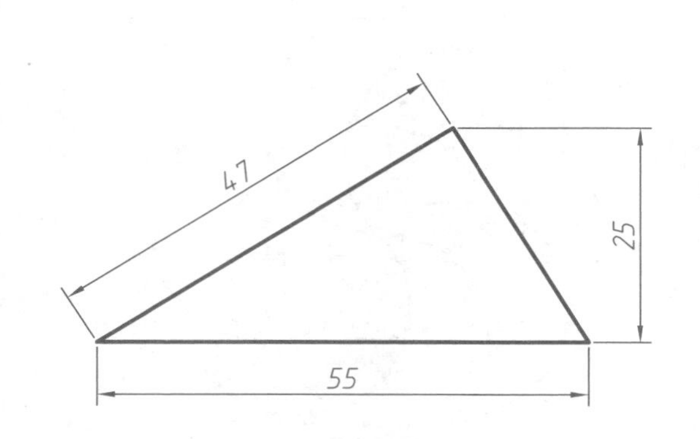

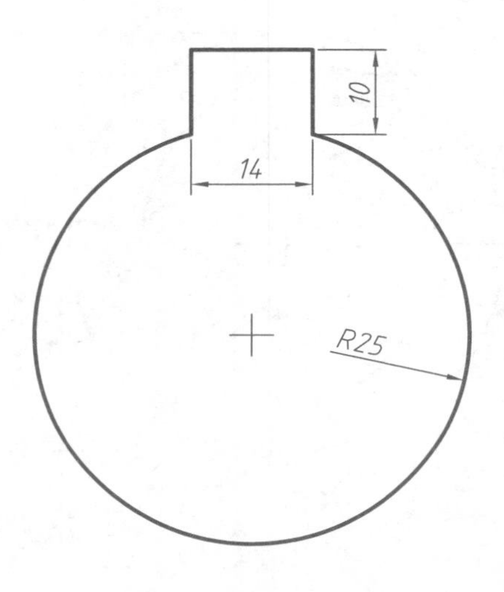

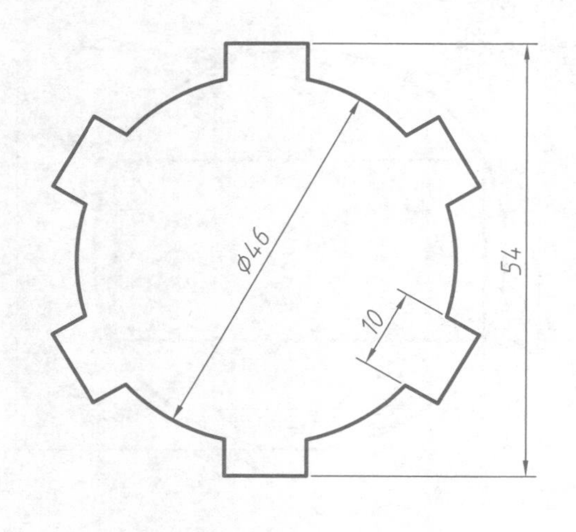

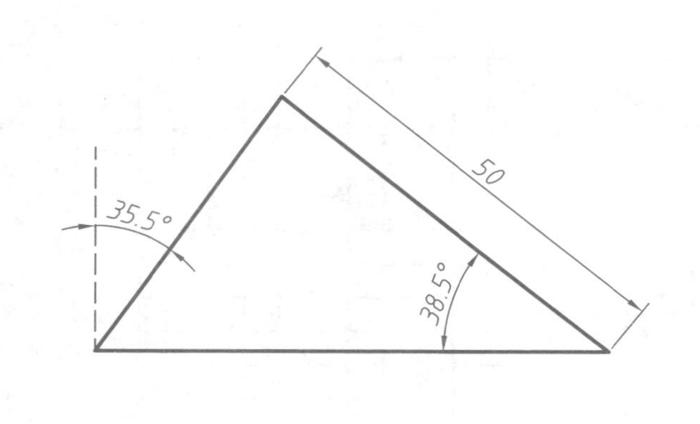

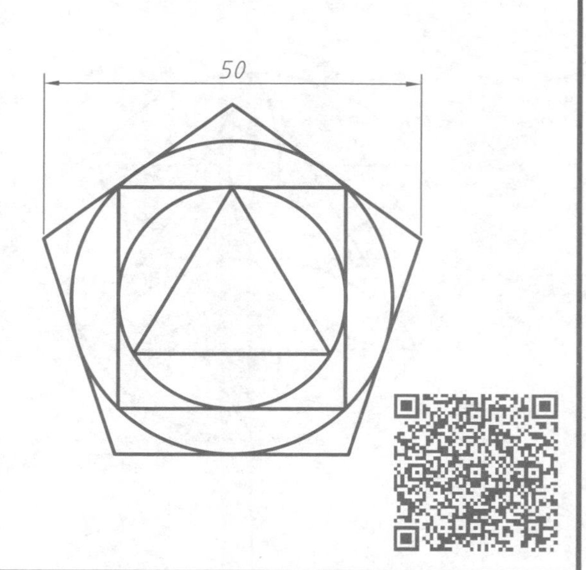

综合练习二维绘图与编辑命令，平均每个图形5分钟完成及格，3分钟完成良好，2分钟完成优秀。

请绘制下面六个图形。

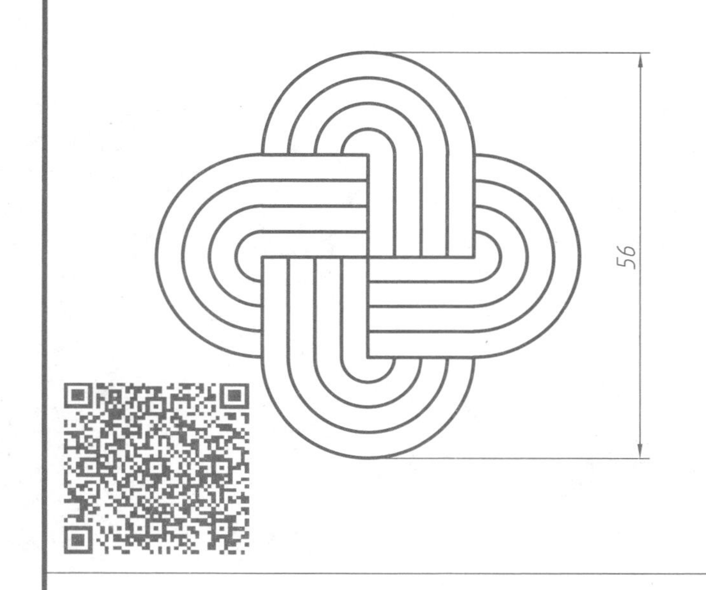

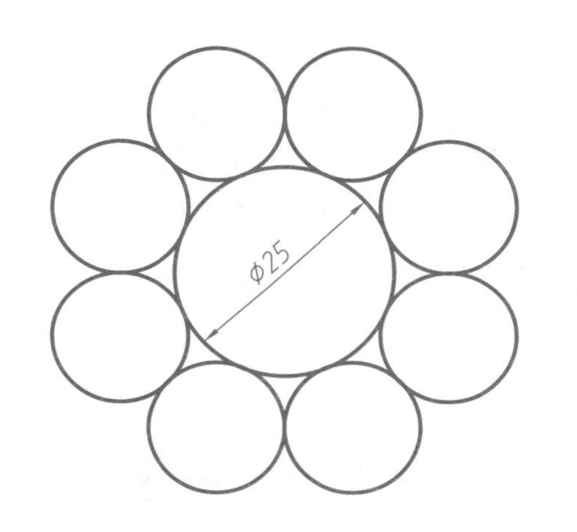

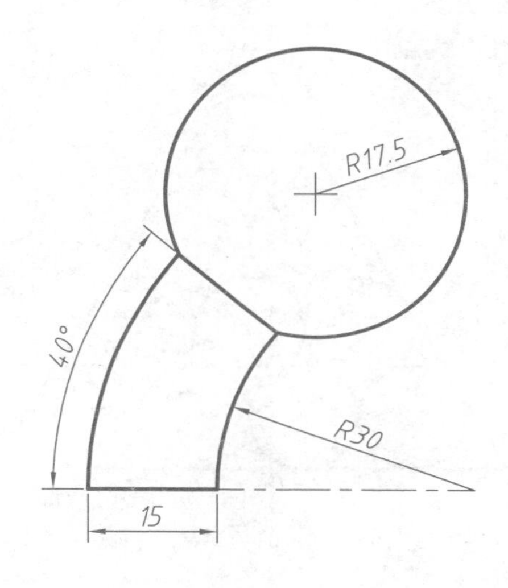

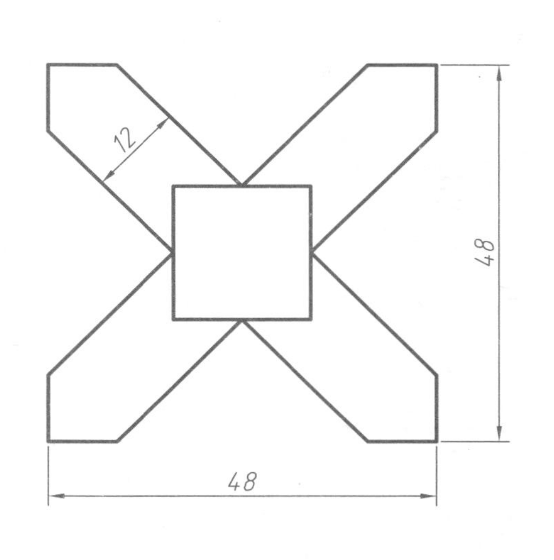

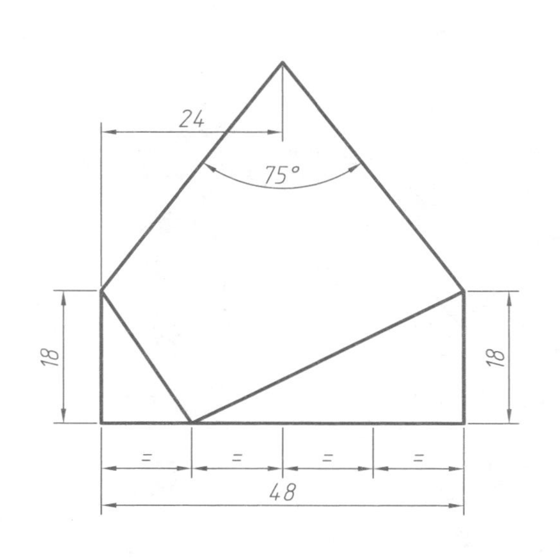

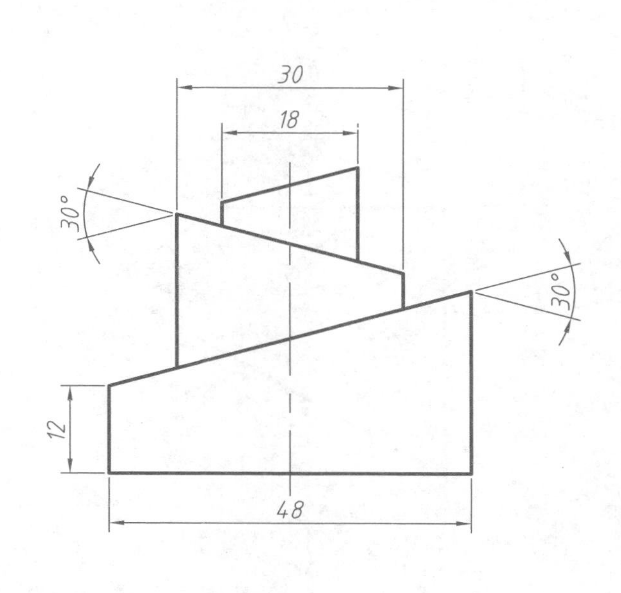

综合练习二维绘图与编辑命令，平均每个图形5分钟完成及格，3分钟完成良好，2分钟完成优秀。

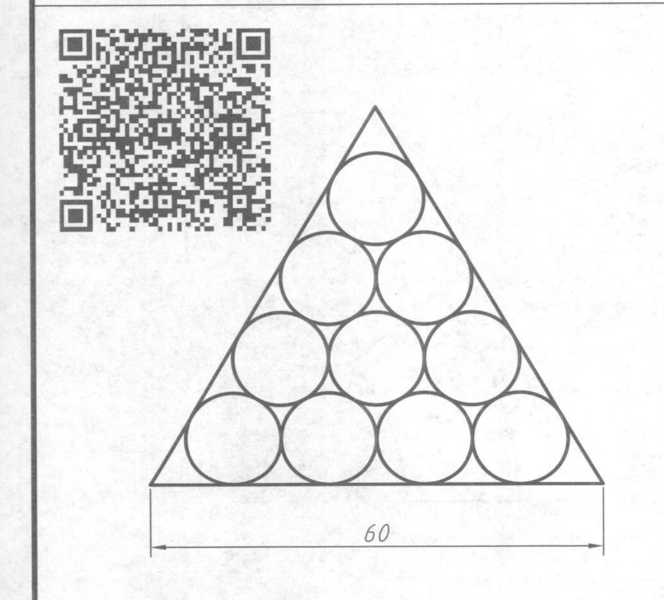

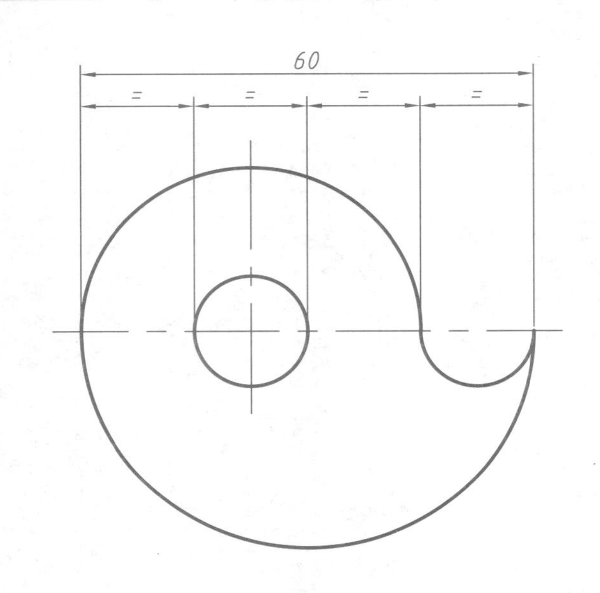

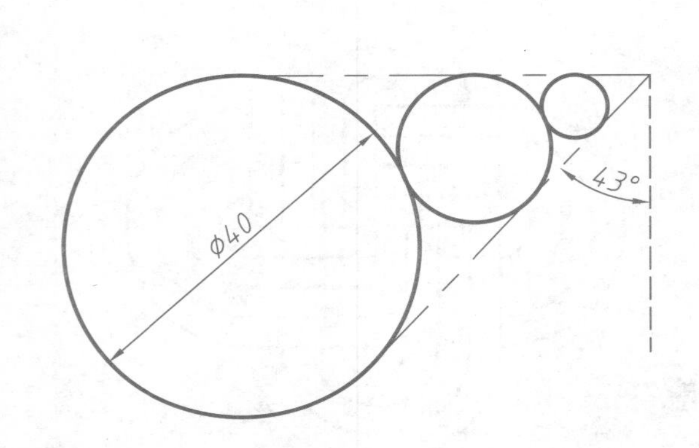

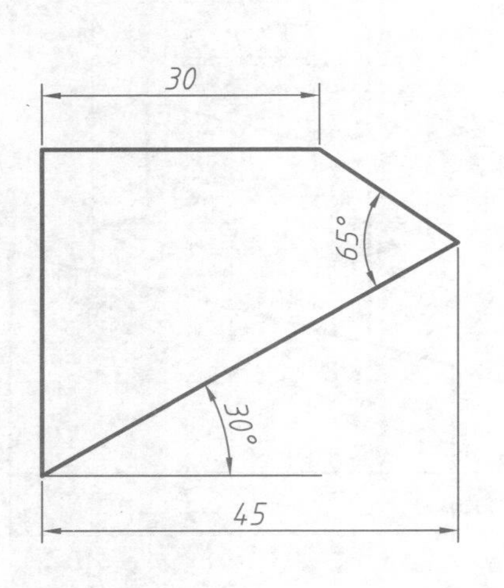

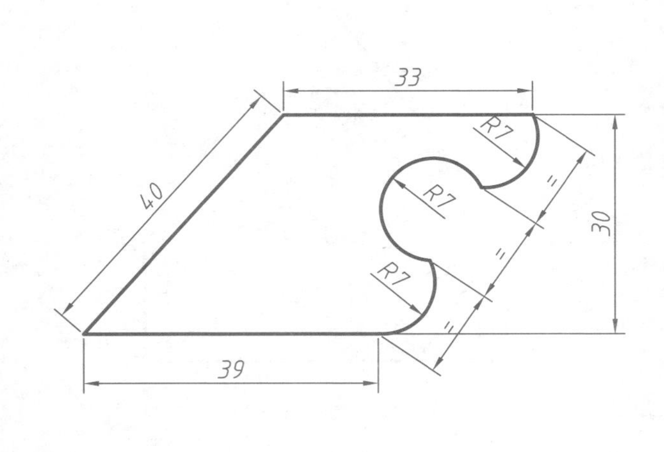

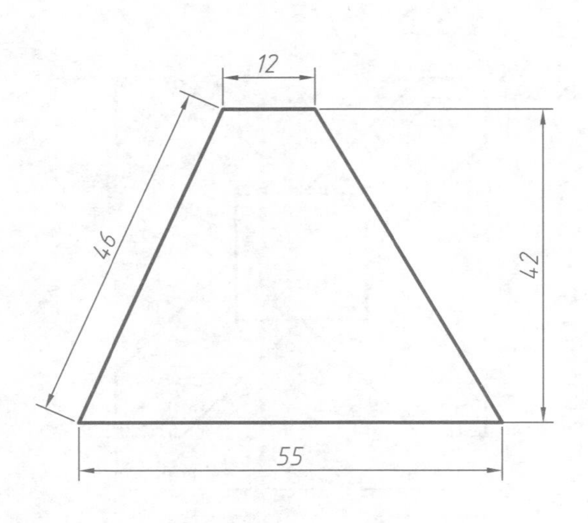

 综合练习二维绘图与编辑命令，平均每个图形5分钟完成及格，3分钟完成良好，2分钟完成优秀。

请绘制下面六个图形。

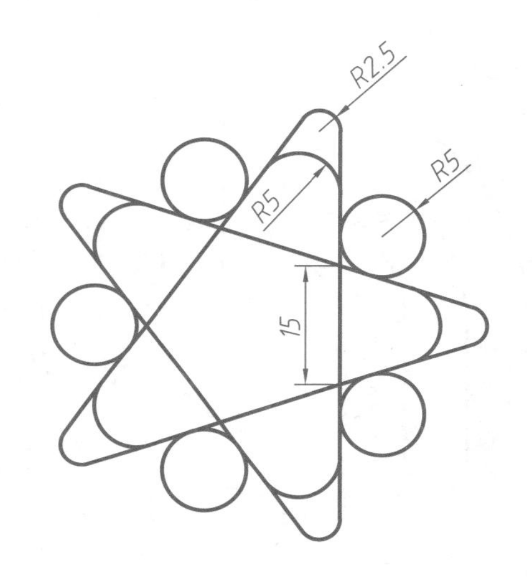

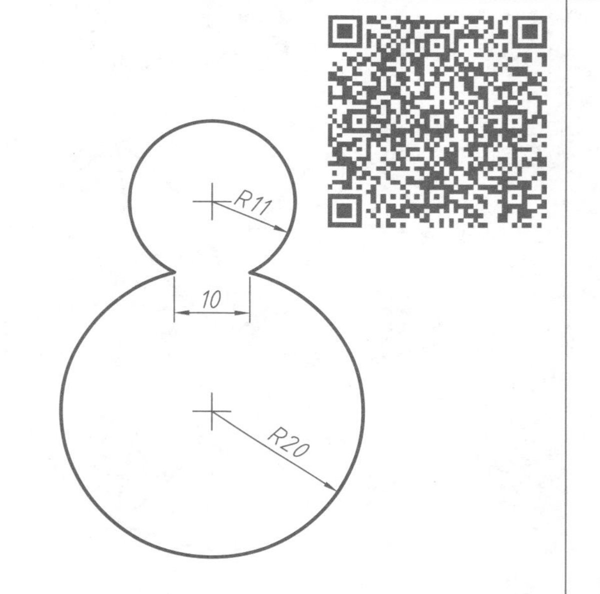

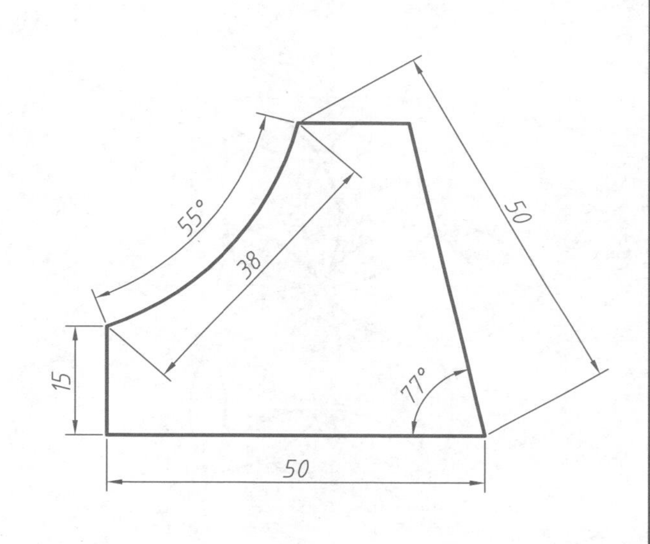

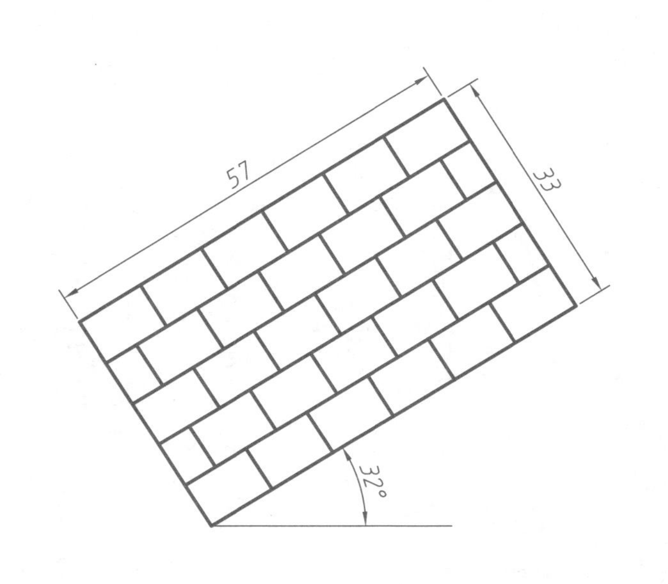

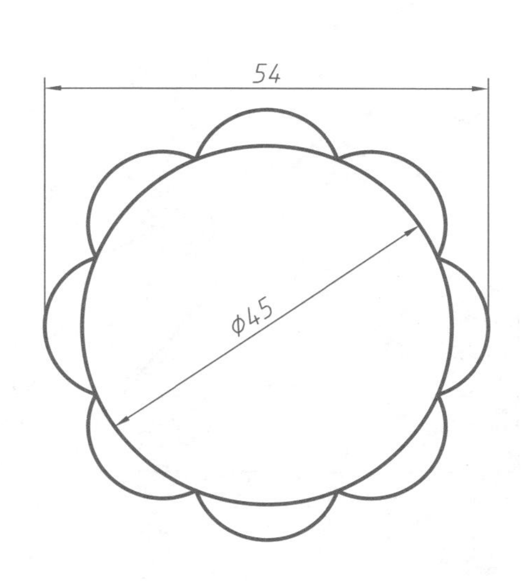

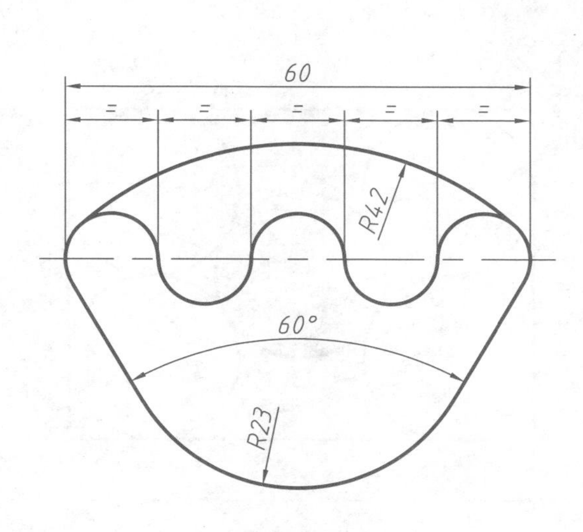

综合练习二维绘图与编辑命令，平均每个图形5分钟完成及格，3分钟完成良好，2分钟完成优秀。

请绘制下面六个图形。

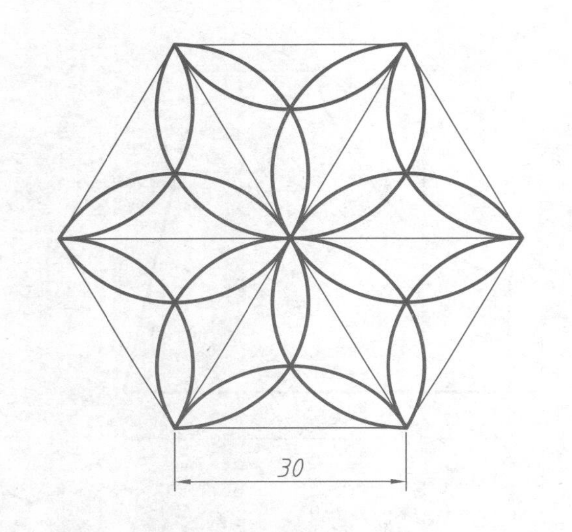

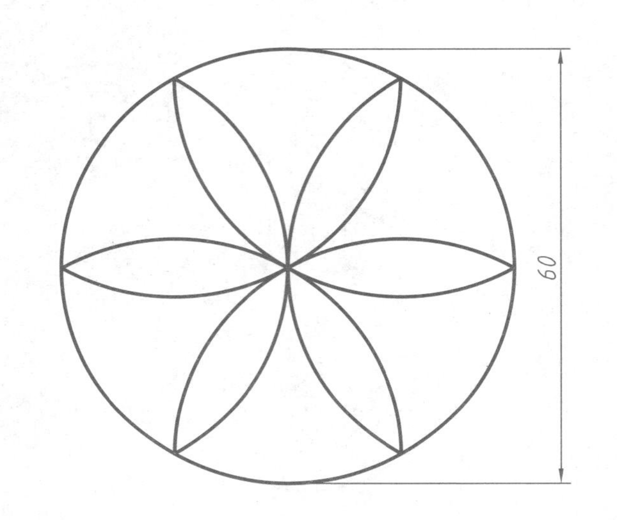

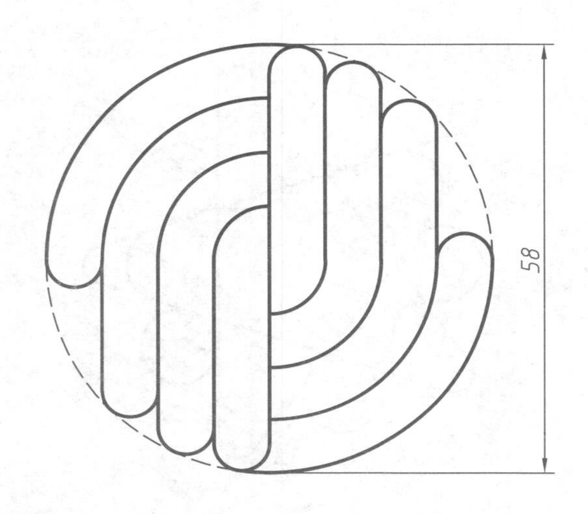

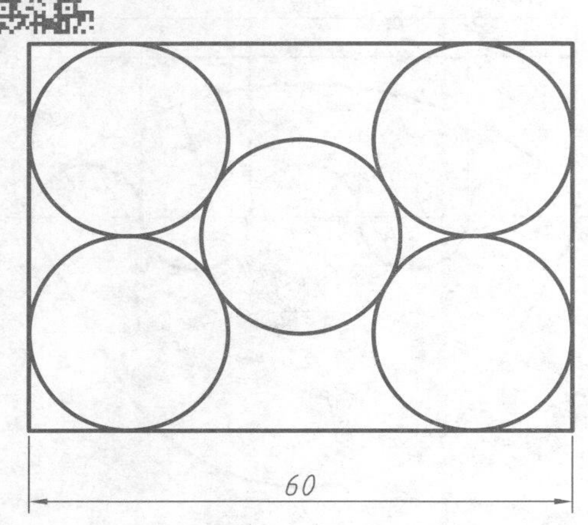

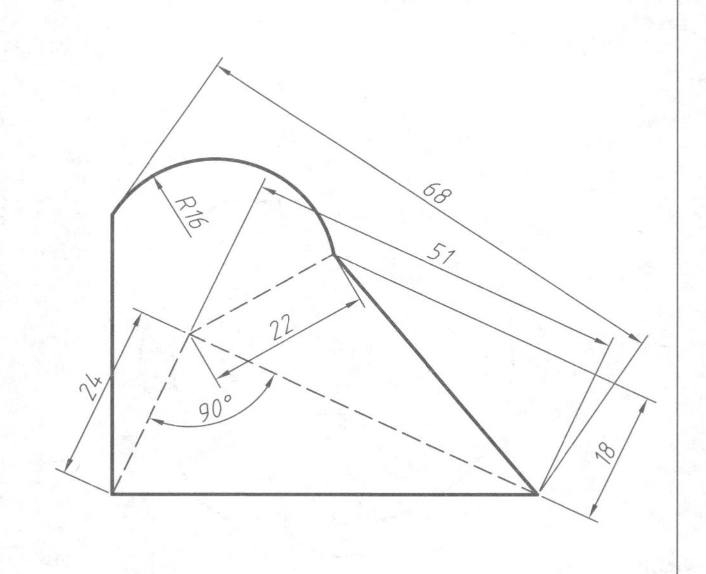

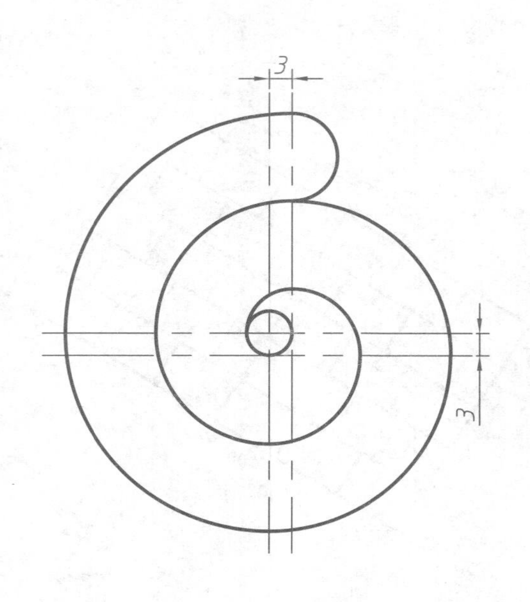

综合练习二维绘图与编辑命令，平均每个图形5分钟完成及格，3分钟完成良好，2分钟完成优秀。

请绘制下面六个图形。

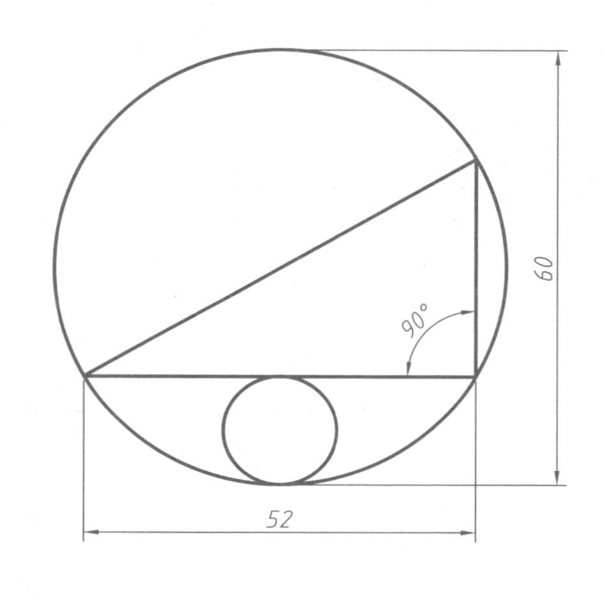

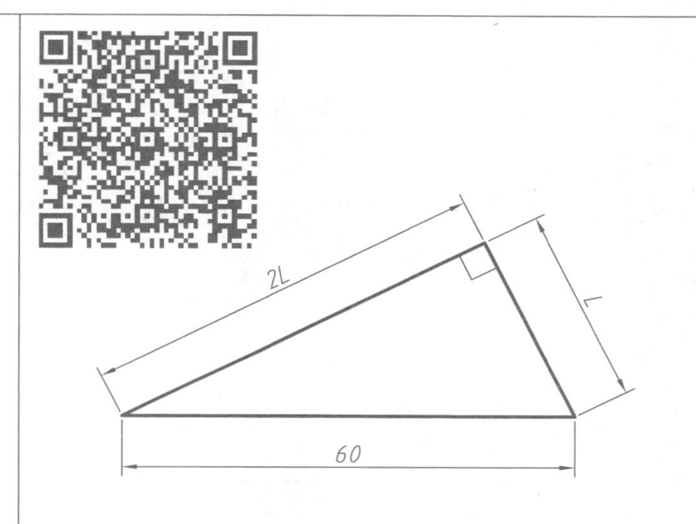

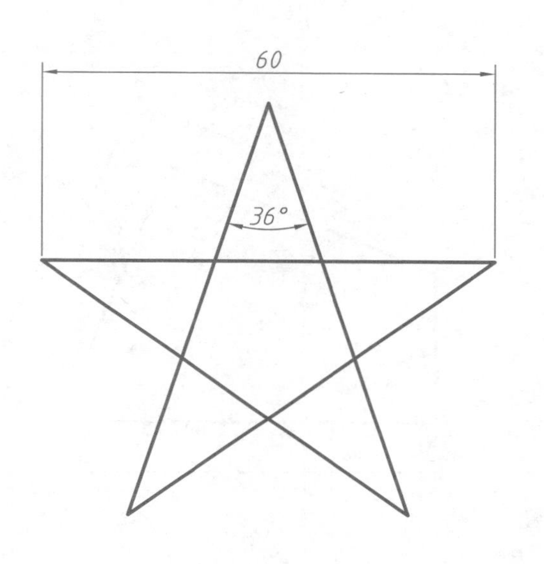

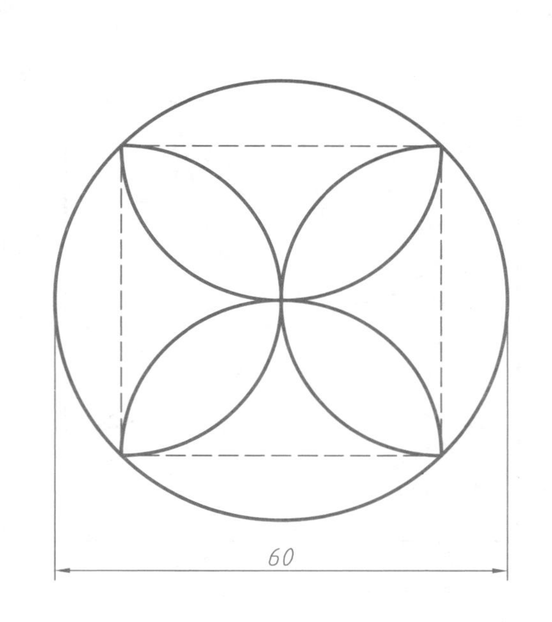

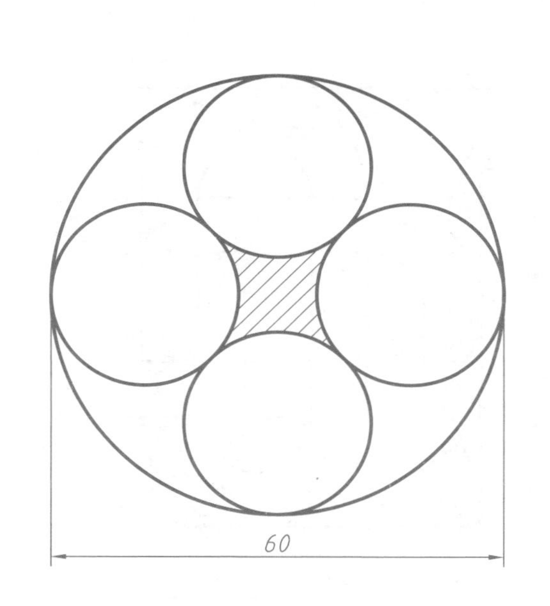

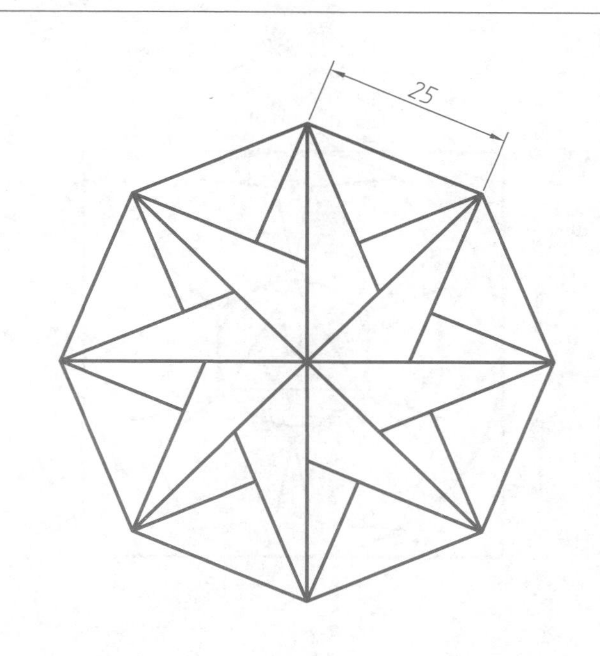

综合练习二维绘图与编辑命令，平均每个图形5分钟完成及格，3分钟完成良好，2分钟完成优秀。

请绘制下面六个图形。

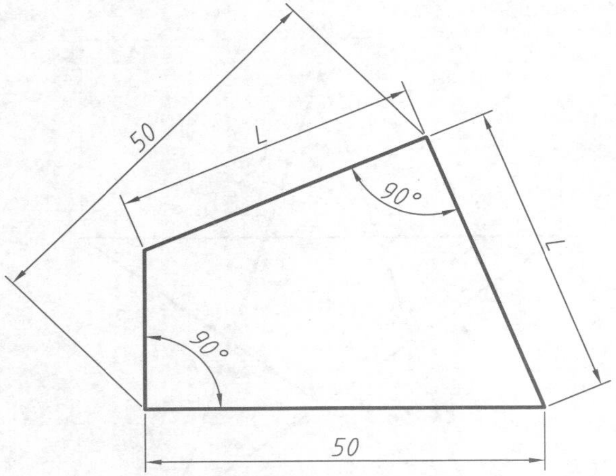

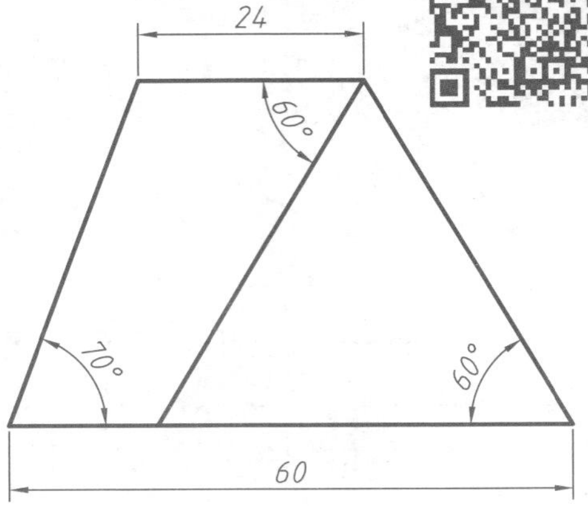

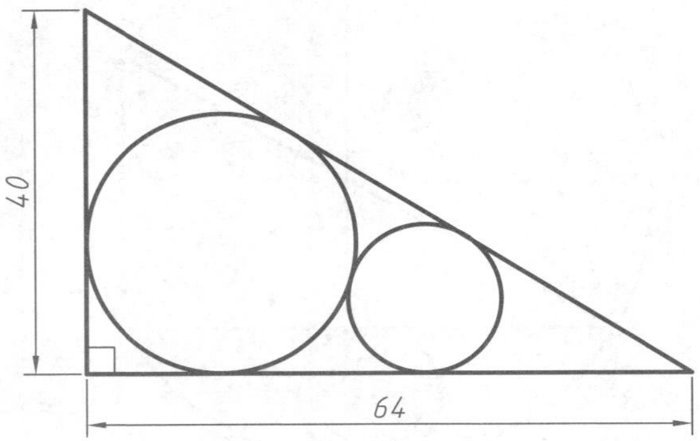

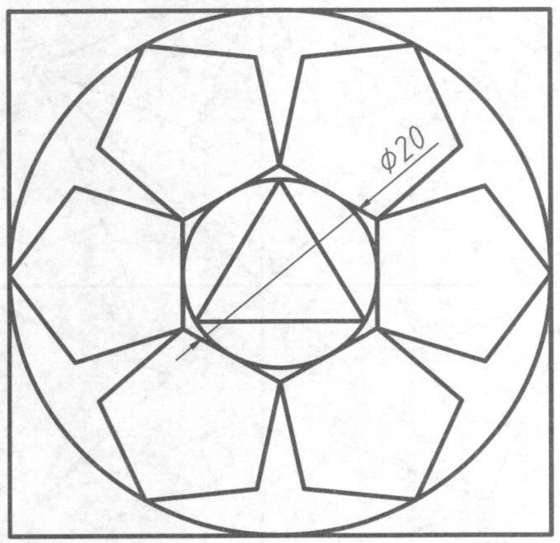

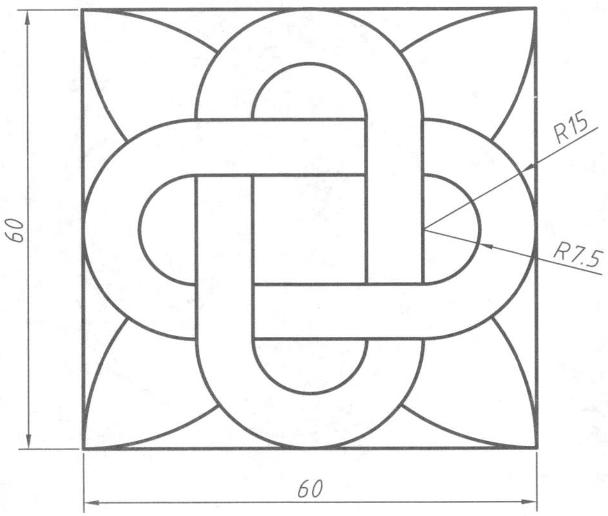

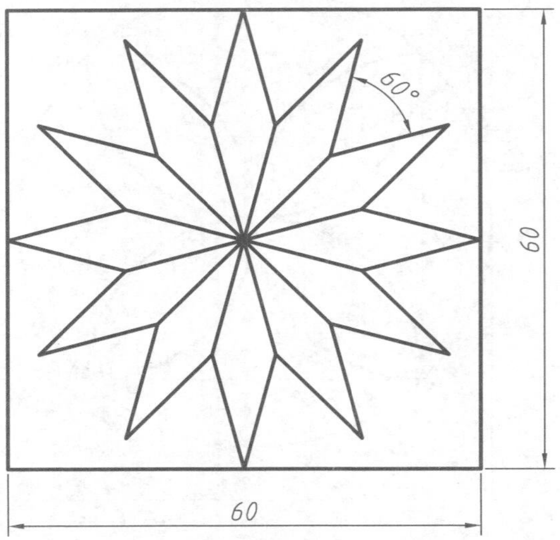

综合练习二维绘图与编辑命令，平均每个图形6分钟完成及格，4.5分钟完成良好，3分钟完成优秀。

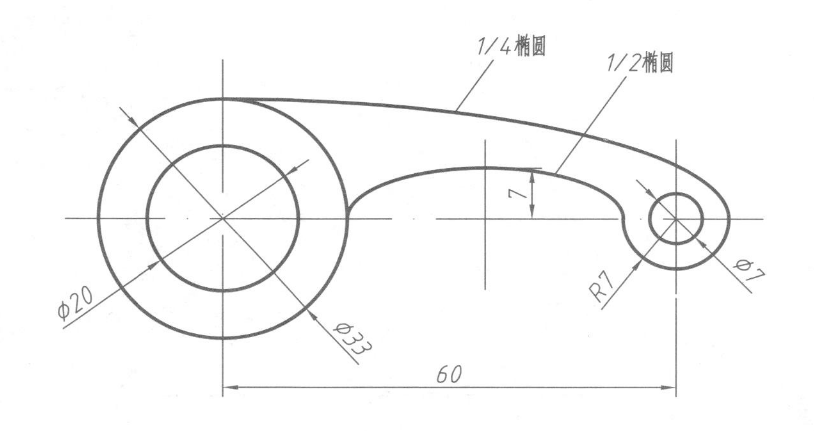

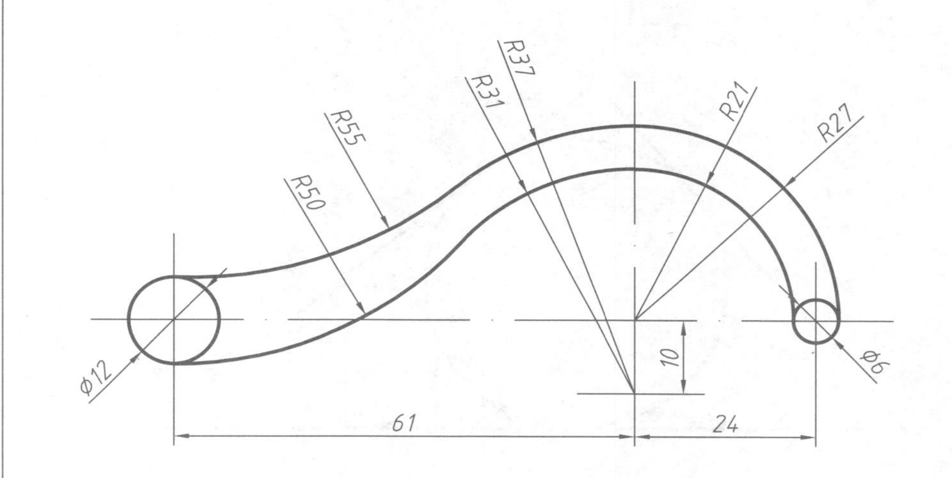

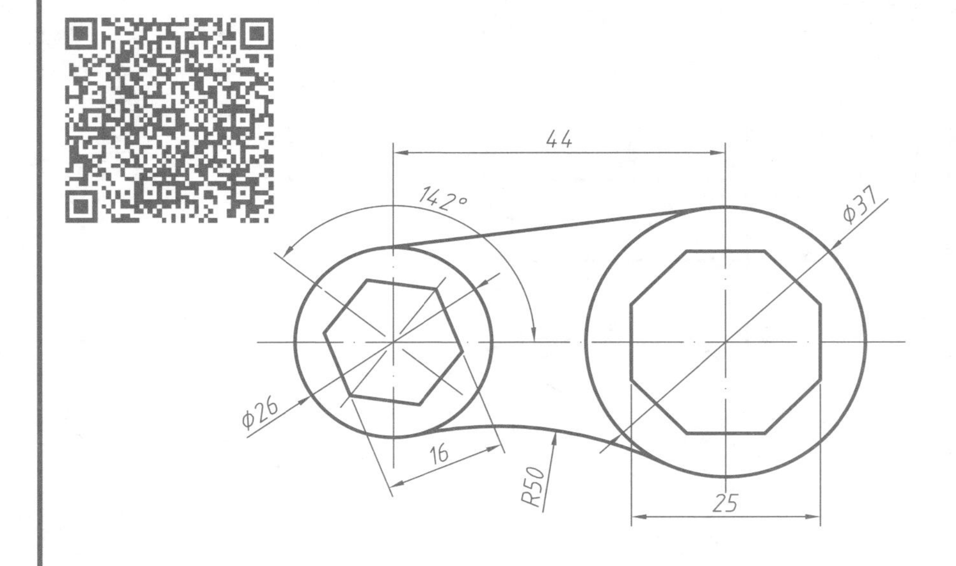

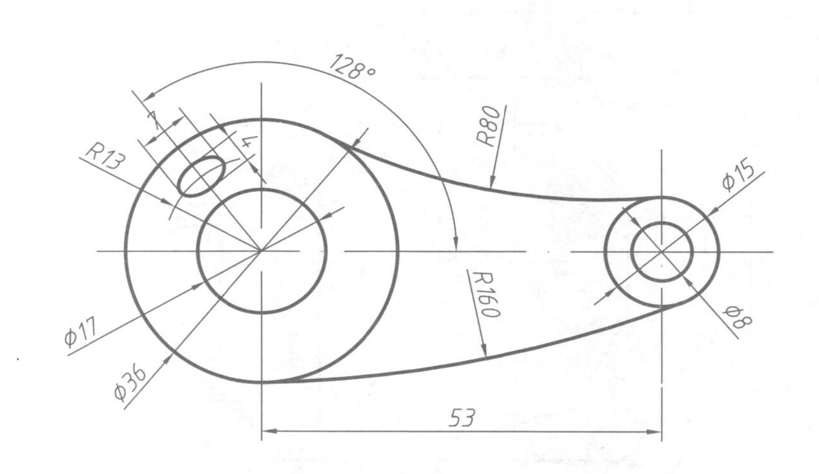

综合练习二维绘图与编辑命令，平均每个图形10分钟完成及格，7分钟完成良好，5分钟完成优秀。

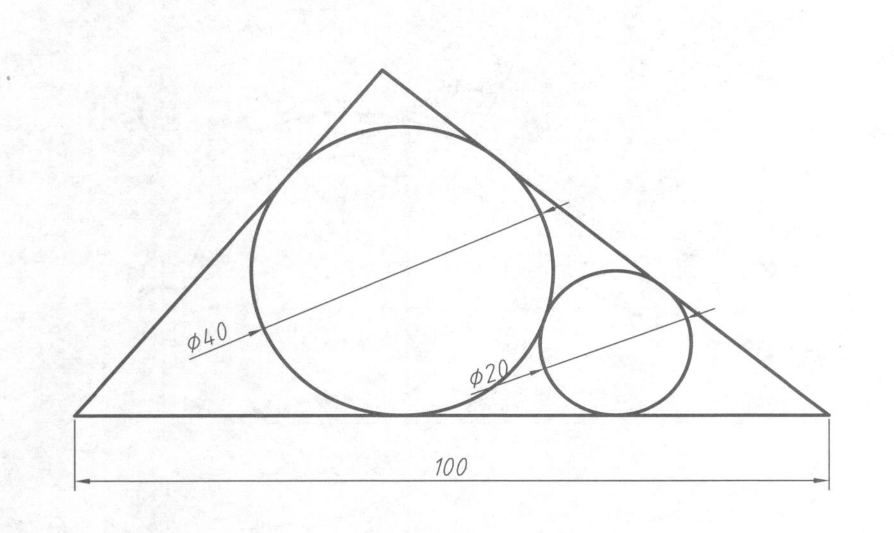

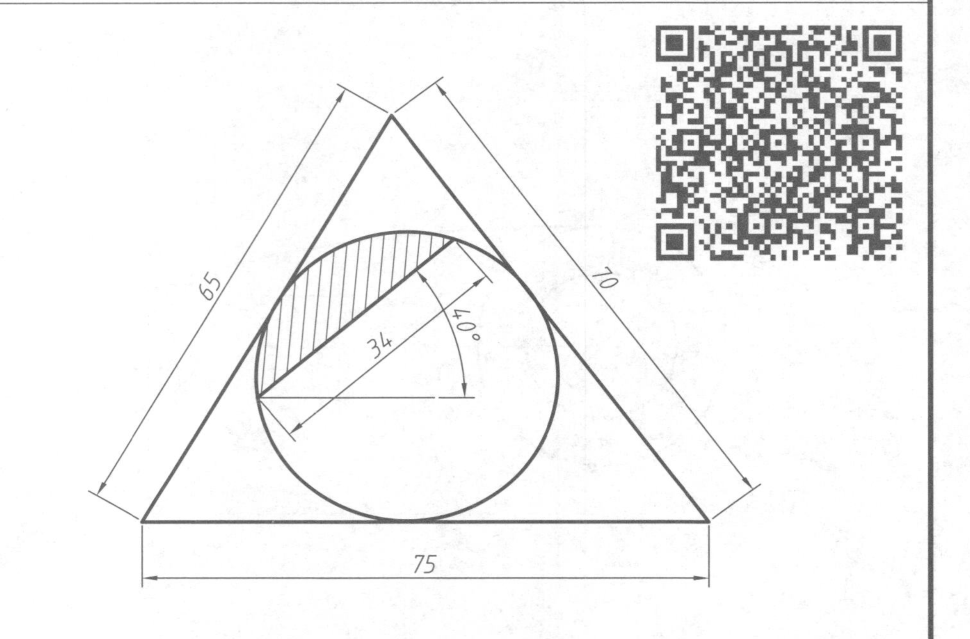

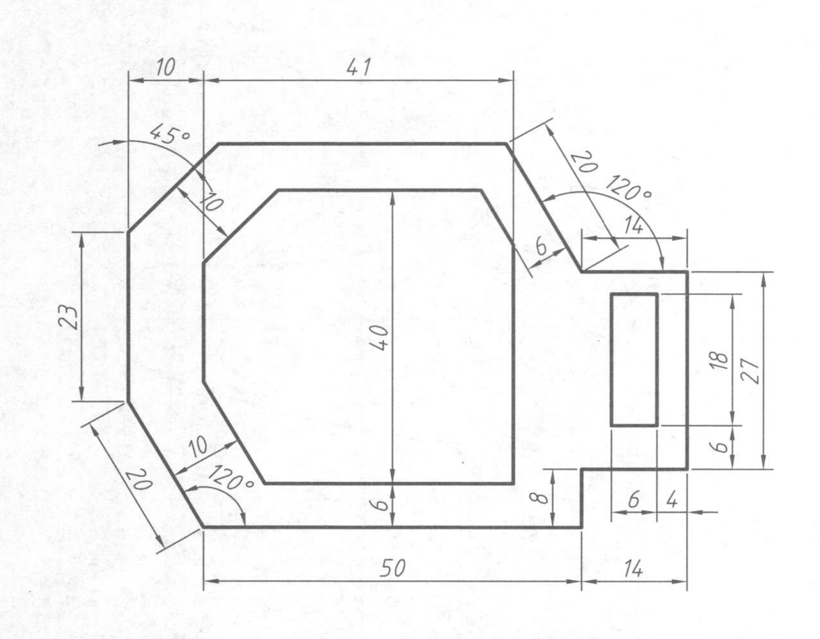

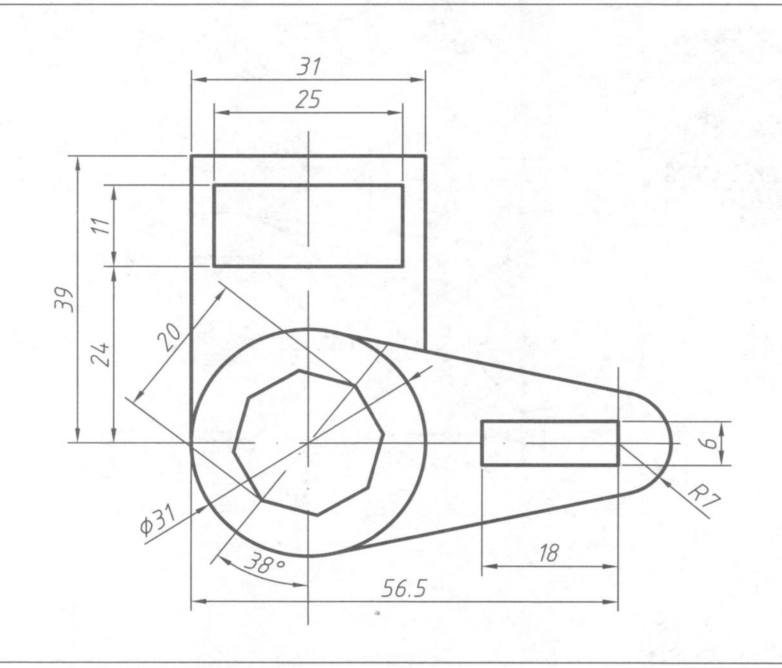

综合练习二维绘图与编辑命令，平均每个图形10分钟完成及格，7分钟完成良好，5分钟完成优秀。

请绘制下面四个图形。

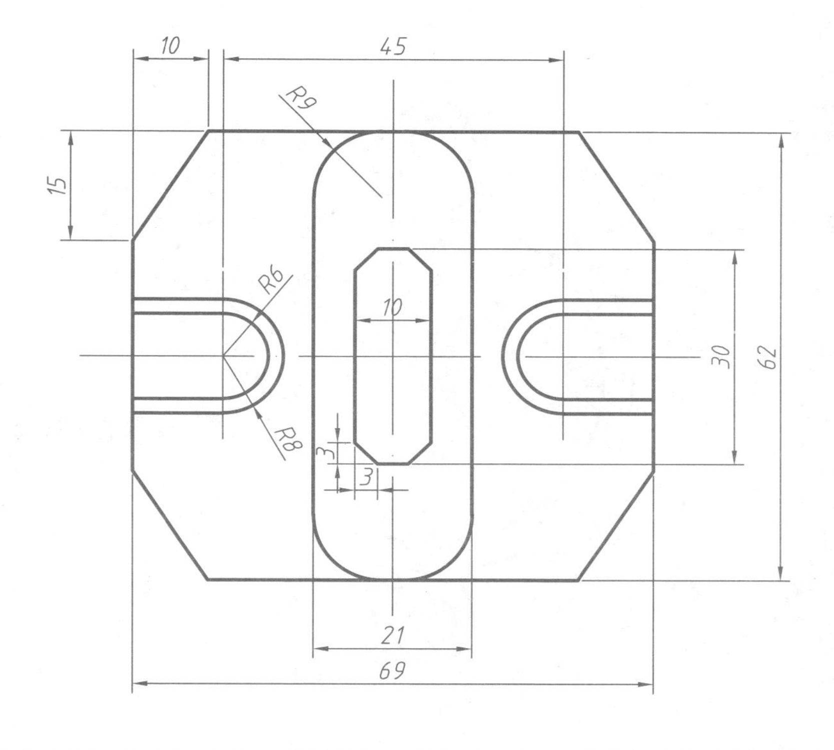

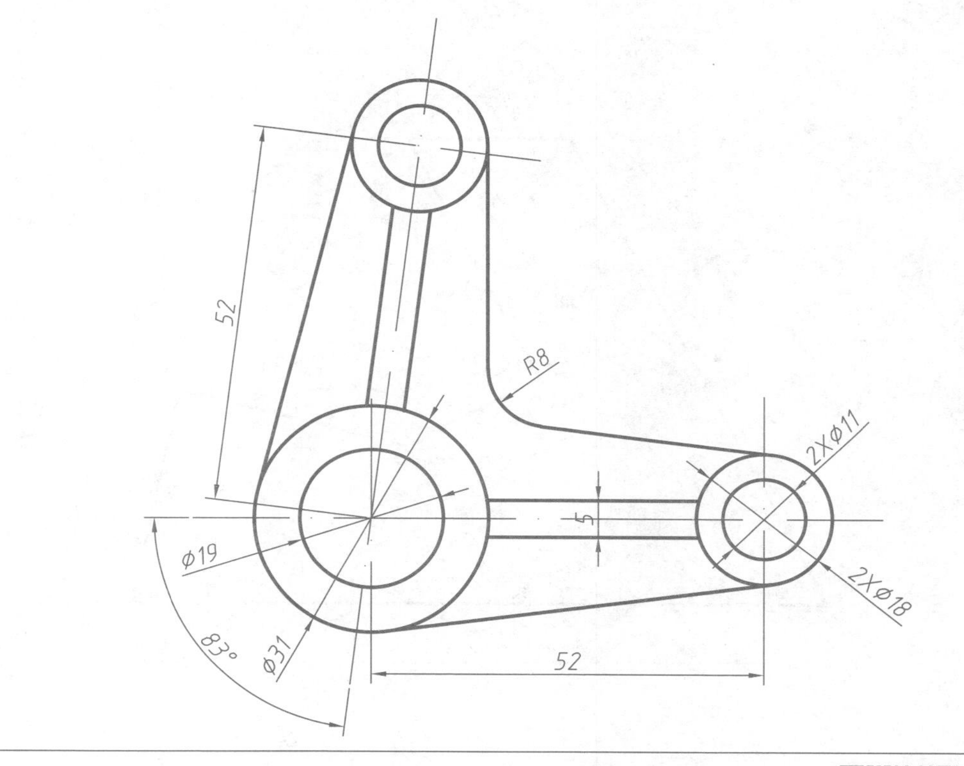

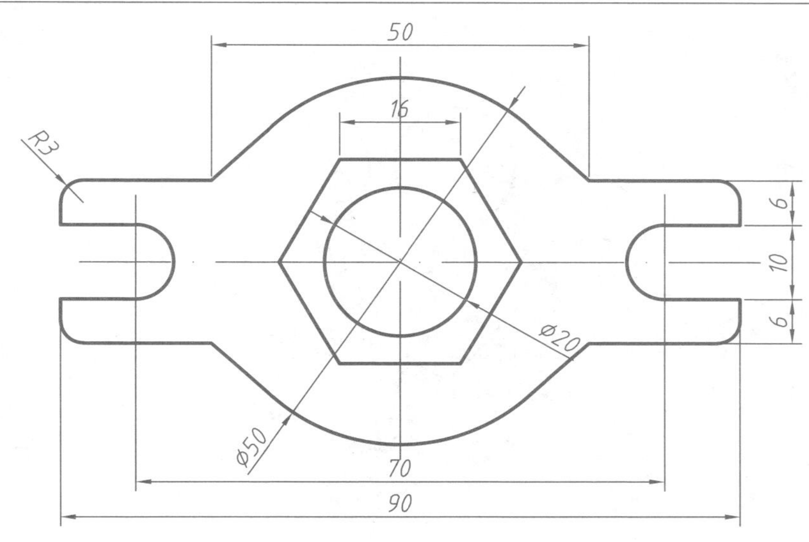

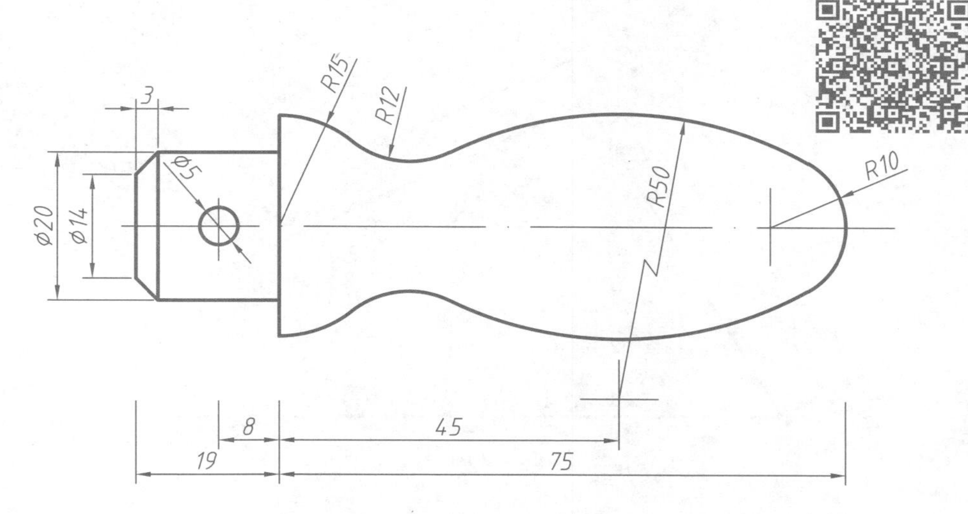

综合练习二维绘图与编辑命令，平均每个图形10分钟完成及格，7分钟完成良好，5分钟完成优秀。

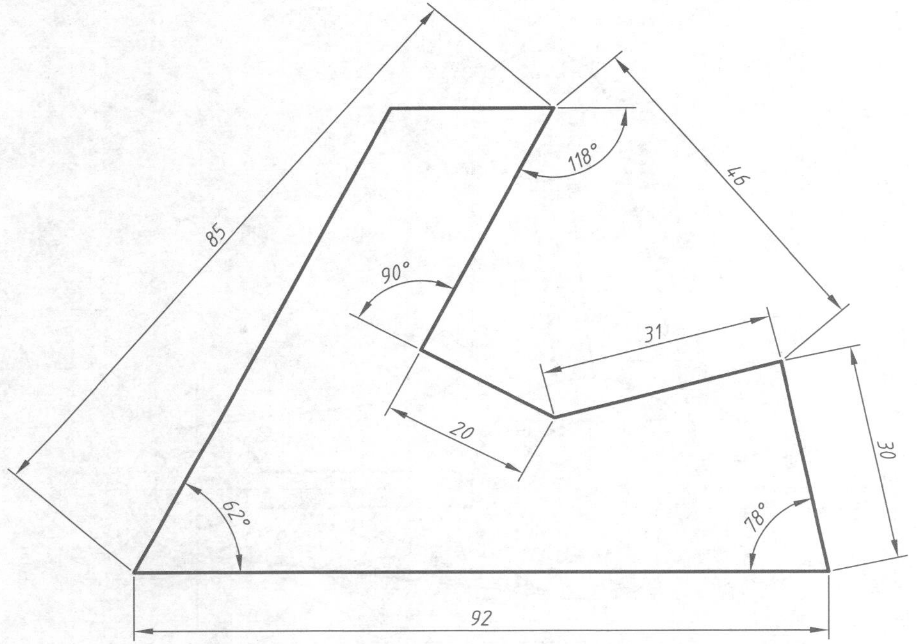

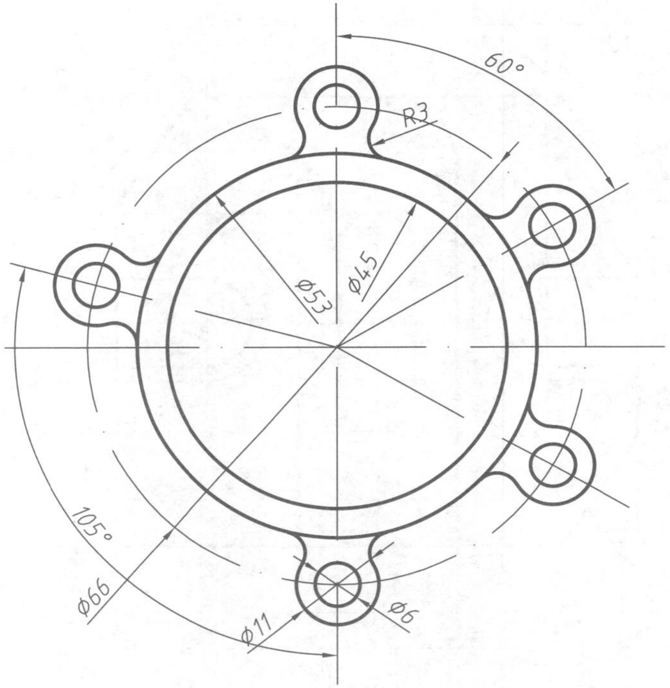

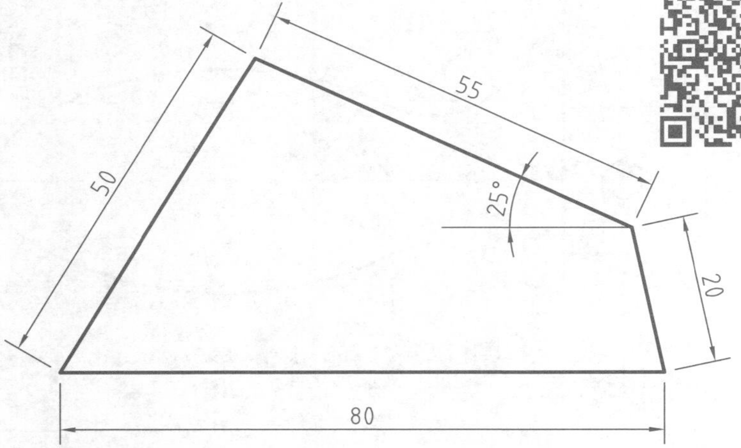

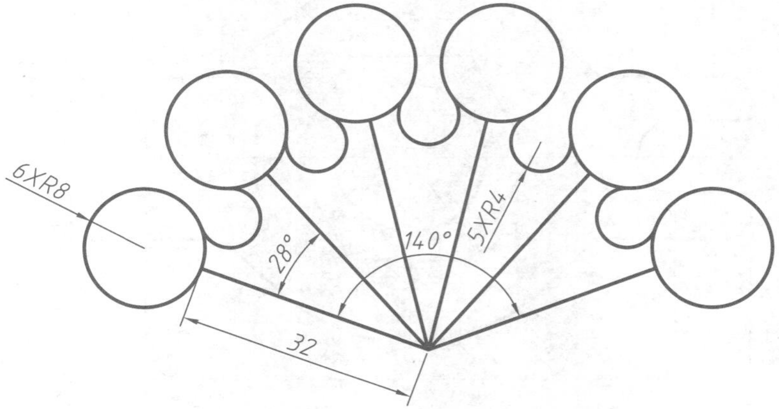

综合练习二维绘图与编辑命令，平均每个图形10分钟完成及格，7分钟完成良好，5分钟完成优秀。

请绘制下面六个图形。

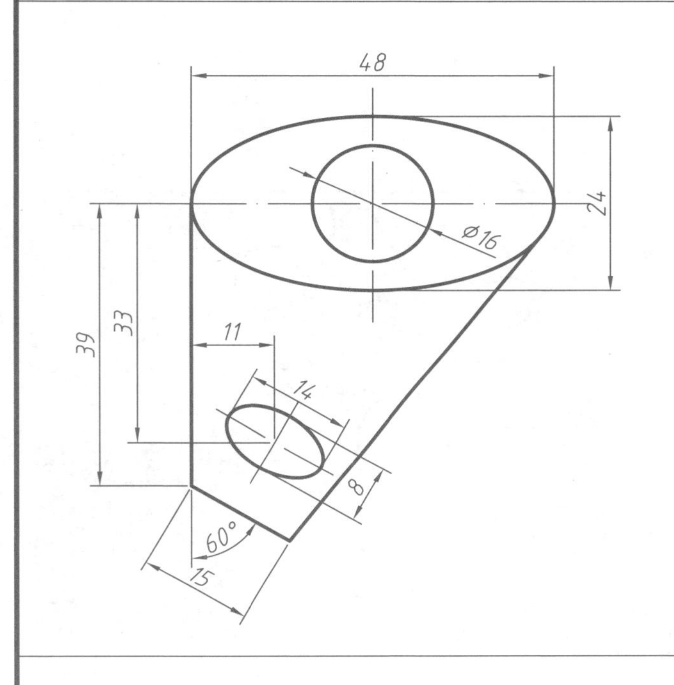

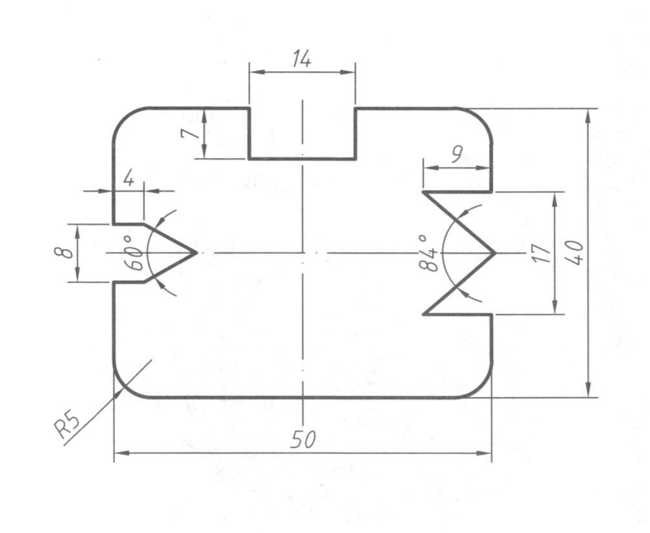

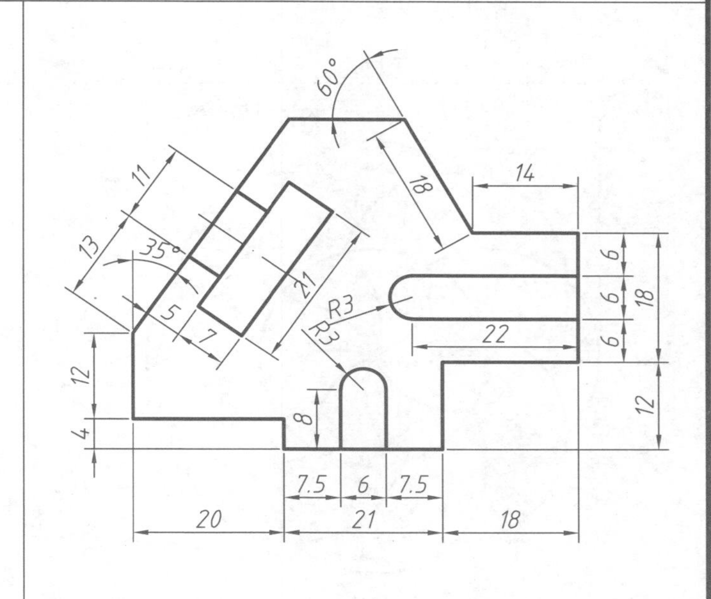

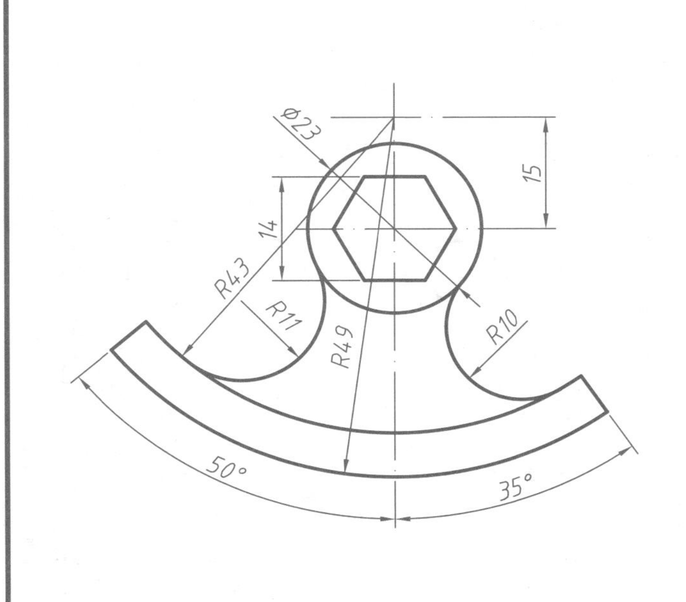

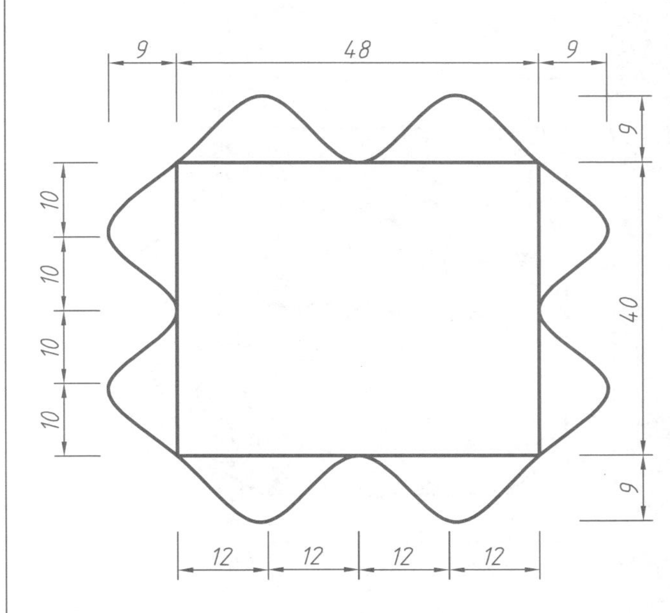

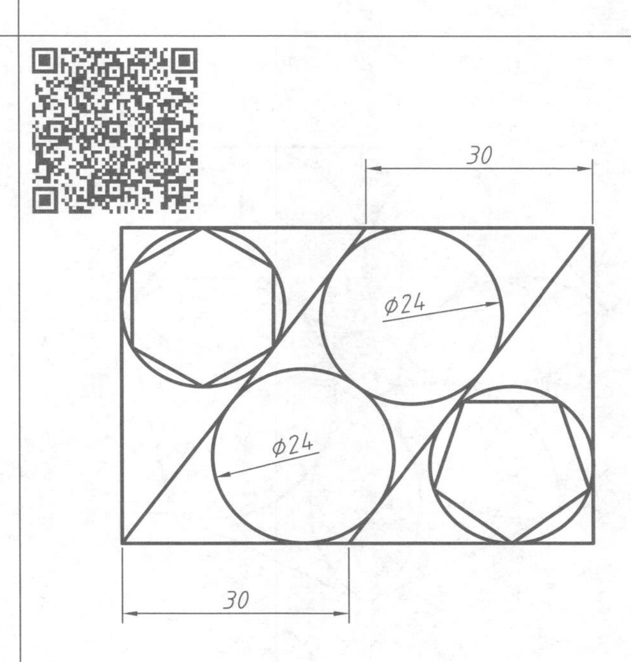

综合练习二维绘图与编辑命令，平均每个图形10分钟完成及格，7分钟完成良好，5分钟完成优秀。

请绘制下面六个图形。

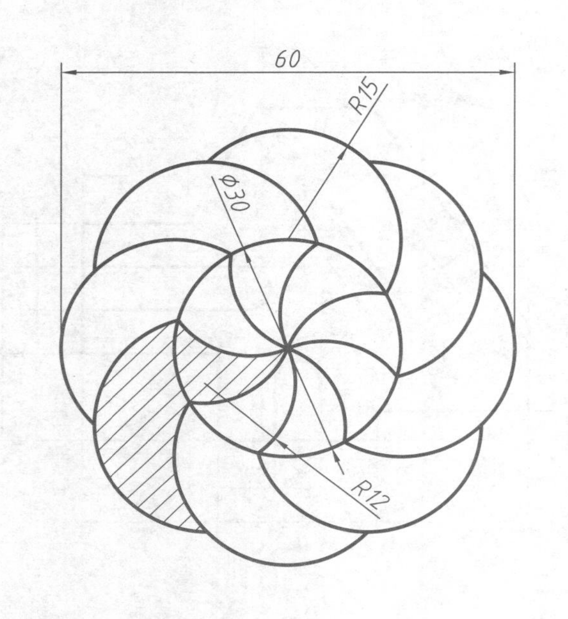

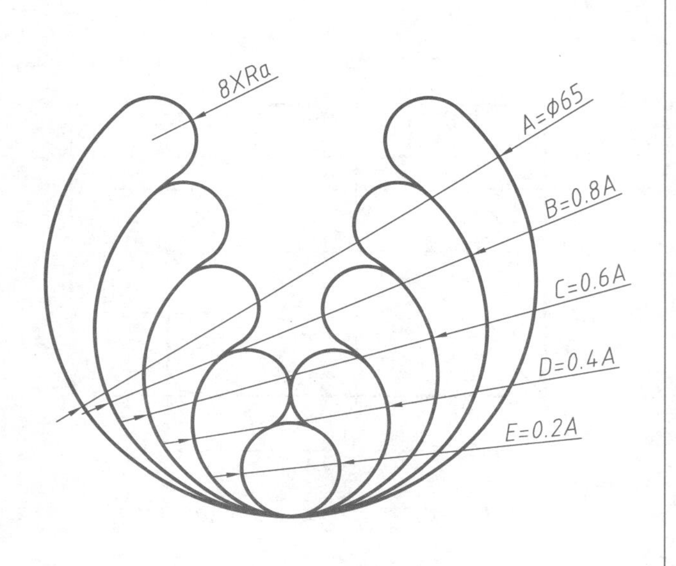

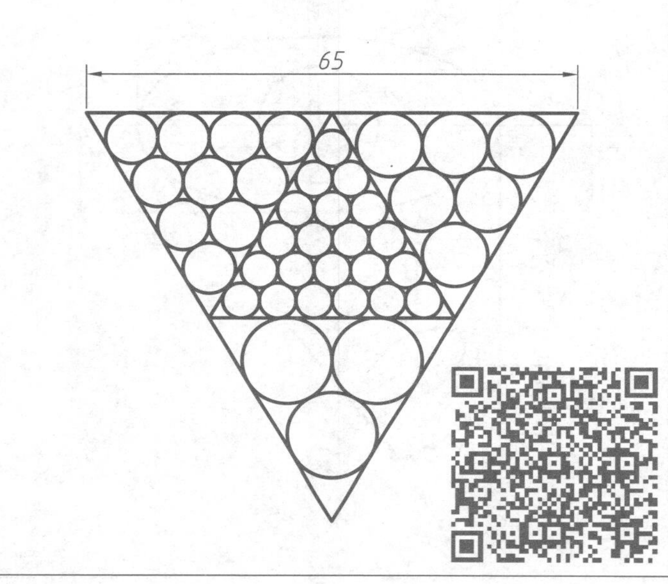

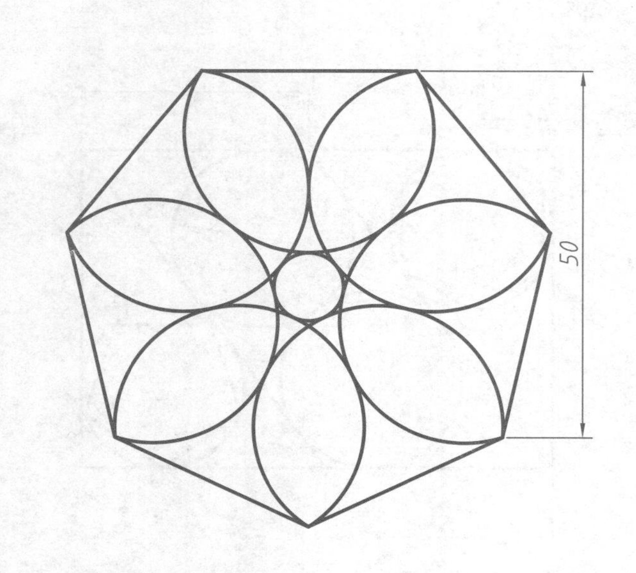

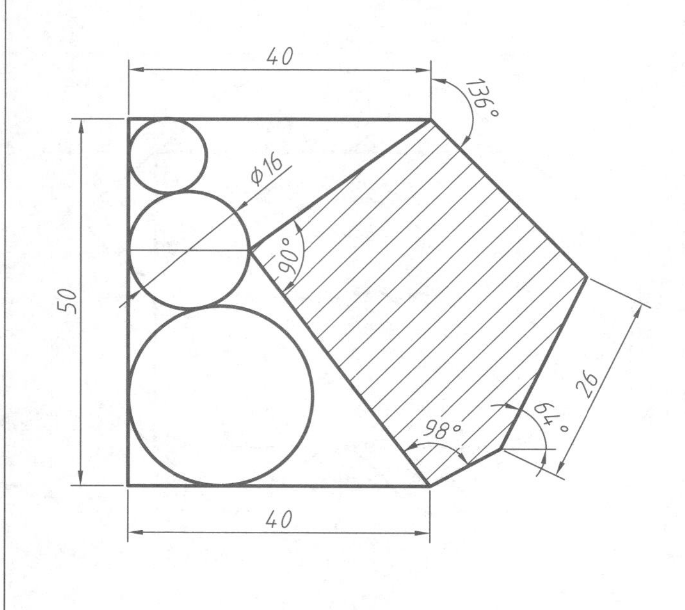

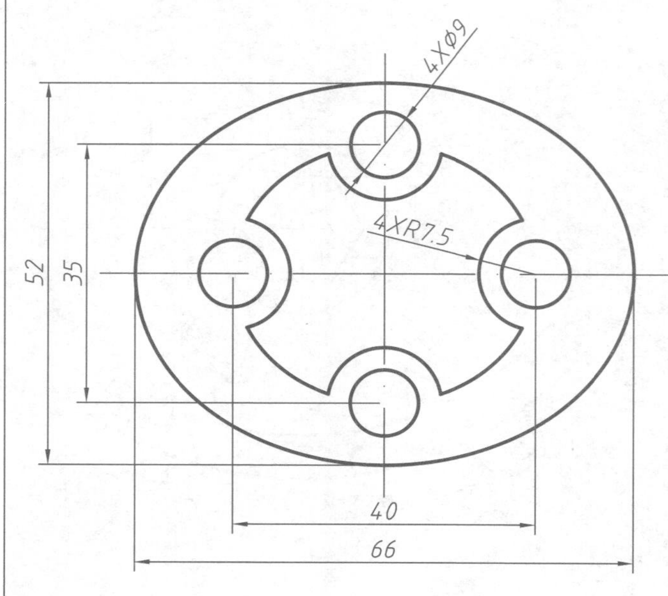

综合练习二维绘图与编辑命令，平均每个图形10分钟完成及格，7分钟完成良好，5分钟完成优秀。

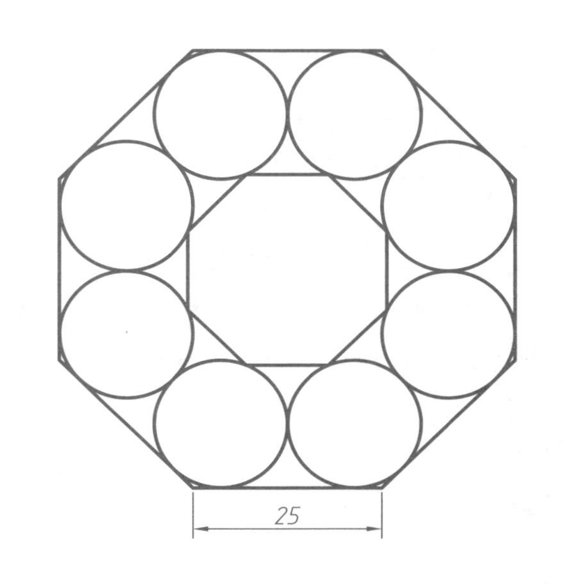

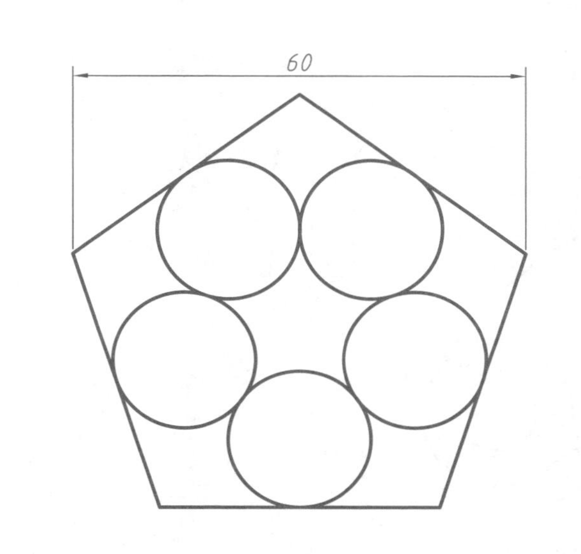

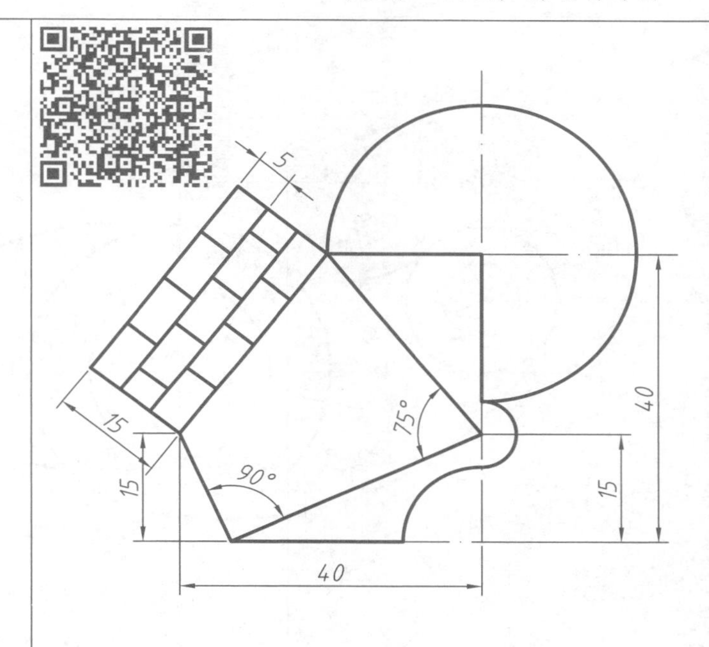

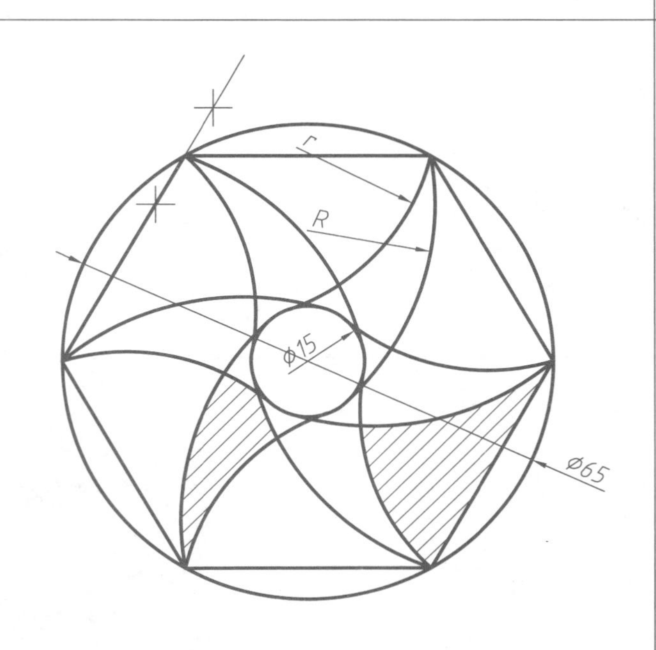

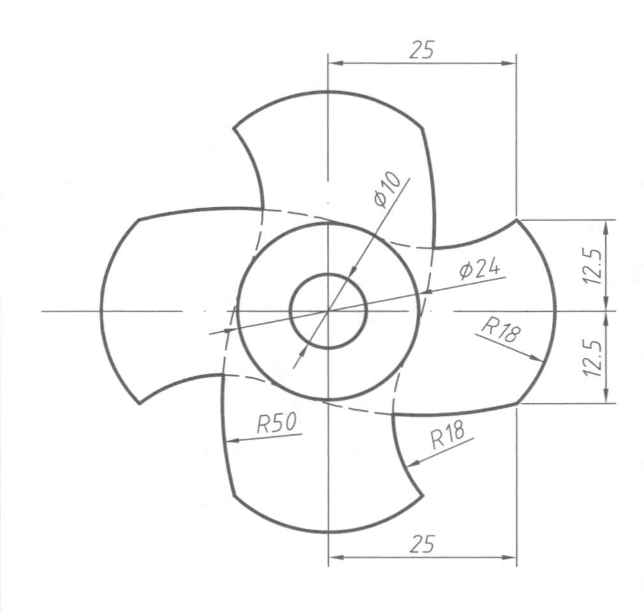

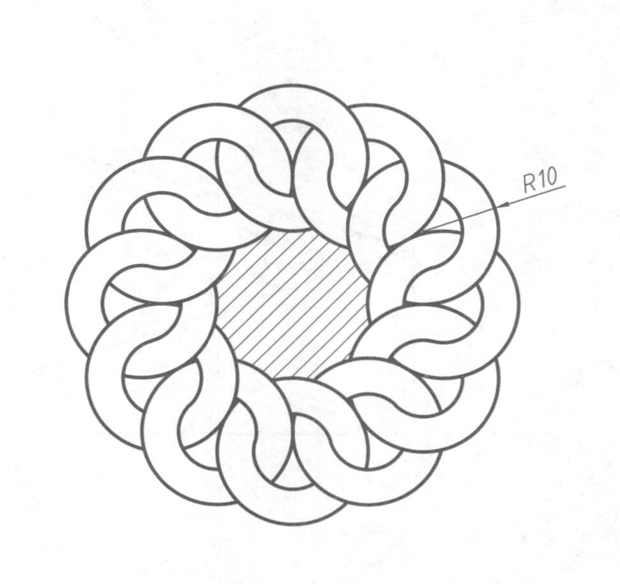

综合练习二维绘图与编辑命令，平均每个图形10分钟完成及格，7分钟完成良好，5分钟完成优秀。

请绘制下面四个图形。

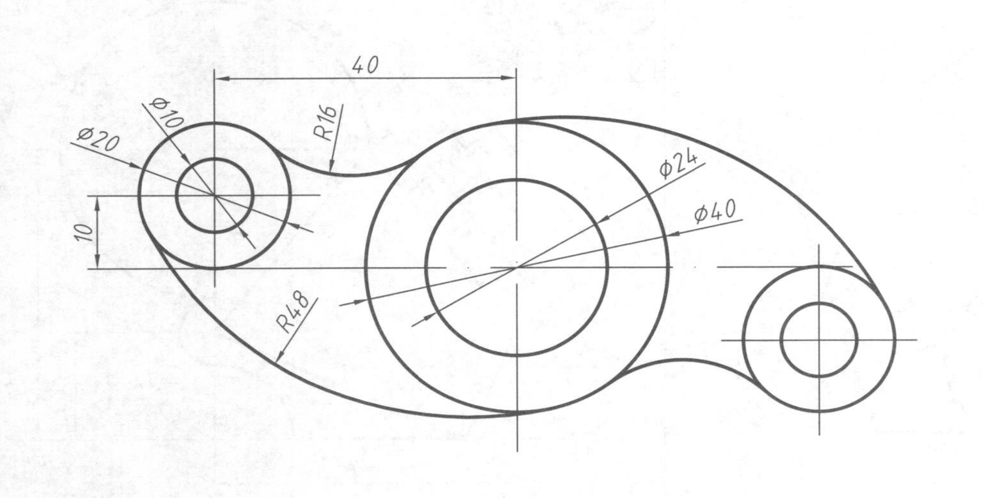

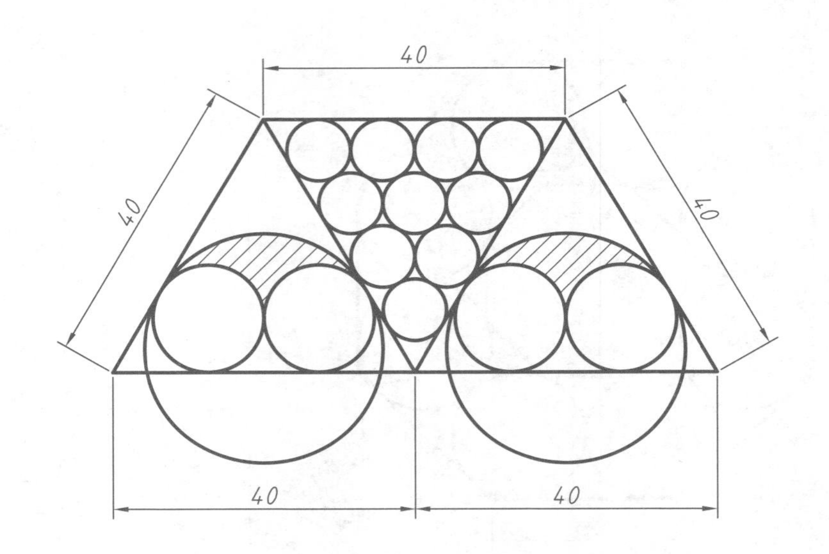

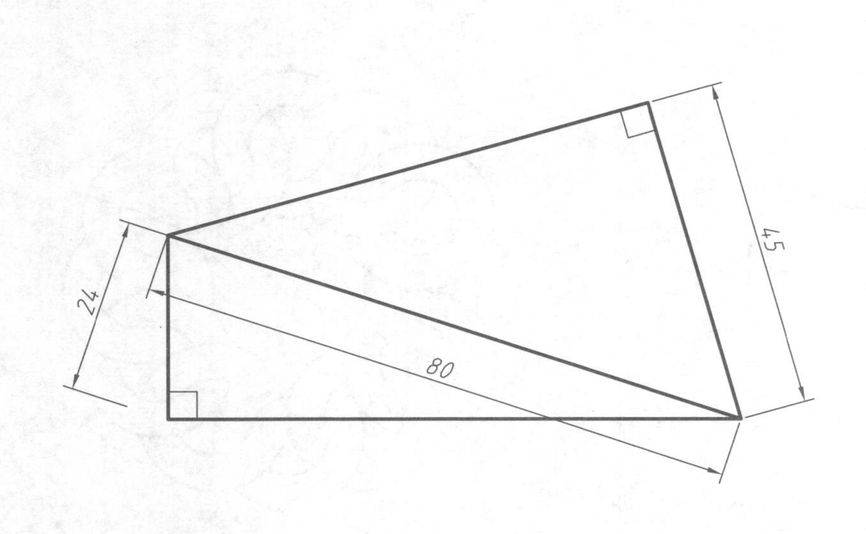

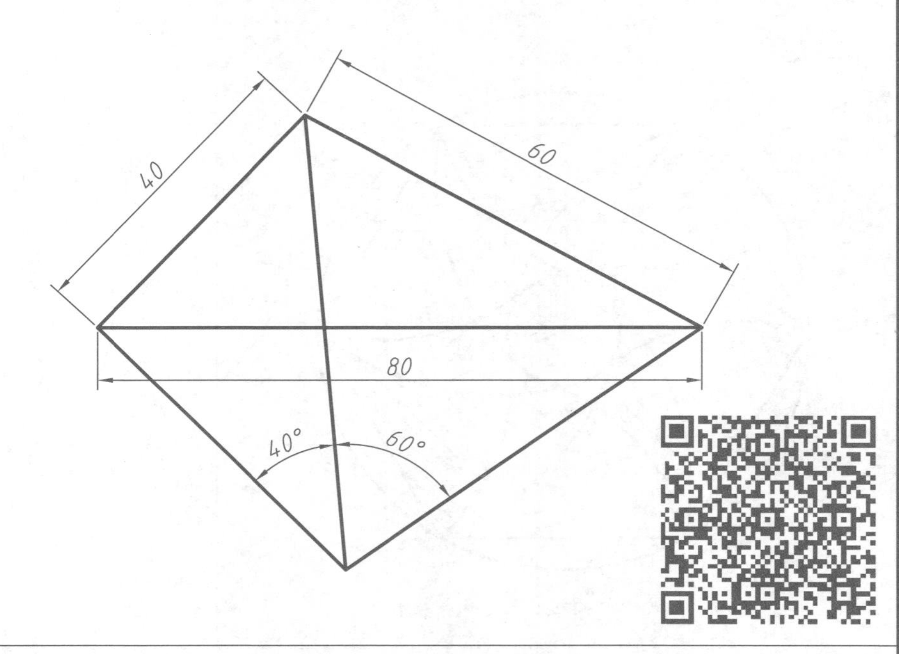

综合练习二维绘图与编辑命令，平均每个图形10分钟完成及格，7分钟完成良好，5分钟完成优秀。

请绘制下面两个图形。

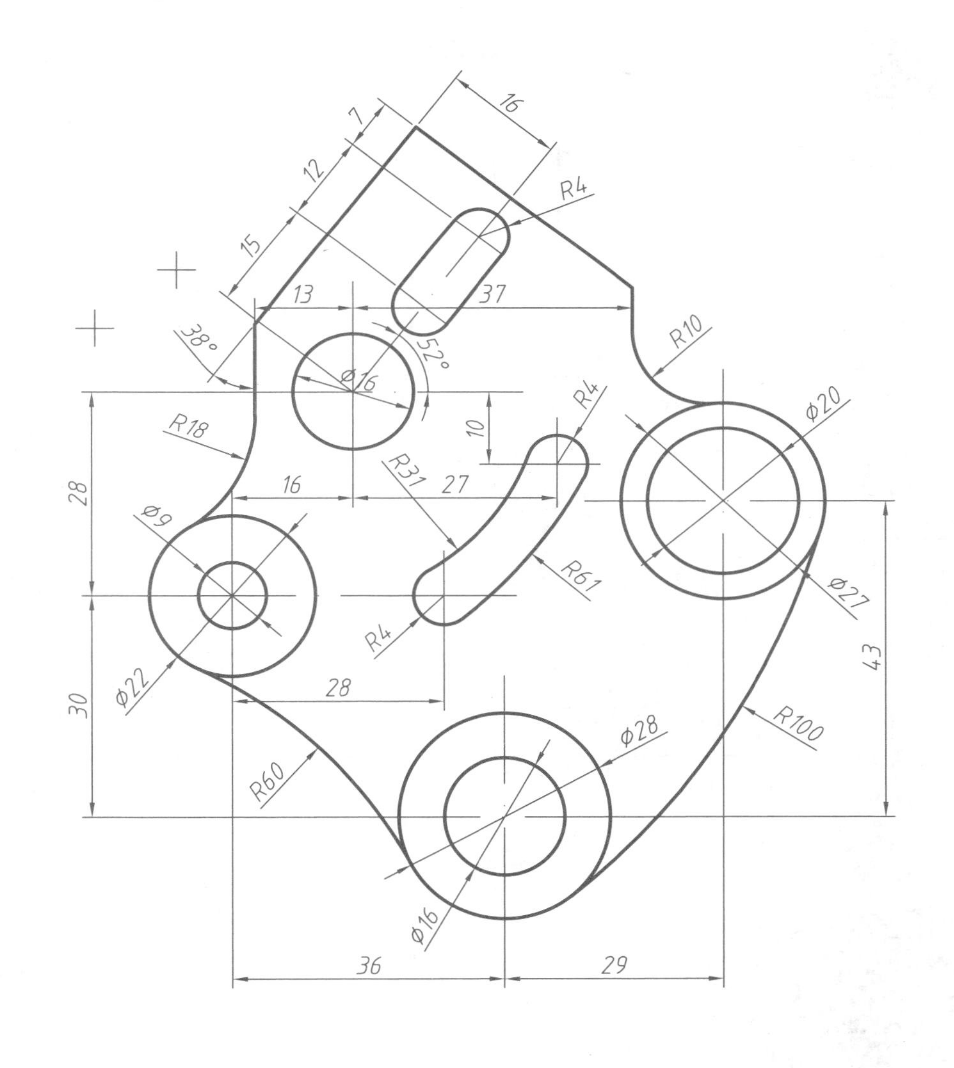

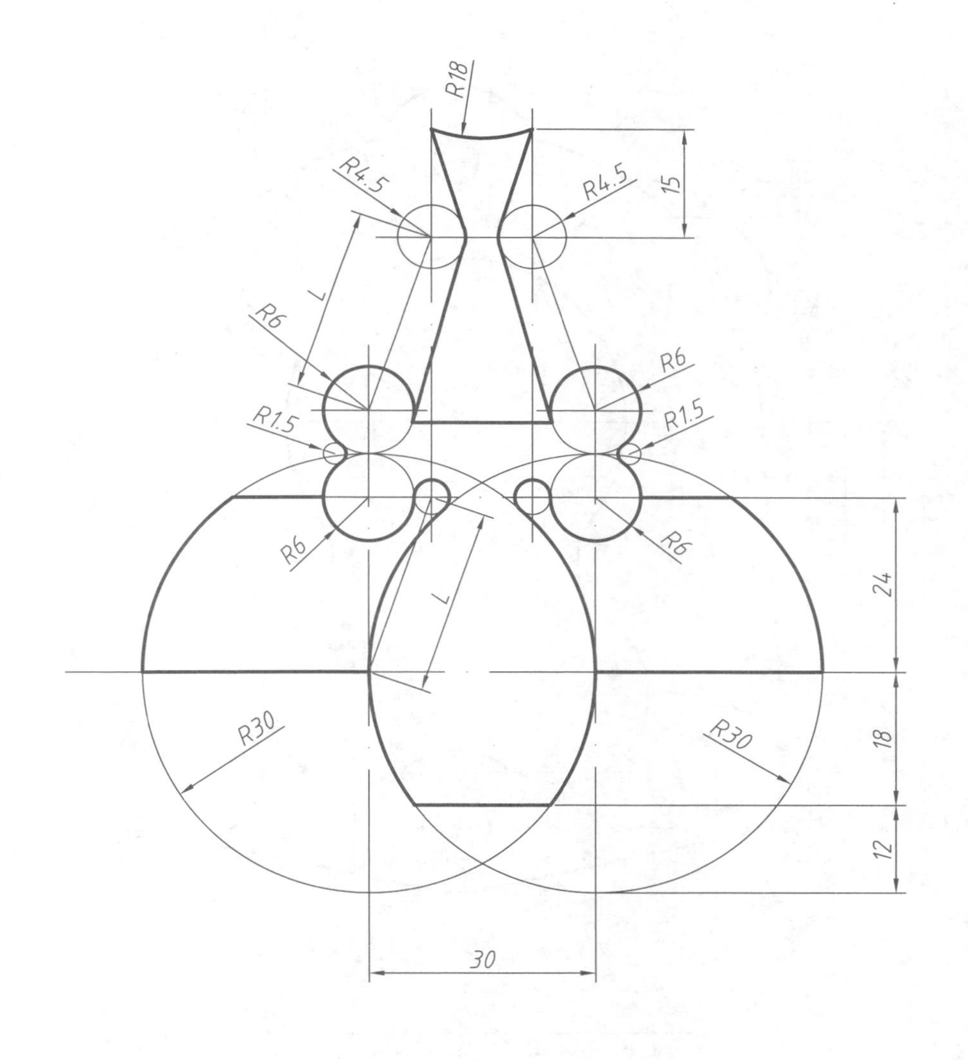

综合练习二维绘图与编辑命令，平均每个图形20分钟完成及格，15分钟完成良好，10分钟完成优秀。

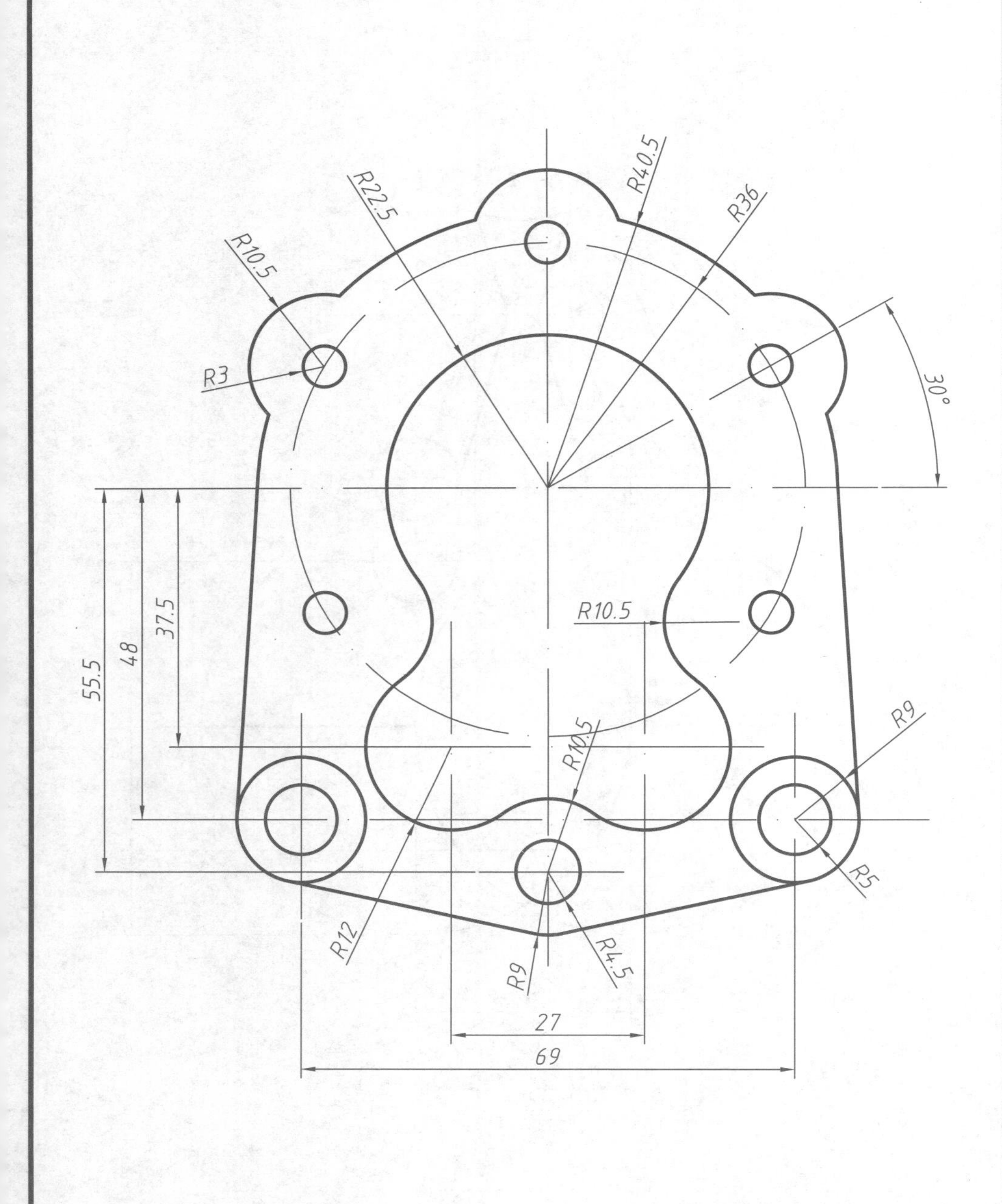

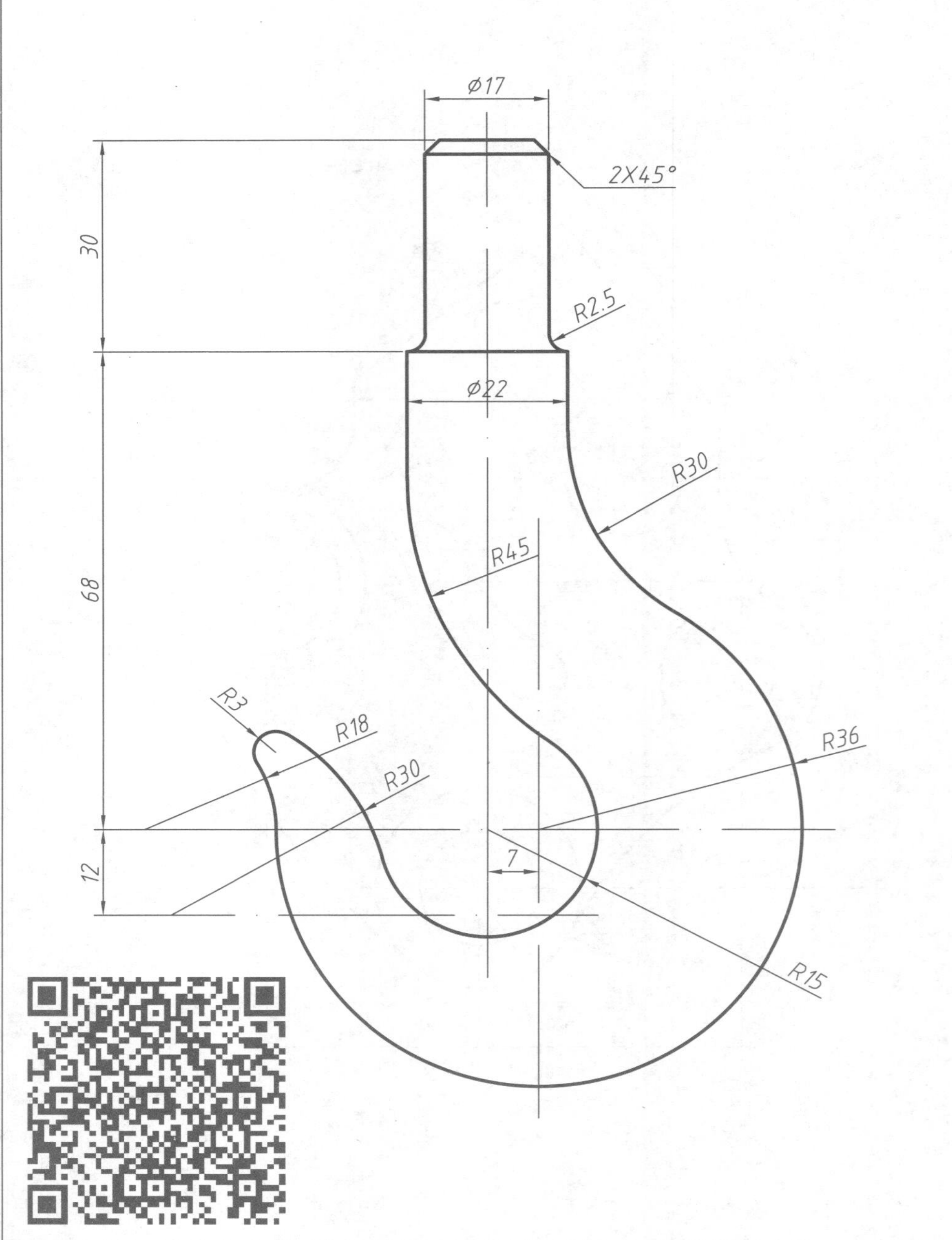

 综合练习二维绘图与编辑命令，平均每个图形20分钟完成及格，15分钟完成良好，10分钟完成优秀。

请绘制下面两个图形。

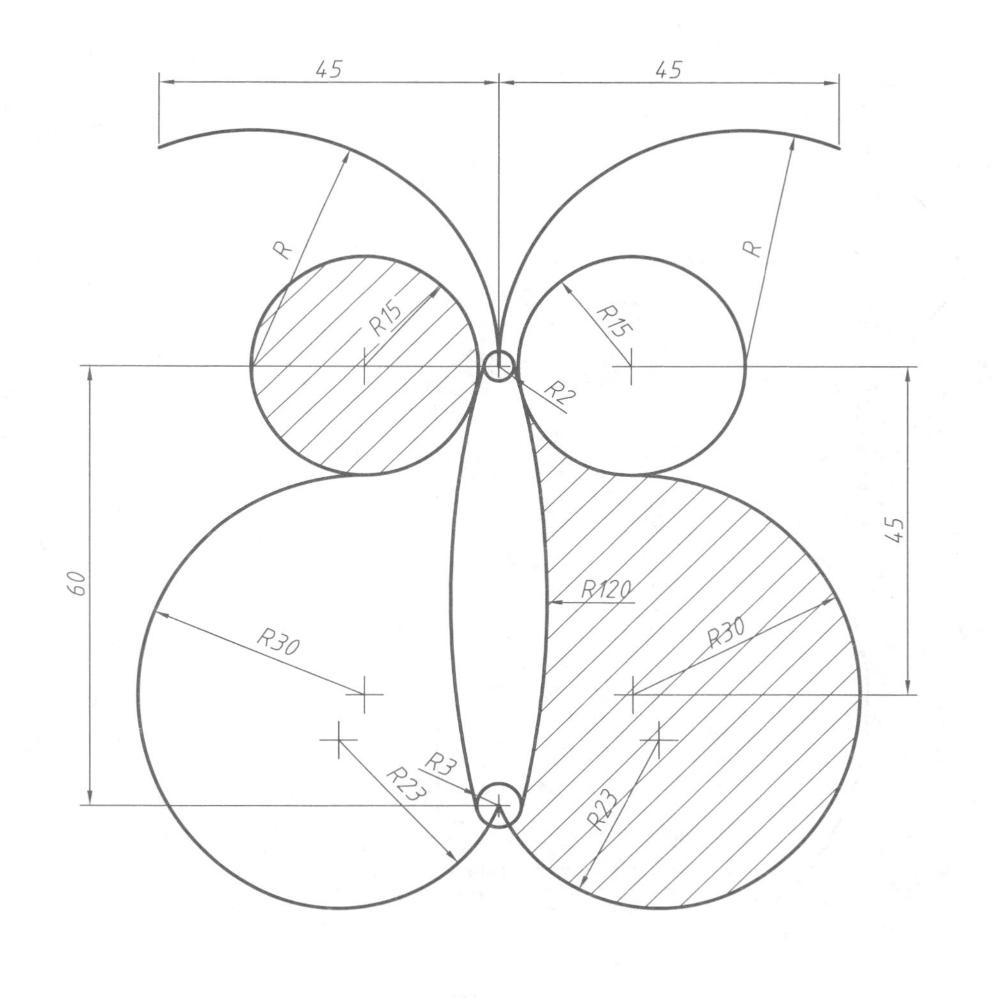

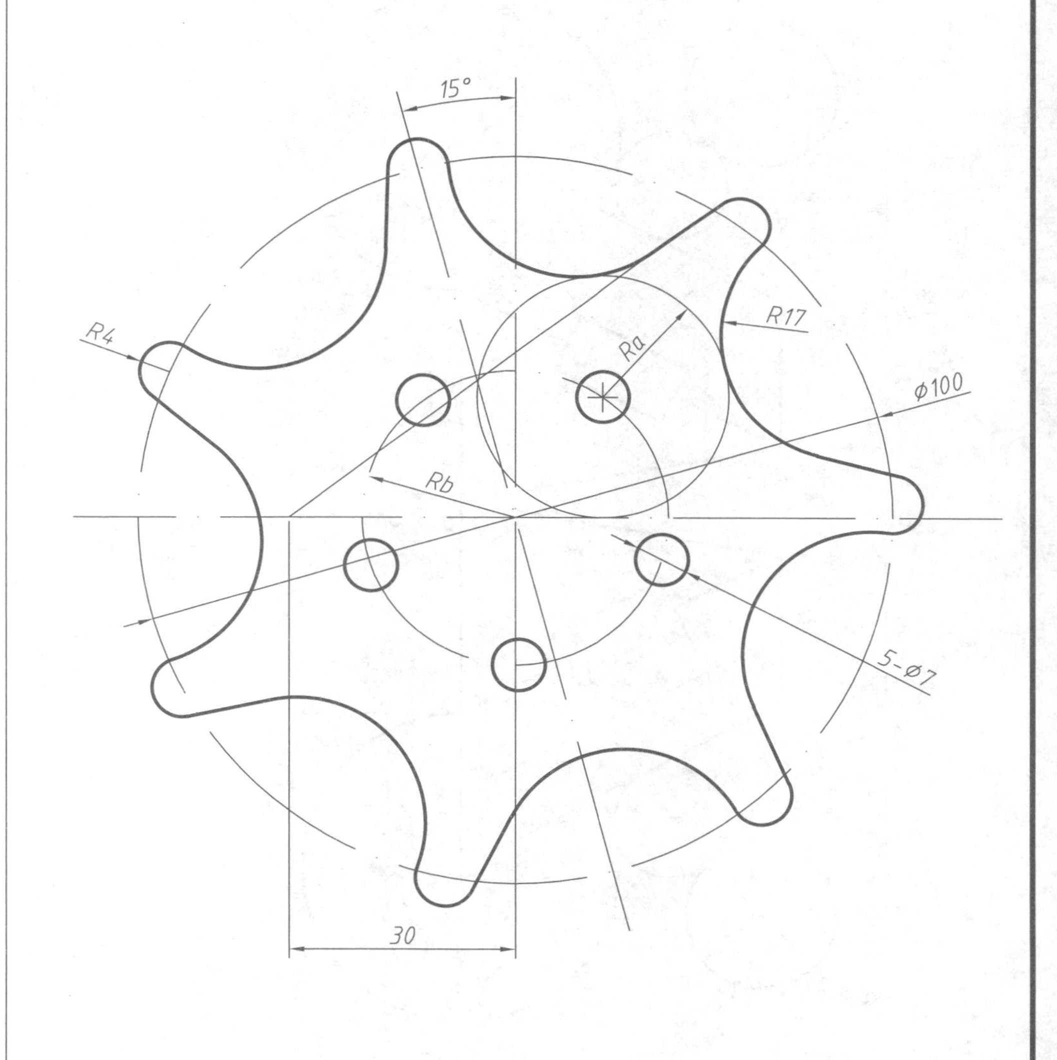

综合练习二维绘图与编辑命令，平均每个图形20分钟完成及格，15分钟完成良好，10分钟完成优秀。

请绘制下面两个图形。

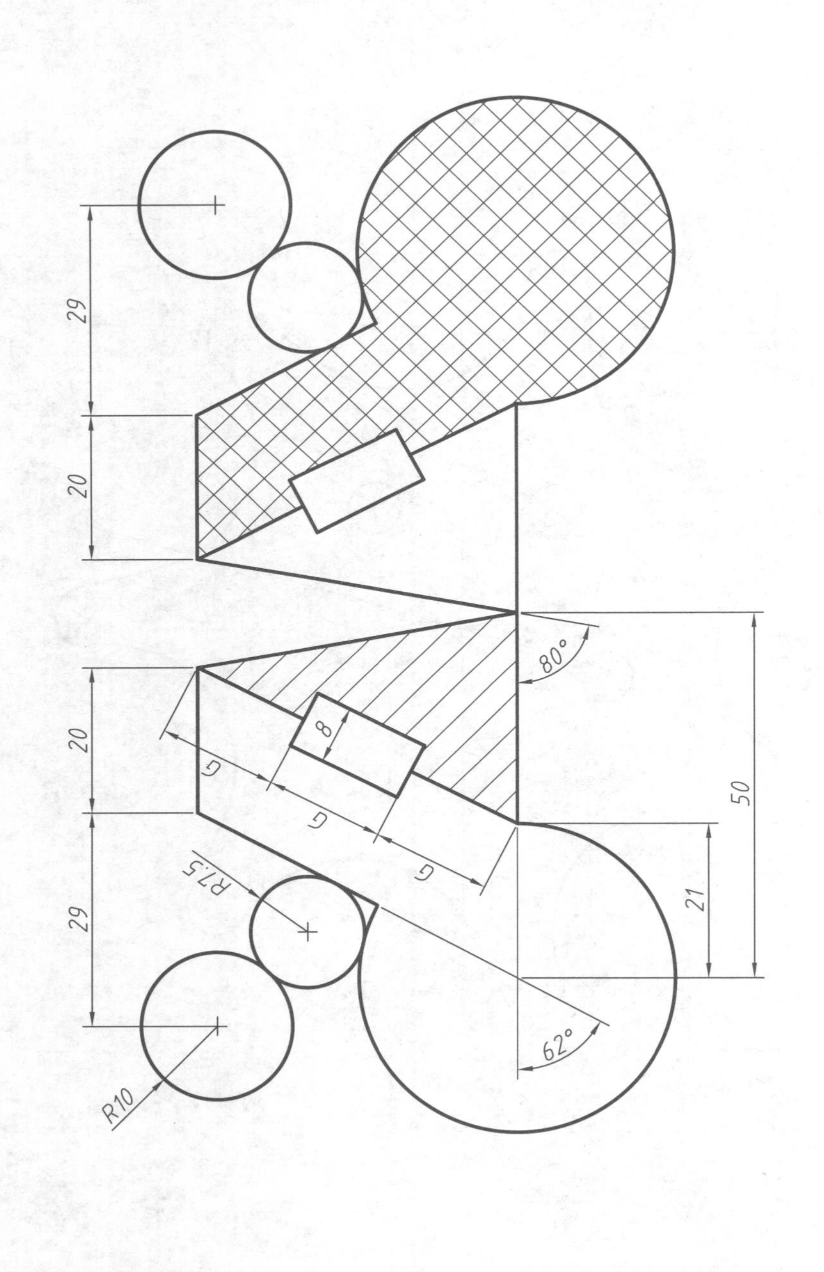

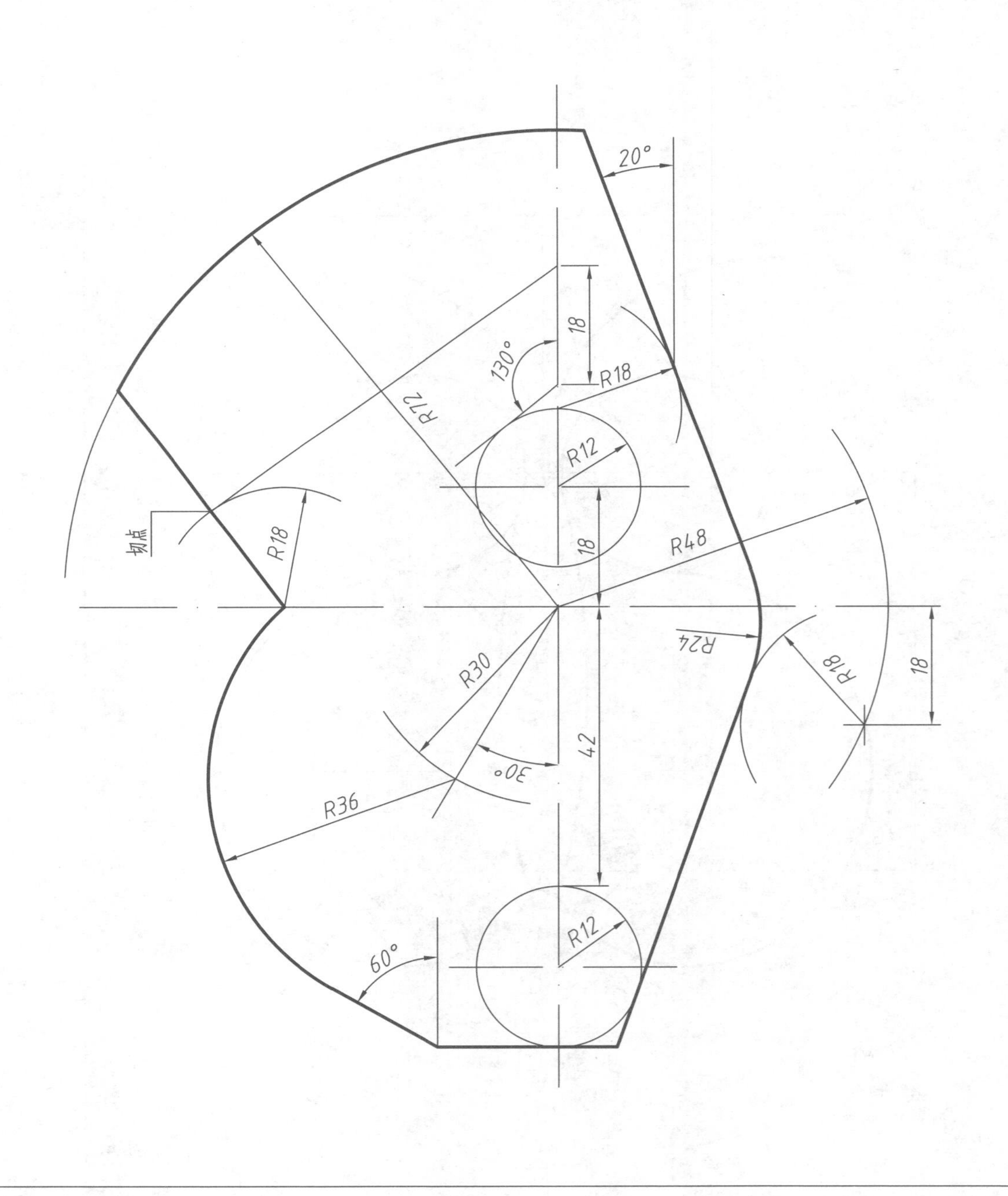

 综合练习二维绘图与编辑命令，平均每个图形20分钟完成及格，15分钟完成良好，10分钟完成优秀。

请绘制下面两个图形。

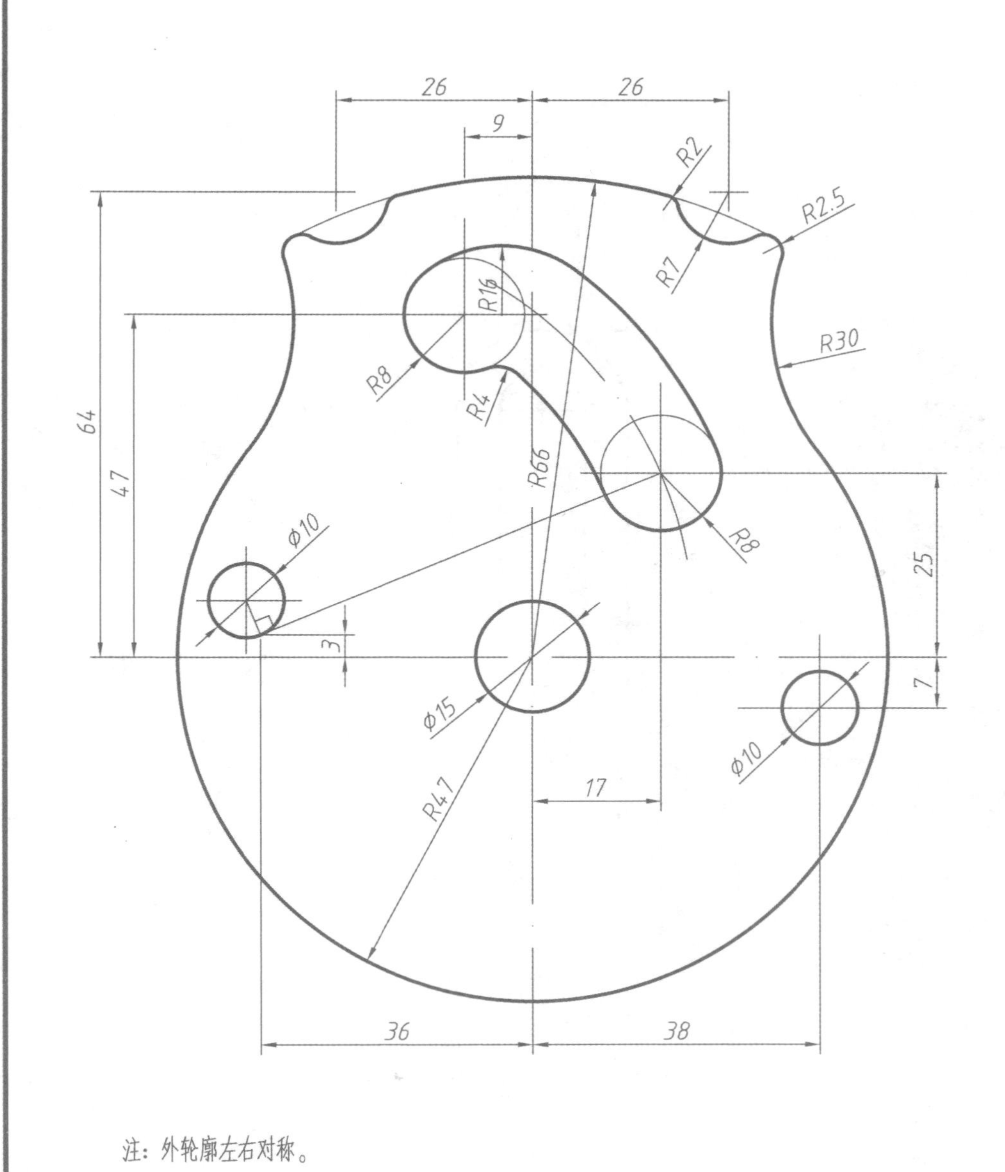

注：外轮廓左右对称。

请绘制下面两个图形。

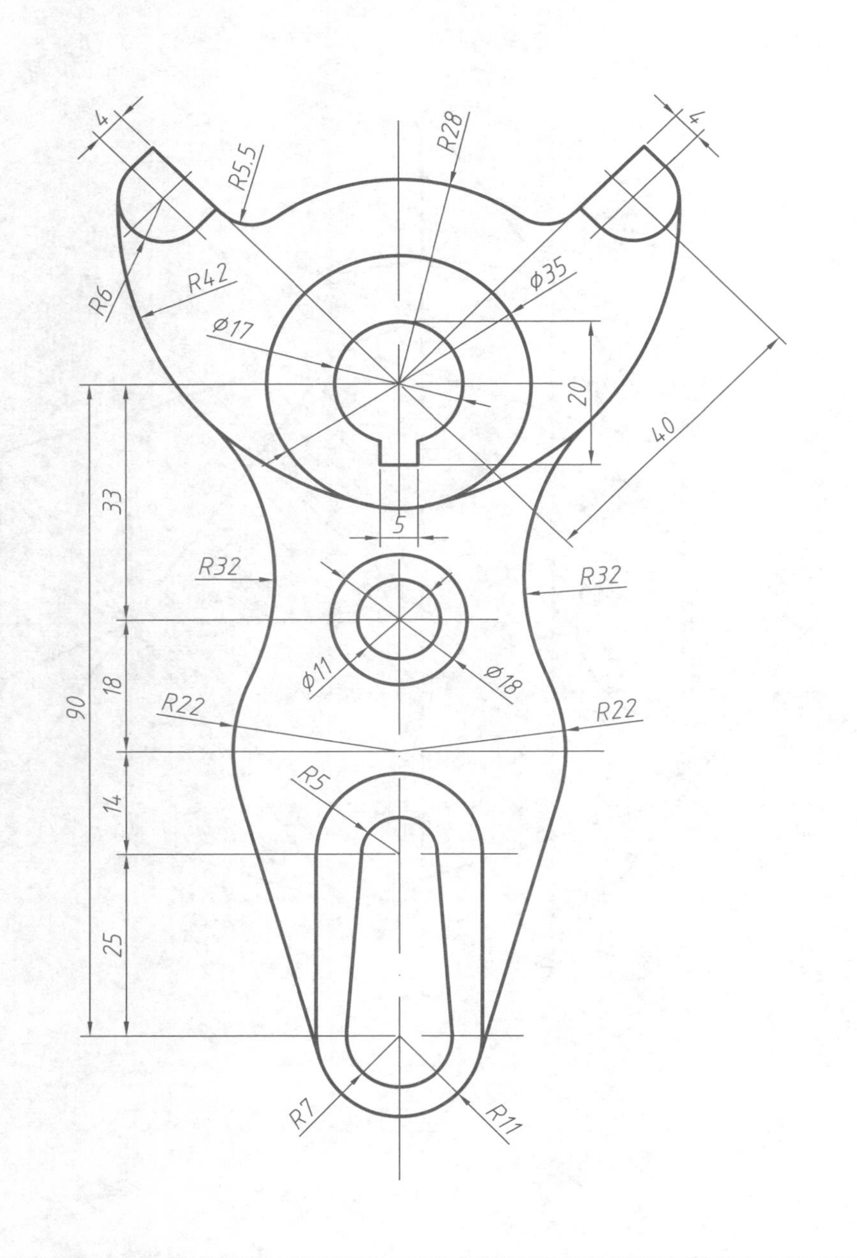

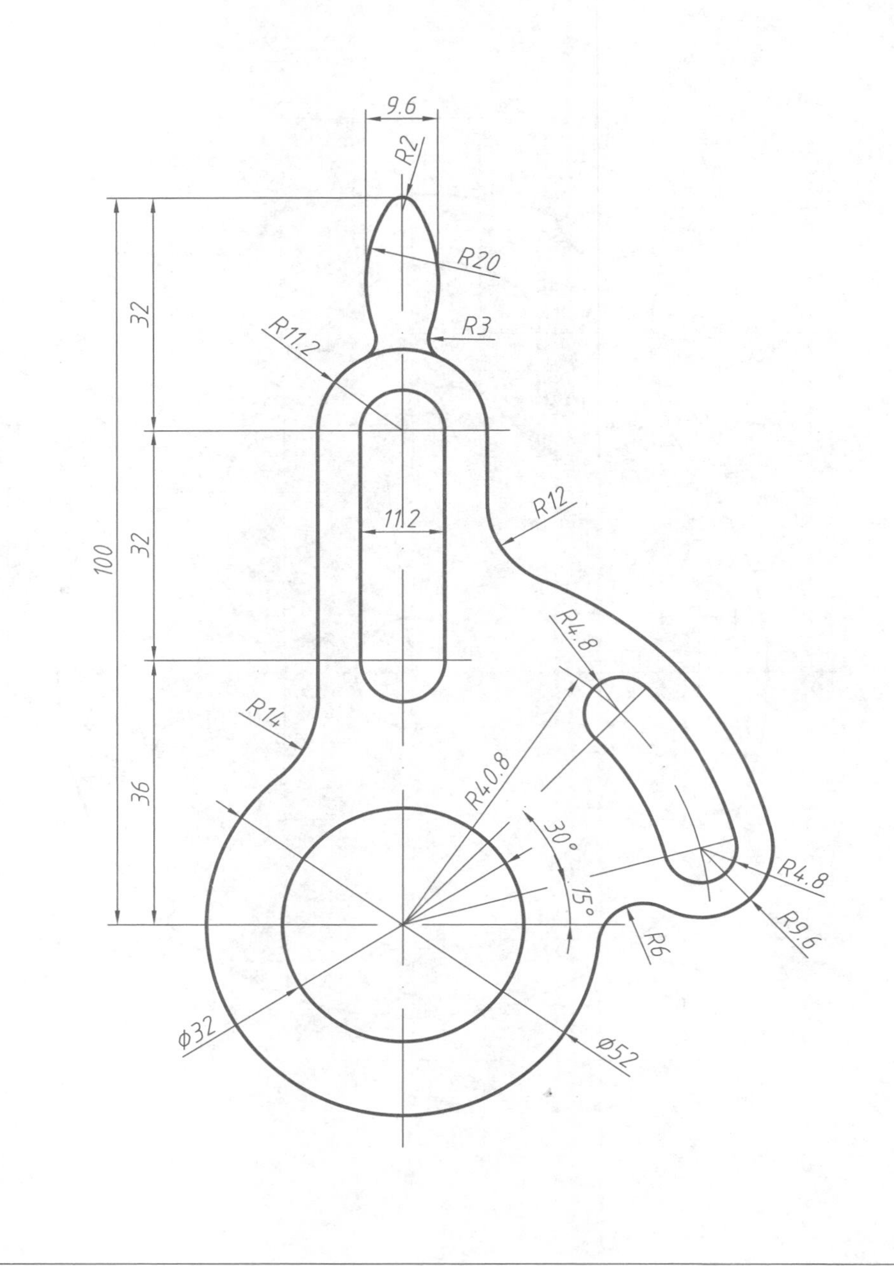

综合练习二维绘图与编辑命令，平均每个图形20分钟完成及格，15分钟完成良好，10分钟完成优秀。

请绘制下面四个图形。

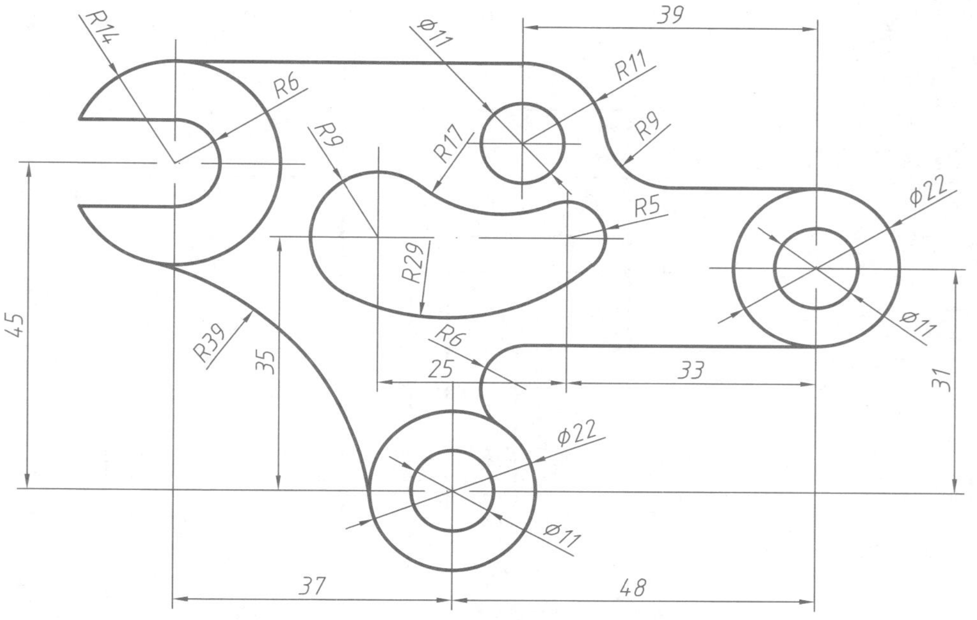

综合练习二维绘图与编辑命令，平均每个图形20分钟完成及格，15分钟完成良好，10分钟完成优秀。

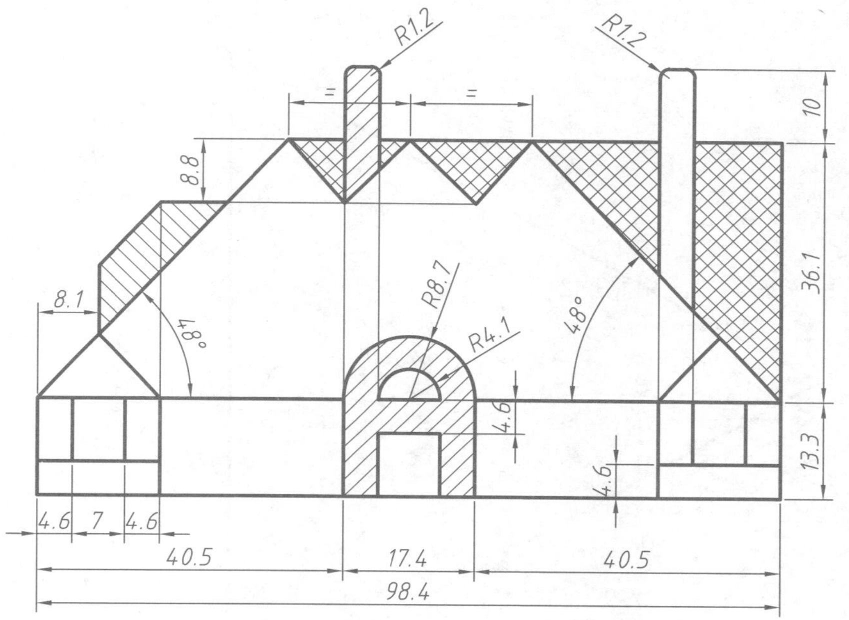

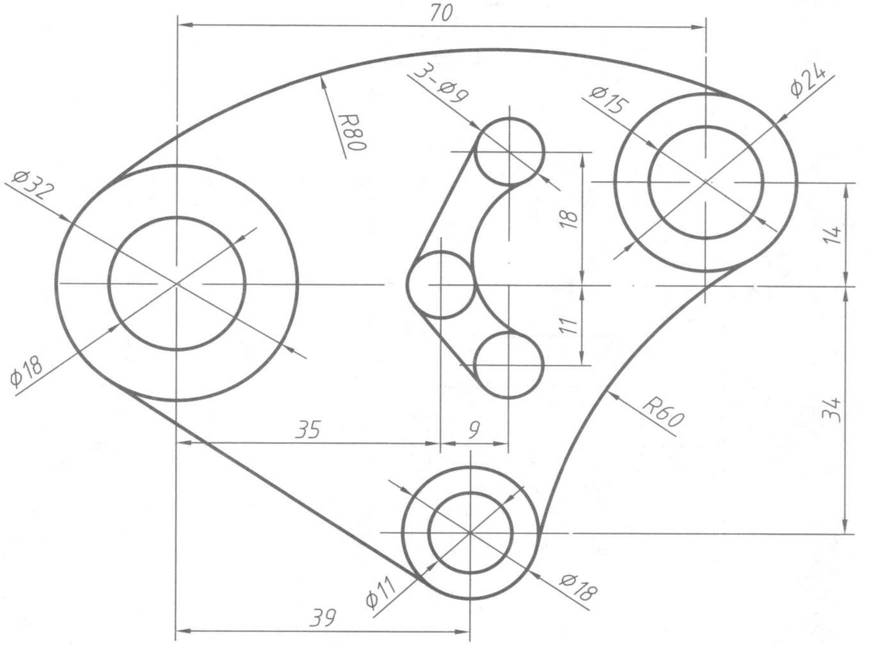

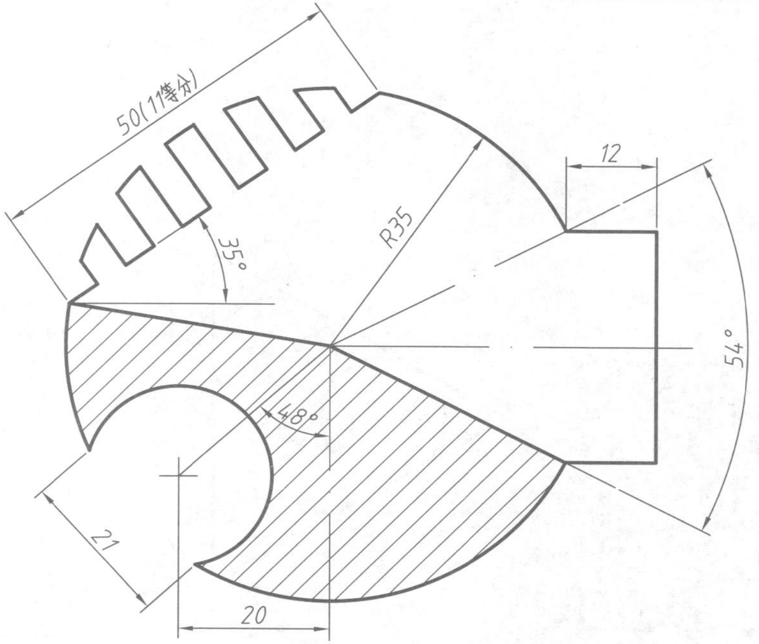

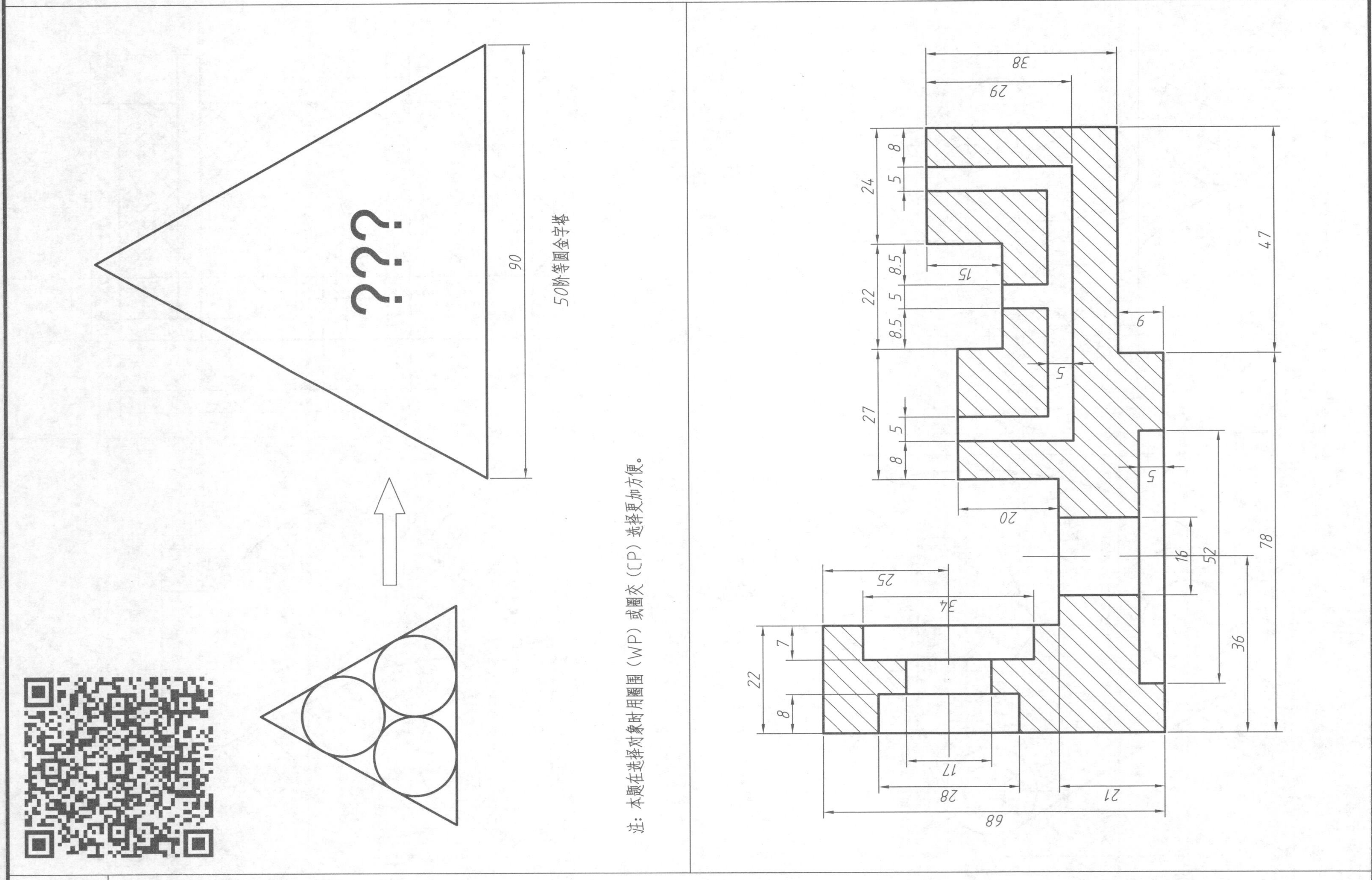

 综合练习二维绘图与编辑命令，平均每个图形20分钟完成及格，15分钟完成良好，10分钟完成优秀。

国旗：五颗星填充黄色，背景红色。

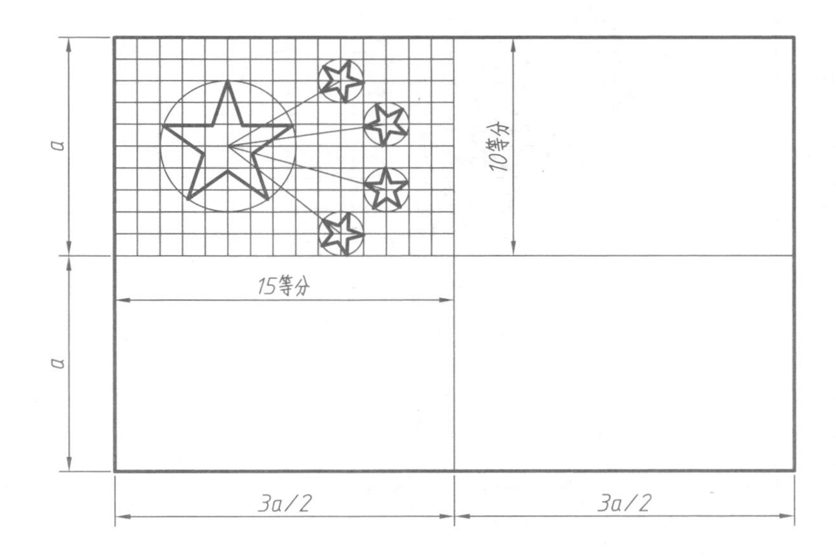

党旗：镰刀、锤头填充黄色，背景红色。党徽图案位于8X8方格内。

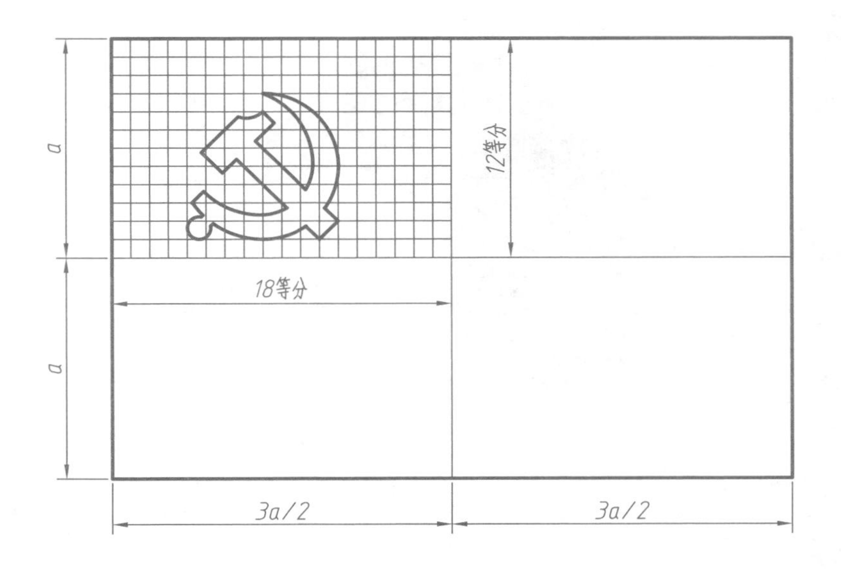

党徽：由镰刀和锤头组成。图案位于一正方形内，绘制时把正方形分成32X32个小方格。

R1圆弧以13、14、1′、2′小方格中央为圆心，半径至17交5′点。R2圆弧以整个图形中央为圆心，半径为16个小方格长度。R3圆弧以17交15′点为圆心，半径至17交33′点。R4圆弧以11交16′、17′处中心点为圆心，半径至17交1′点。R5圆弧以16、17、16′、17′小方格中央为圆心，半径比R4少5.5个小方格边长。R6圆弧以11′交16、17处中心点为圆心，半径比R5多5.5个小方格边长。R7圆弧以3、4、30′、31′小方格中央为圆心，2.5个小方格边长为半径。R3和R6圆弧左端点位于锤头轮廓延长线上。

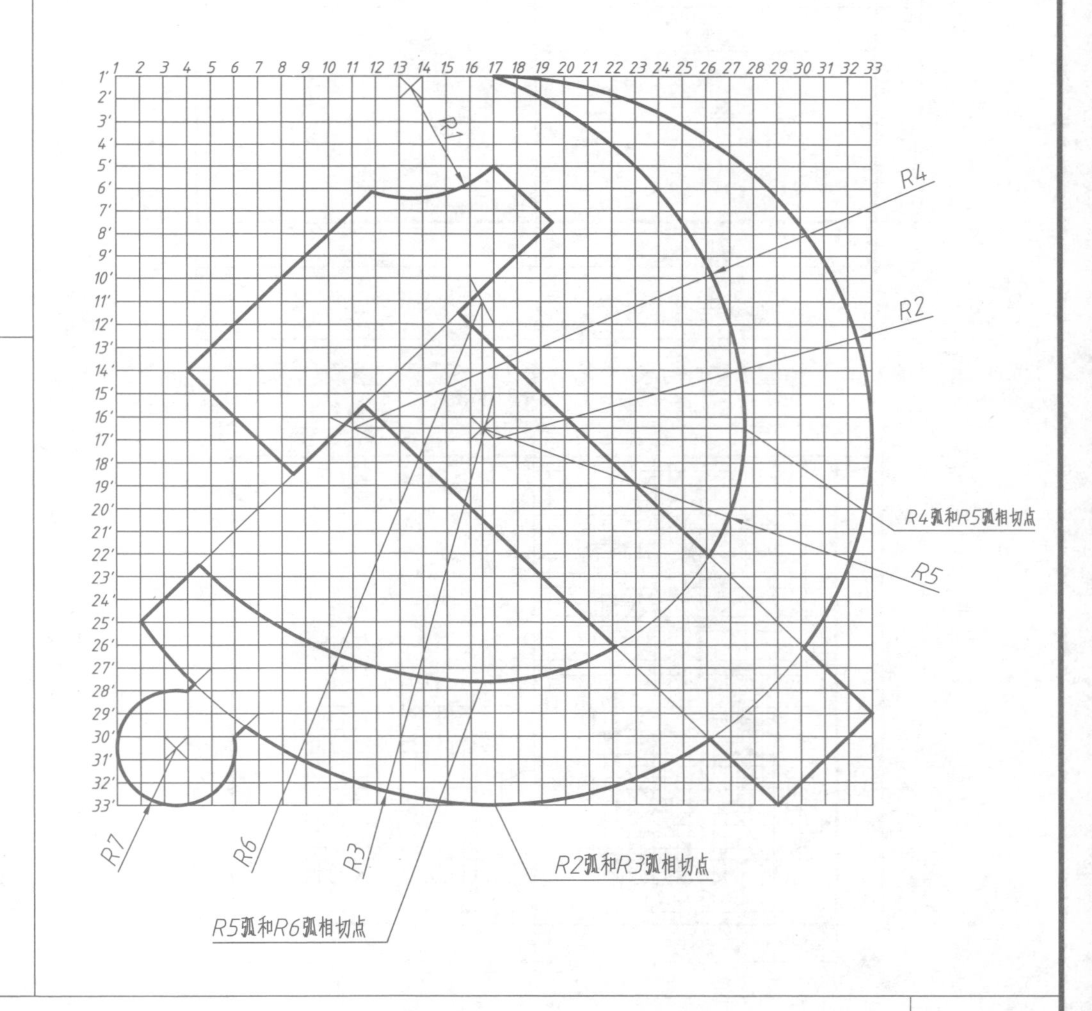

团旗：整体长宽为3:2比例，五角星和圆环填充黄色，背景红色。

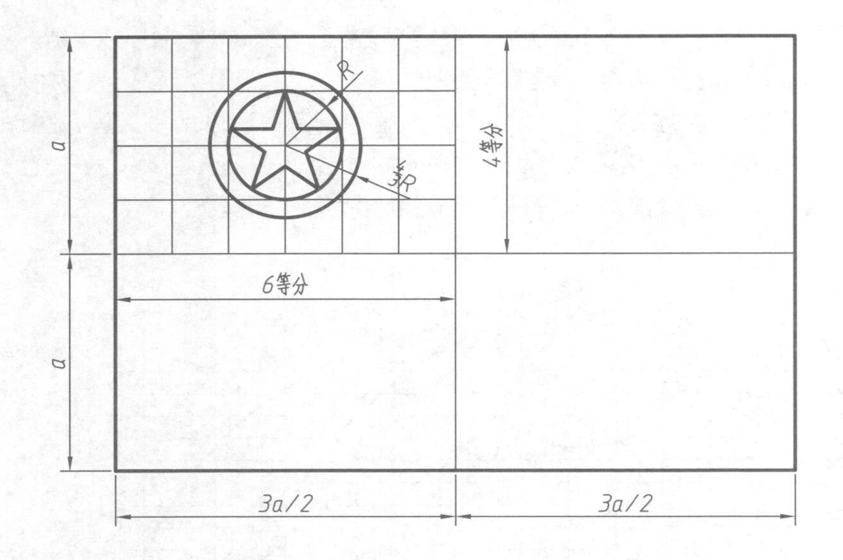

少先队大队旗：长120cm，宽90cm，五角星内部和火炬边缘填充黄色，背景红色。火炬用样条曲线或圆弧画。

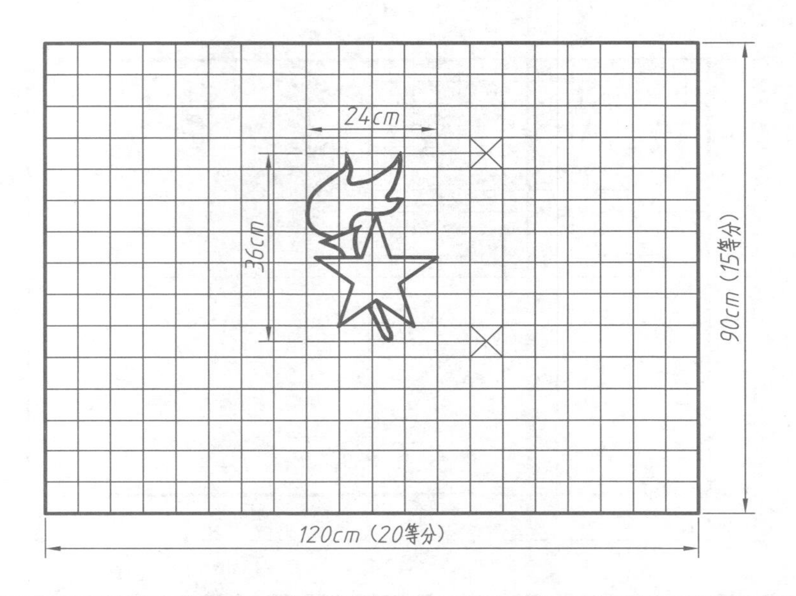

军旗：整体长宽为5:4比例，五角星和八一填充黄色，背景红色。下面两个正方形网格为“八”字放大图。

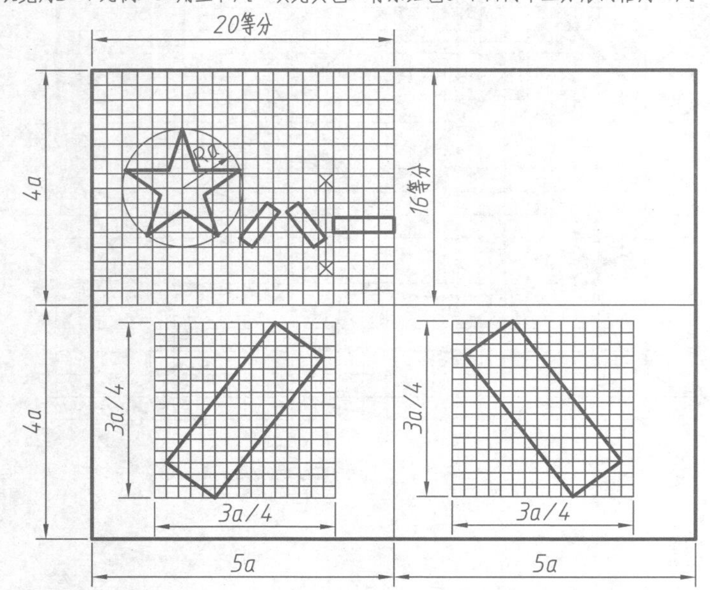

太极图案：大圆半径R，中圆半径1/2R，小圆半径1/6R。

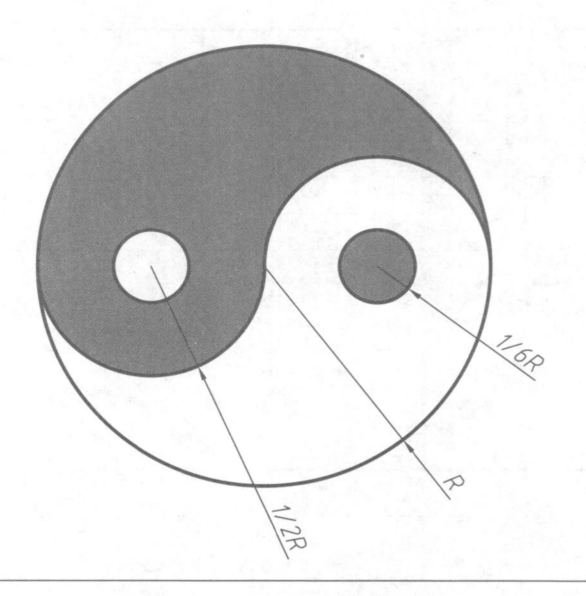

本页主要练习绘制团旗、少先队大队旗、军旗和太极图案，有助于增强爱国主义和民族自信。

请绘制下面六个图形。

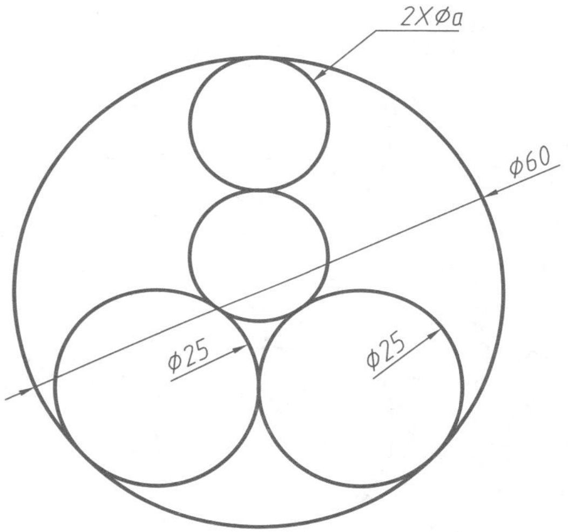

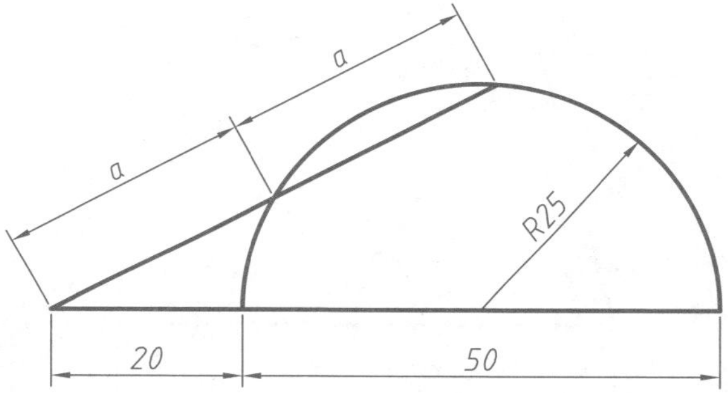

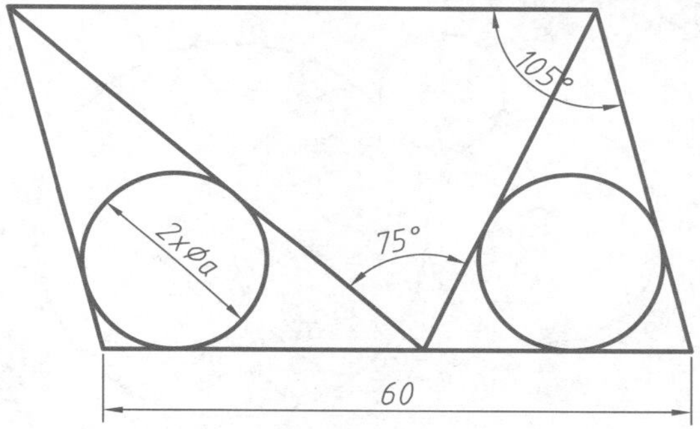

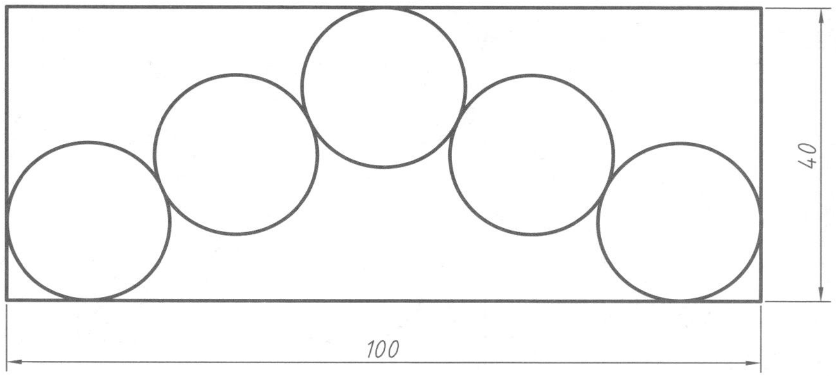

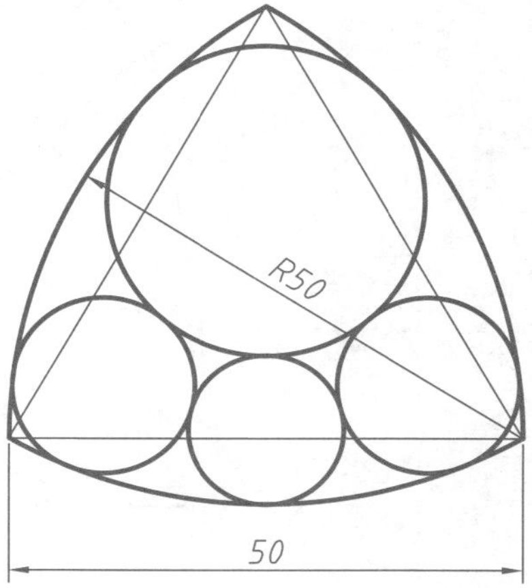

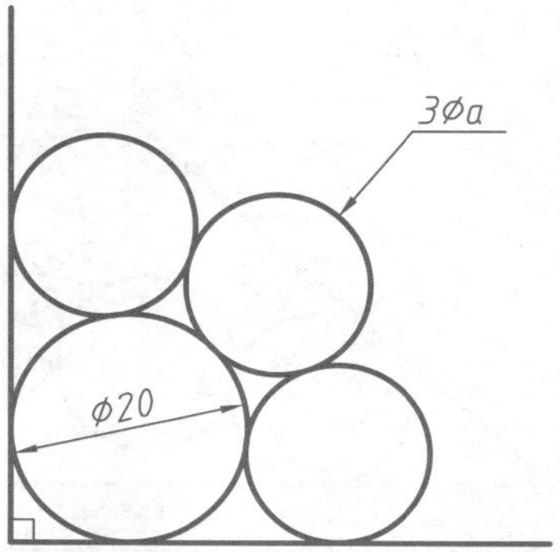

本页图形需运用约束命令，包括几何约束和标注约束，否则画起来难度较大。

请绘制下面六个图形。

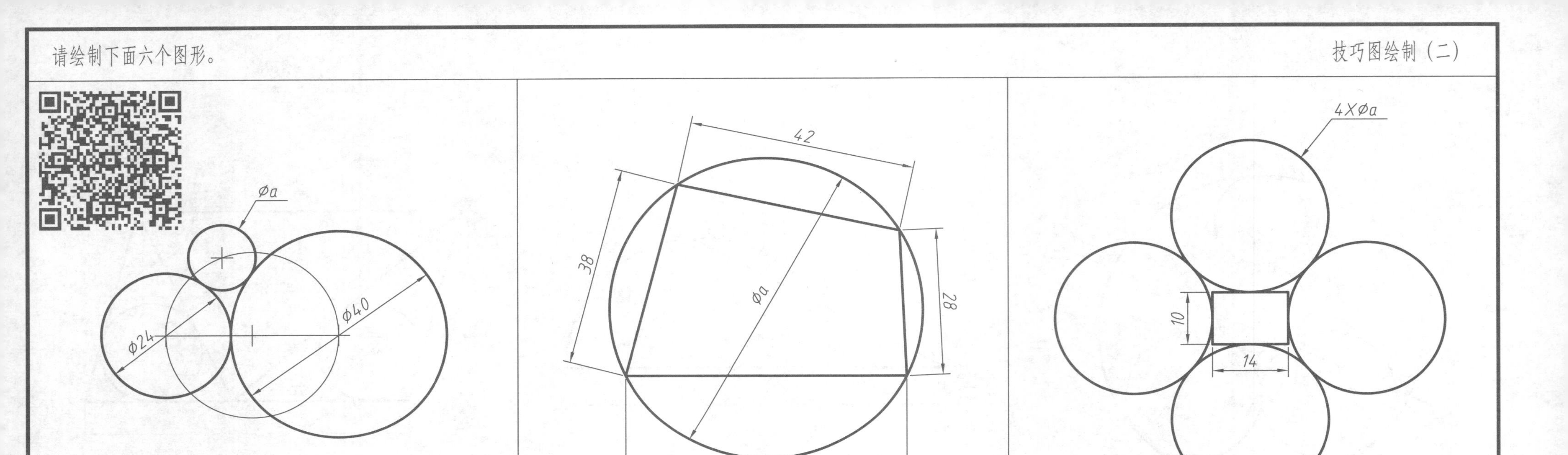

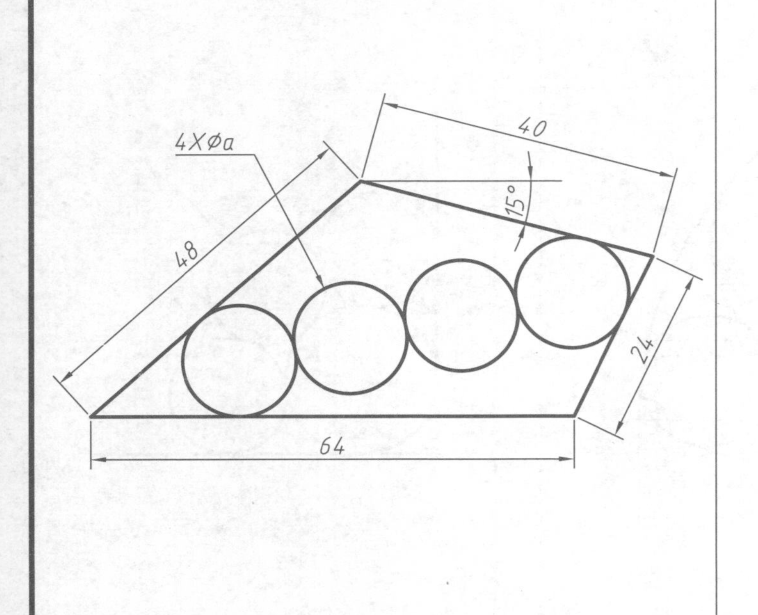

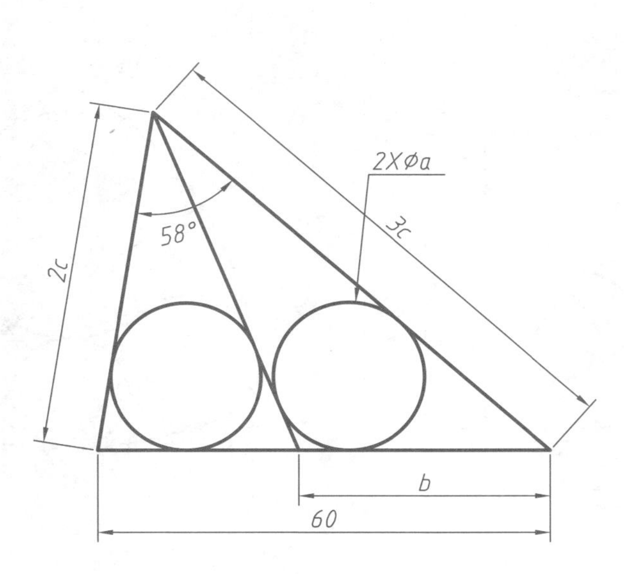

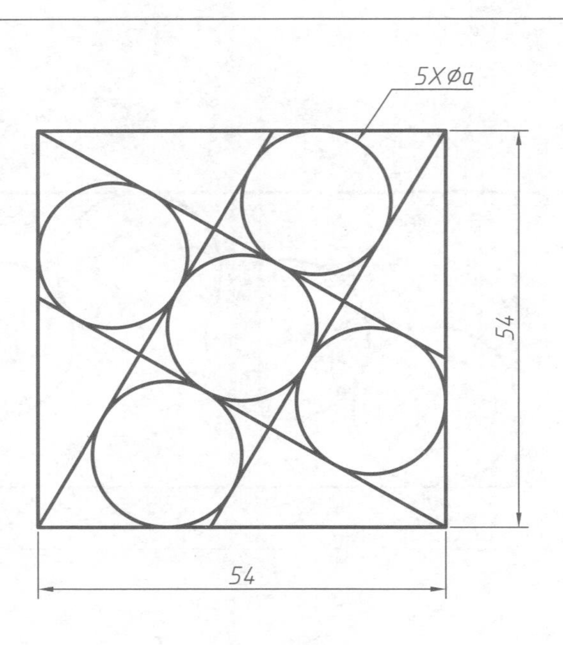

本页图形需运用约束命令，包括几何约束和标注约束，否则画起来难度较大。

请绘制下面六个图形。

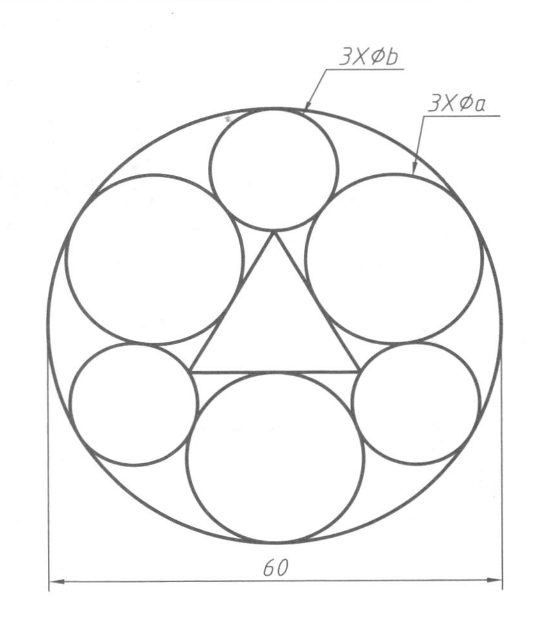

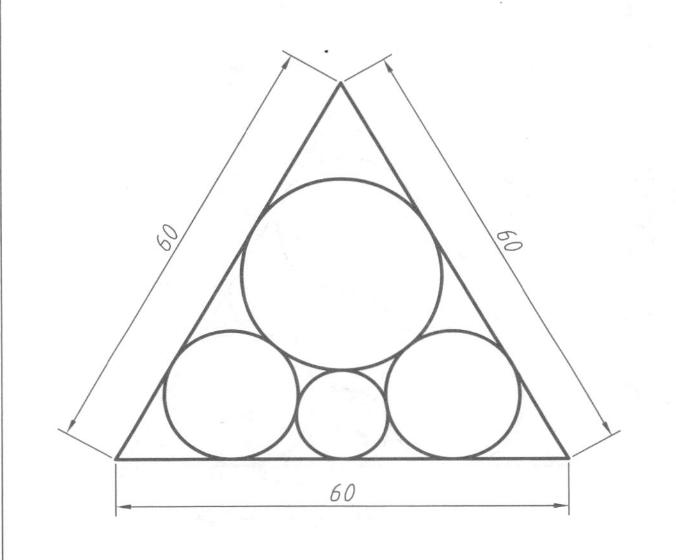

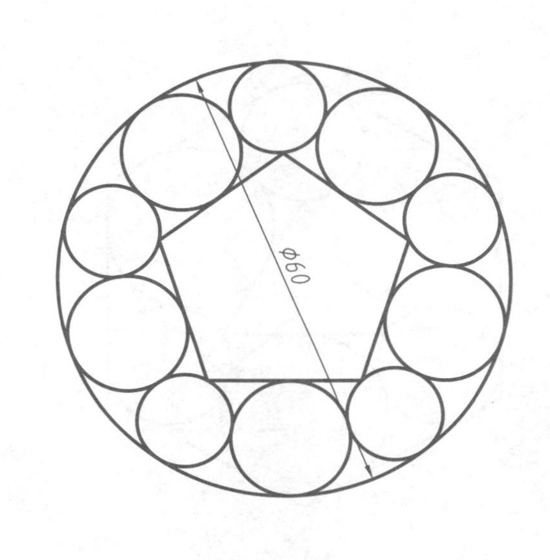

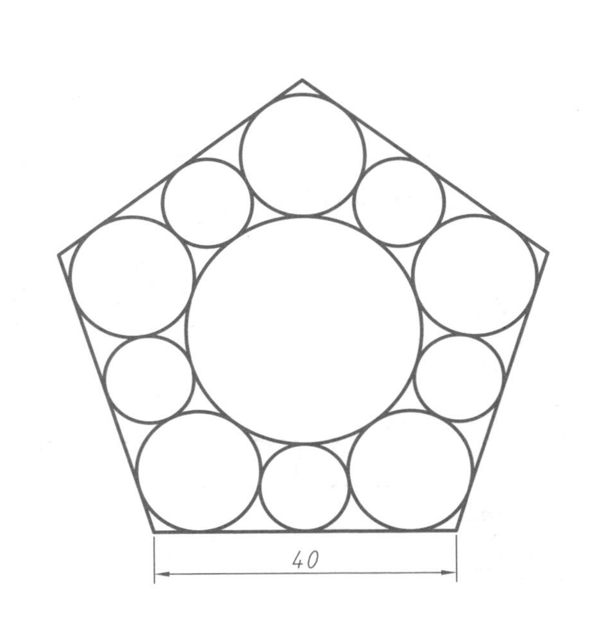

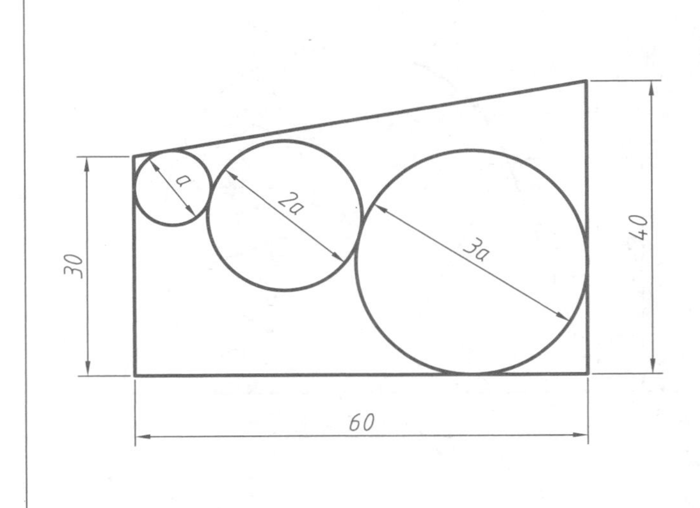

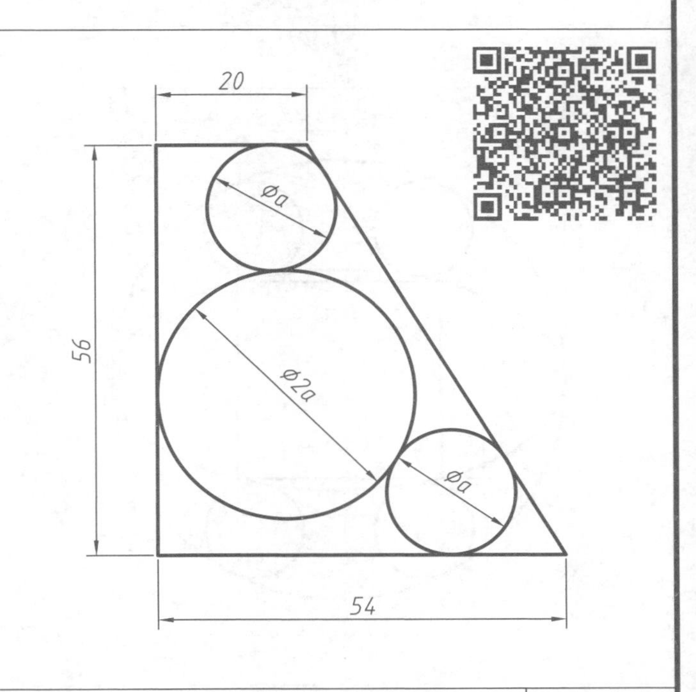

本页图形需运用约束命令，包括几何约束和标注约束，否则画起来难度较大。

30

60

40
50
a
2a
15
60

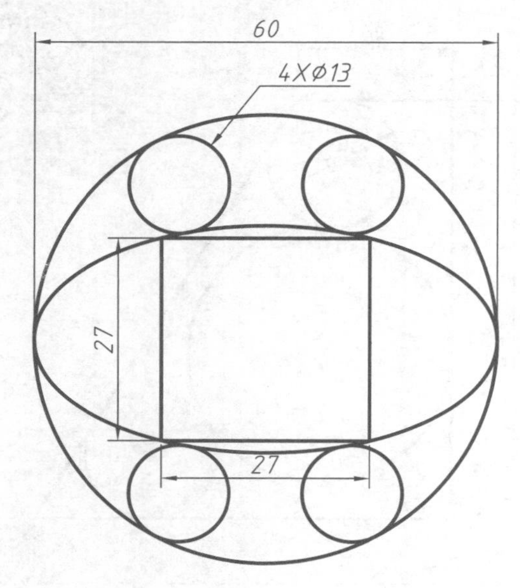

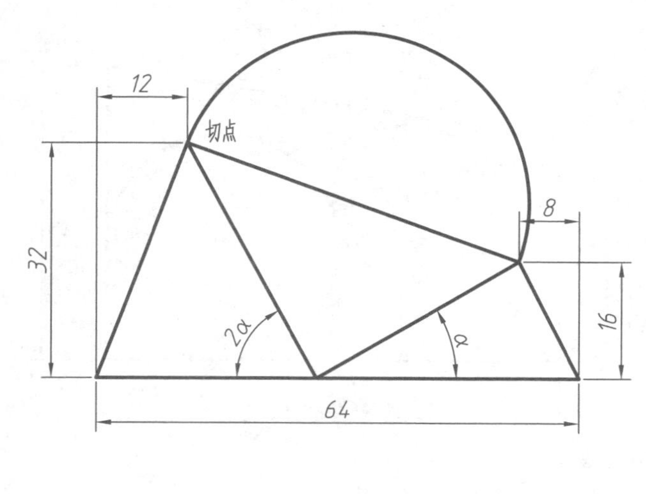

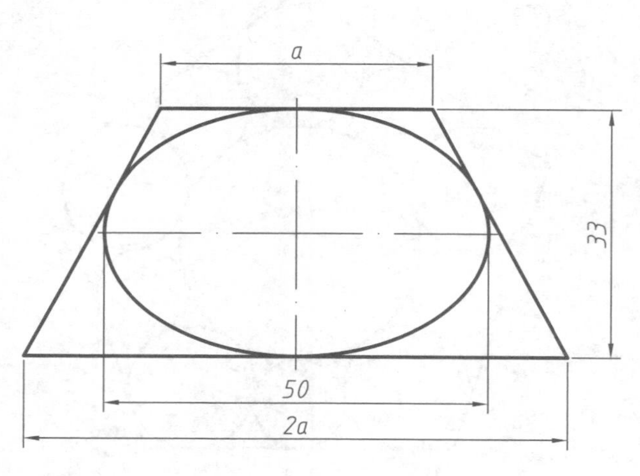

本页图形需运用约束命令，包括几何约束和标注约束，否则画起来难度较大。

请绘制下面六个轴测图。(注：本页图形也可用于练习三维建模)

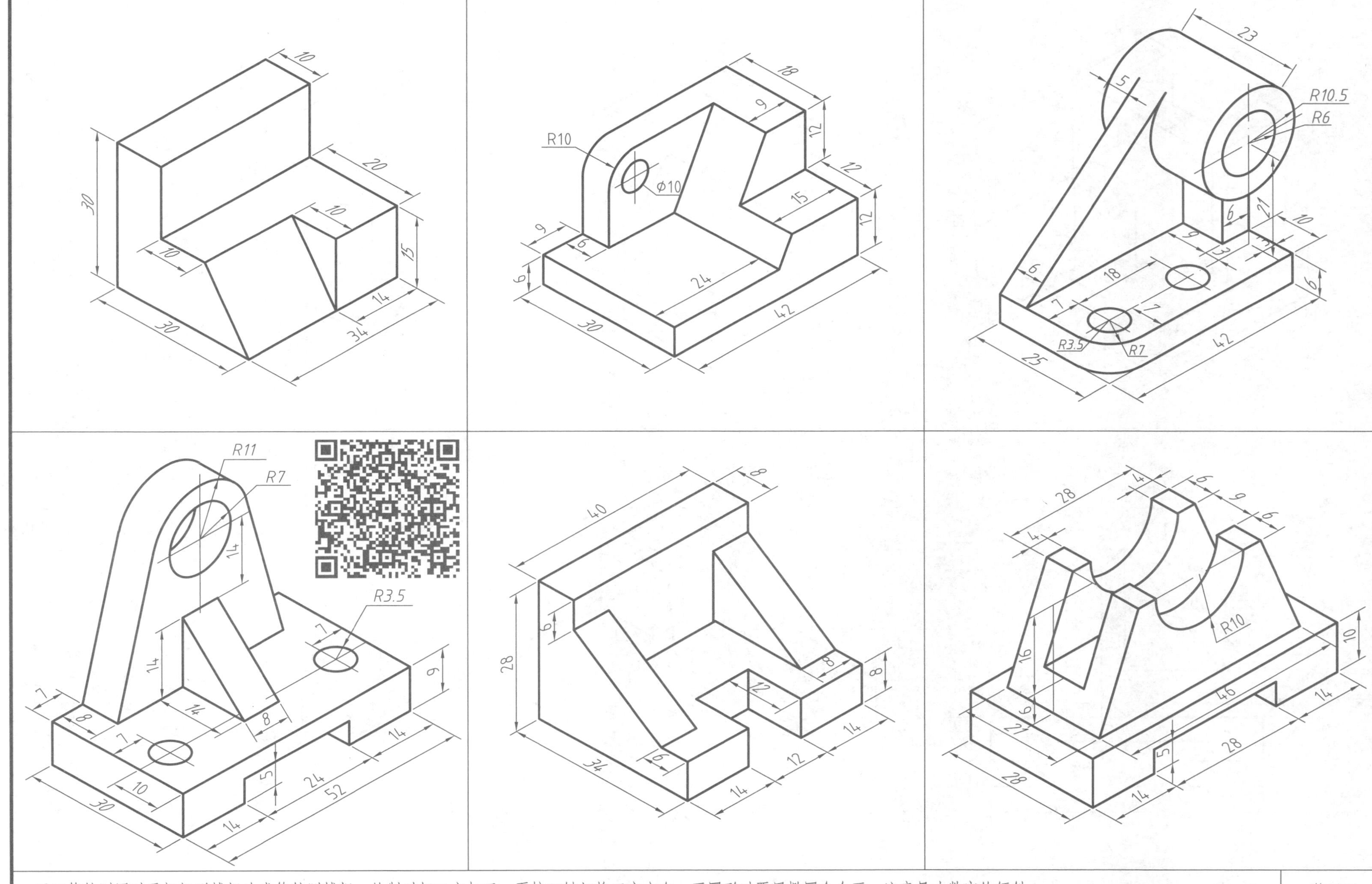

画正等轴测图时需把矩形捕捉改成等轴测捕捉，绘制时把正交打开，再按F5键切换正交方向。画圆形时要用椭圆命令画。注意尺寸数字的倾斜。

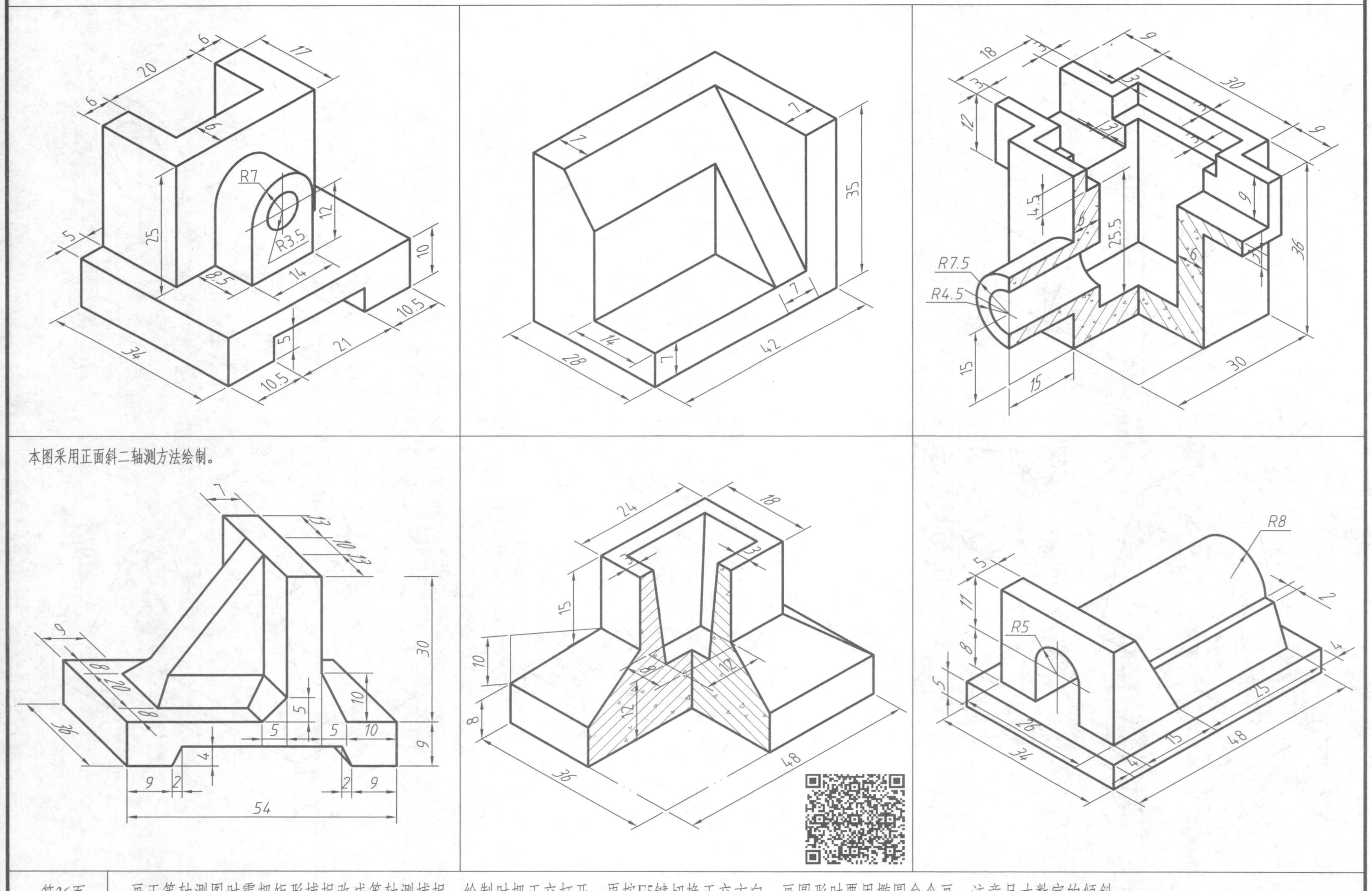

画正等轴测图时需把矩形捕捉改成等轴测捕捉，绘制时把正交打开，再按F5键切换正交方向。画圆形时要用椭圆命令画。注意尺寸数字的倾斜。

请根据轴测图创建三维模型。

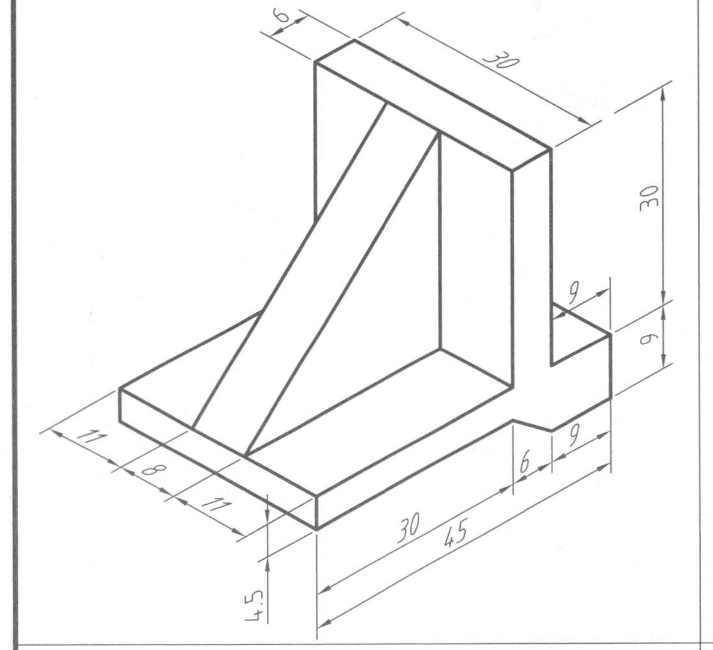

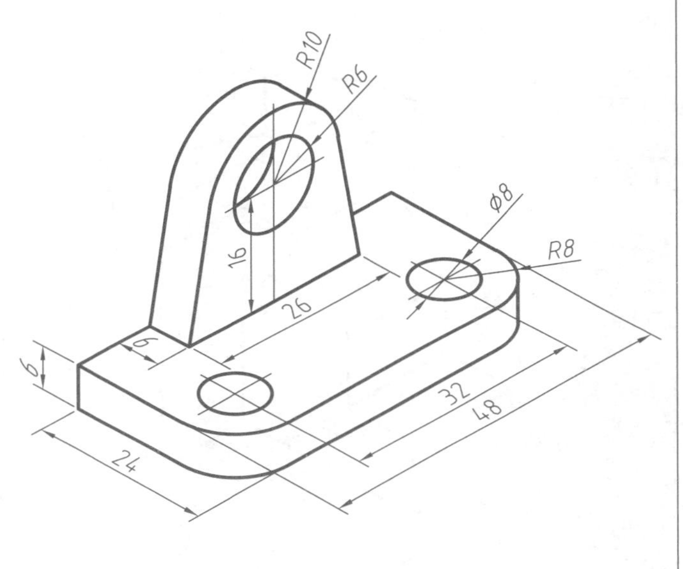

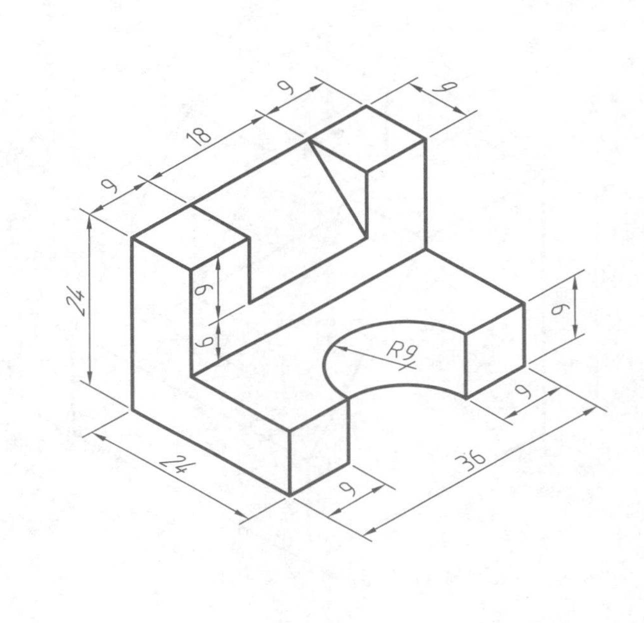

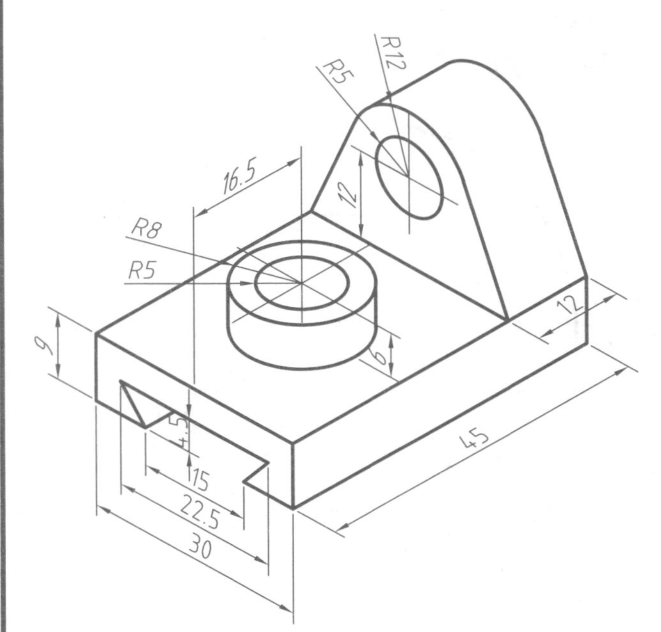

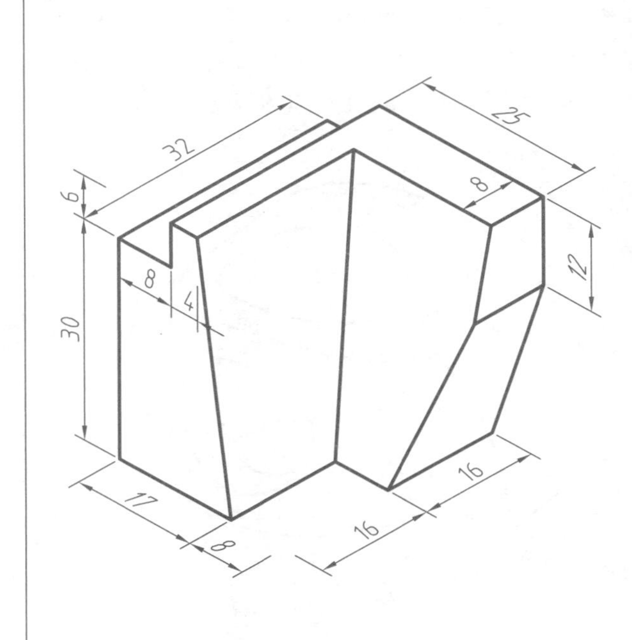

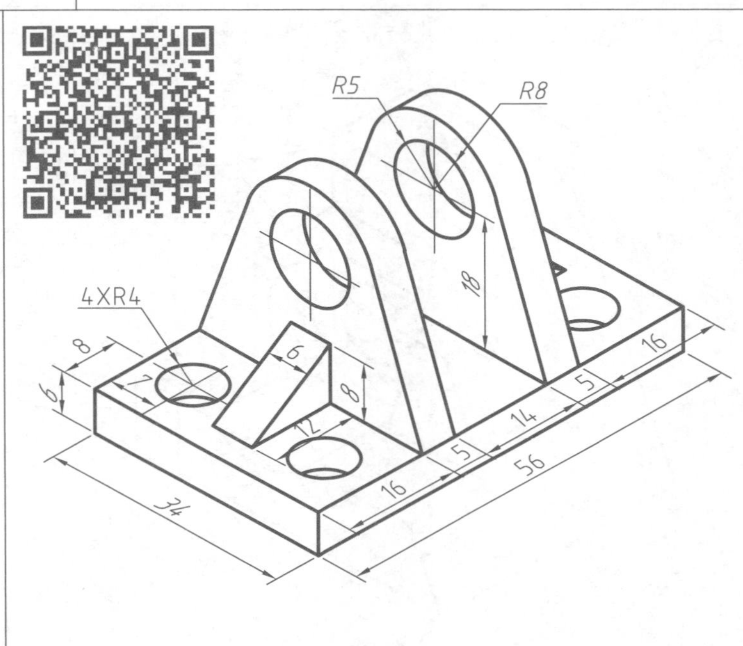

本页练习基本三维模型的创建，要求熟练运用拉伸、旋转、放样、按住并拖动、切割、布尔运算等常规操作。

请根据轴测图创建三维模型。

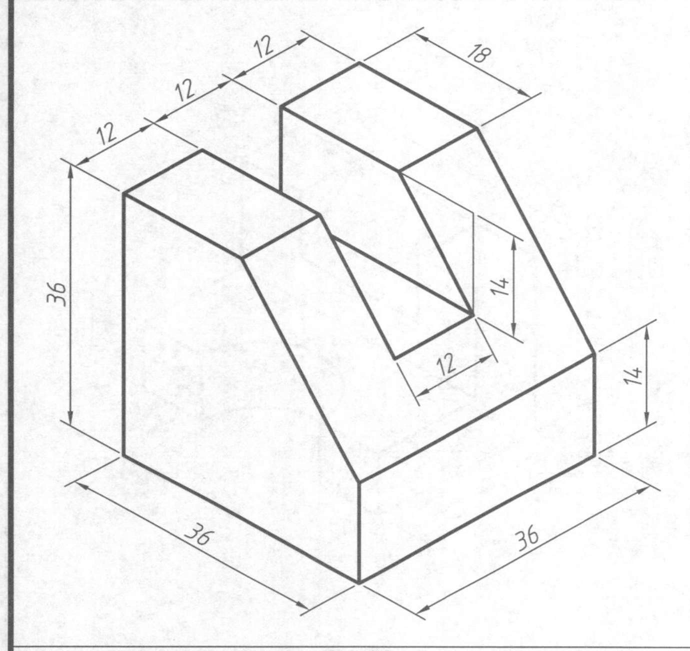

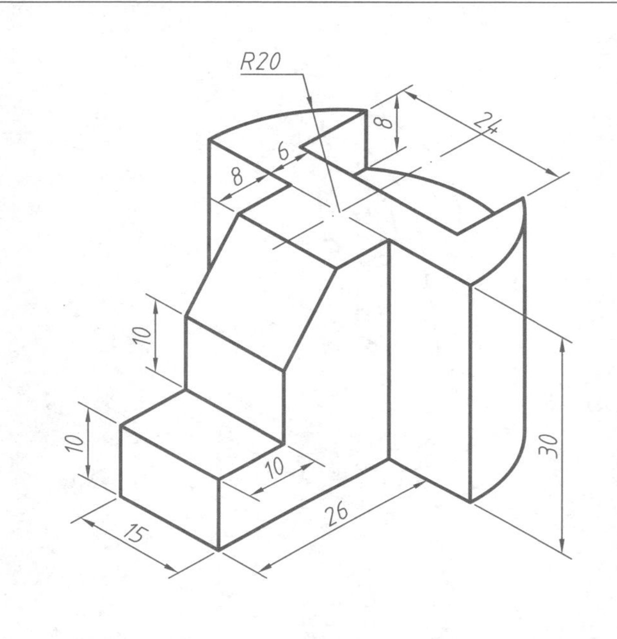

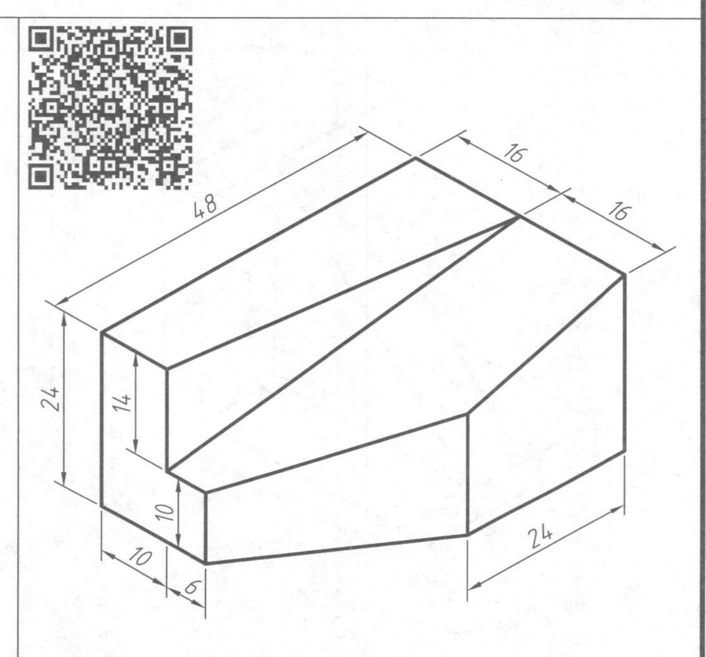

两个圆柱为同心圆柱，中心线距底部高17，圆孔贯通整个形体。

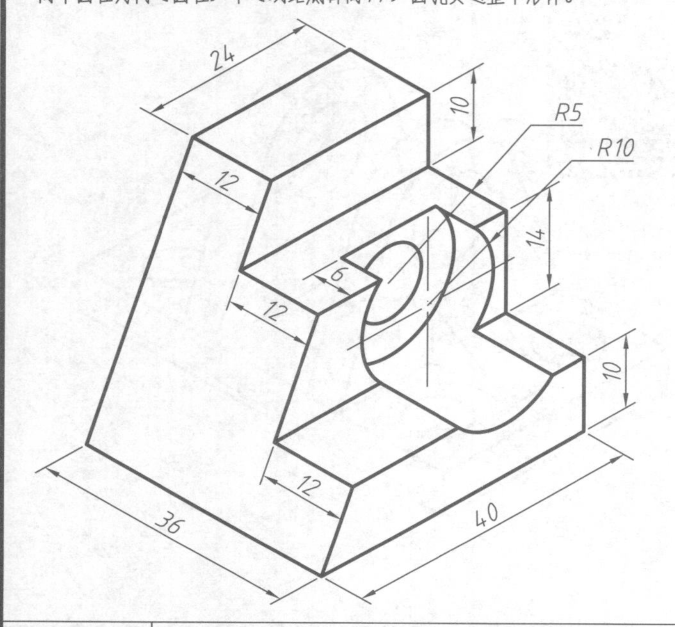

后侧为半径30半圆柱，前侧圆柱筒中心轴线与半圆柱前表面中心线重合。前侧圆柱筒外径36，内径24，上开一圆形孔，孔径20，孔中心线距下方15，中心线垂直于半圆柱竖直表面且与其轴线正交。

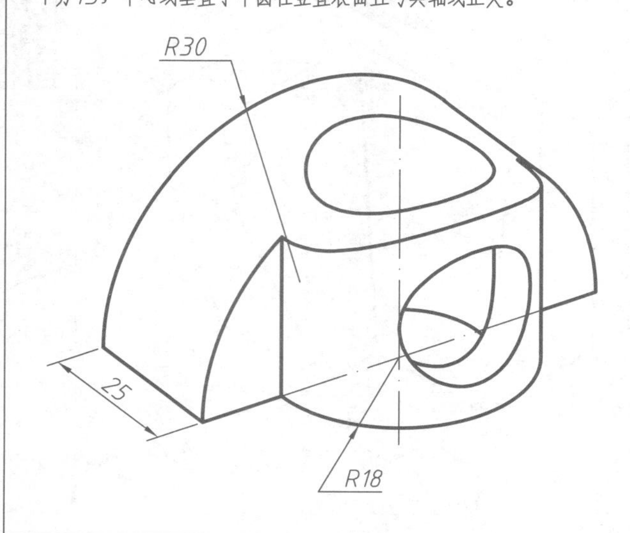

一直径30圆孔上下贯穿球体，圆柱孔轴线穿过球心；一40X20方孔水平贯穿球体，方孔中心线穿过球心。

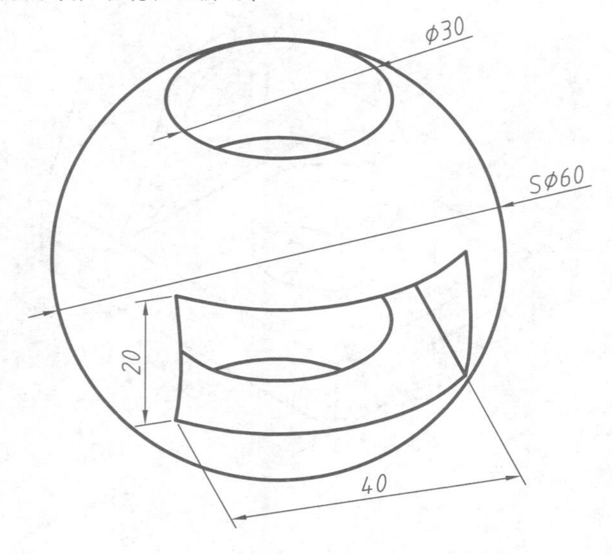

本页练习基本三维模型的创建，要求熟练运用拉伸、旋转、放样、按住并拖动、切割、布尔运算等常规操作。

正四面体，边长为60。

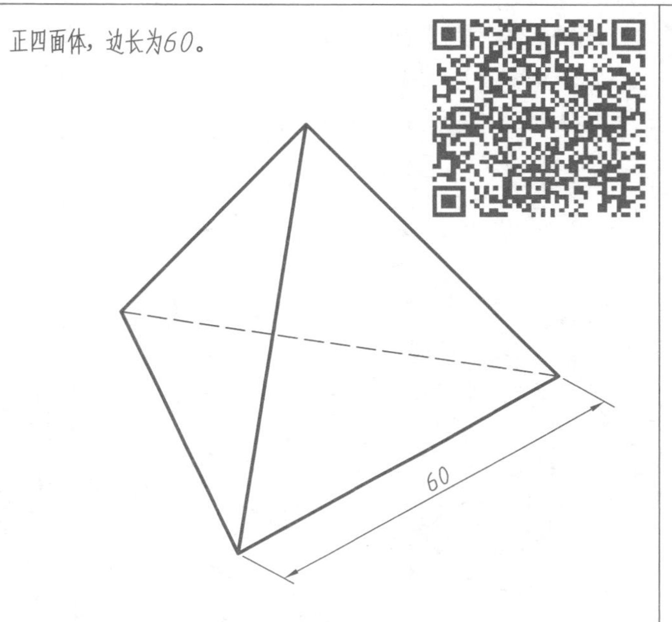

正八面体，边长为50。

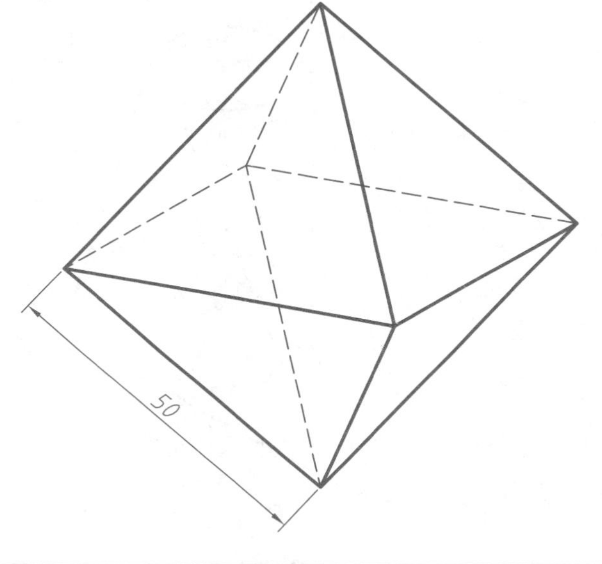

正十二面体，其外接球半径为30。

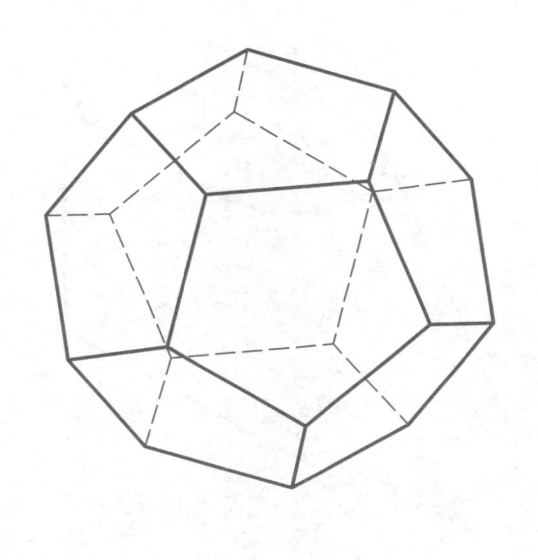

天圆地方形体，外侧底部为50X50正方形，上部为R20圆形，高60，内侧形状与外侧相似，底部为40X40正方形，上部为R15圆形，底板厚5。

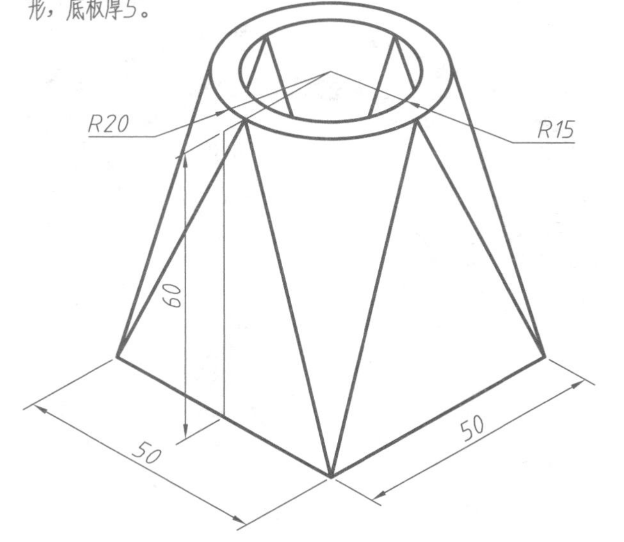

一正方体，八角削为球面形状，六个面上6个互为相切的圆，圆直径50。

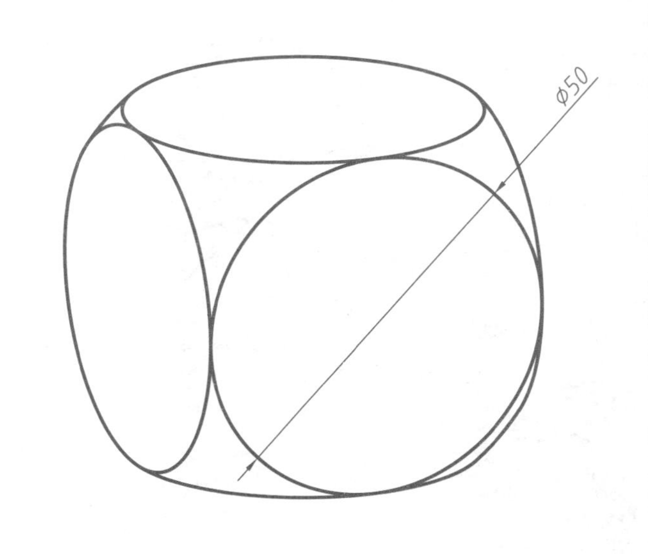

形体轮廓长、宽、高均为50，小正方体孔长、宽、高均为10。

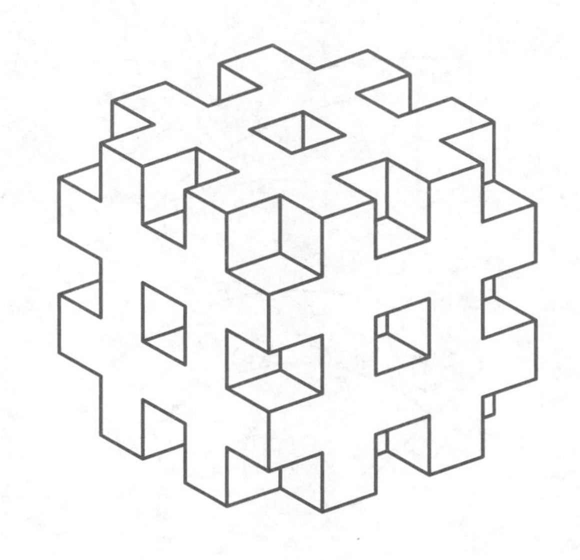

本页练习基本三维模型的创建，要求熟练运用拉伸、旋转、放样、按住并拖动、切割、布尔运算等常规操作。

请根据轴测图创建三维模型。

左侧为斜半圆柱，右侧为直半圆柱，底面半径均为20。

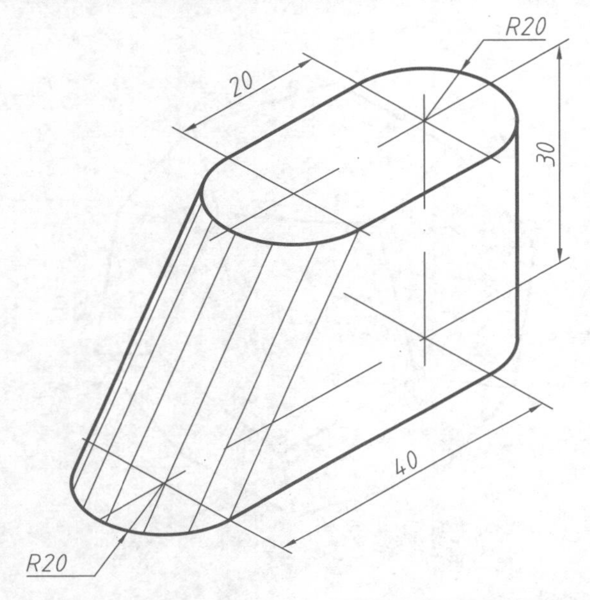

左侧为斜圆锥台，右侧为正圆锥台，上底半径为10，下底半径均为20，高40。

R10
40
40
R20

下部长方体轮廓48X36X20，上部长方体轮廓24X18X14。下部长方体侧边圆角半径为9，上面四个角为球面过渡；上部长方体侧边圆角及大小正方体交接处圆角半径均为3。

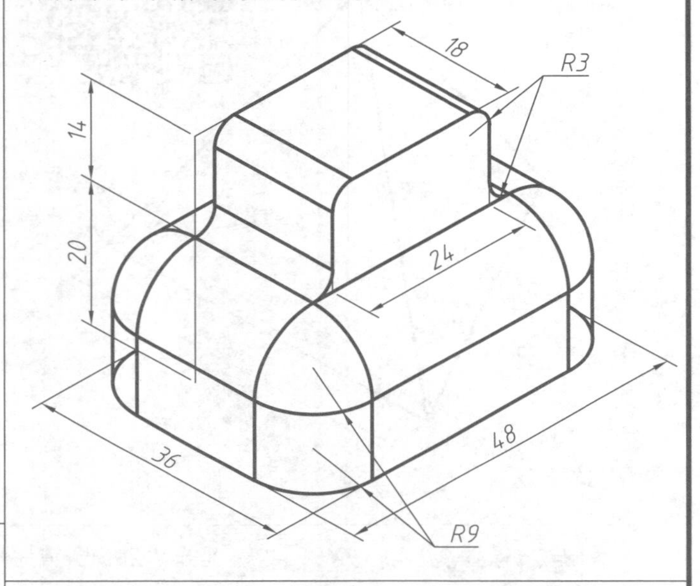

一弧形坡面，上部为立体图，下底面水平，端部为矩形，下部为水平投影。

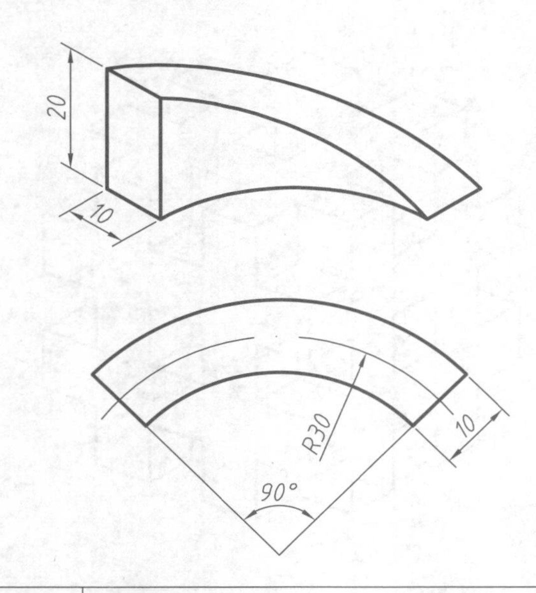

下图表达一倾斜和水平路面，道路边坡均为1:1.5，路两侧对称。

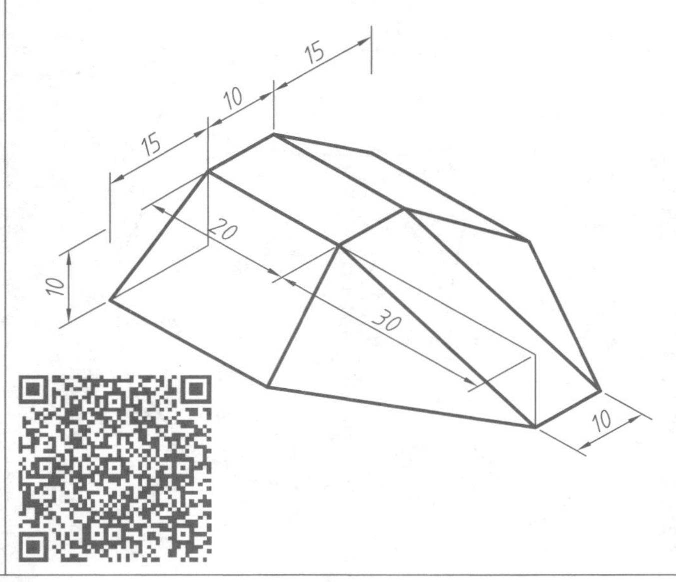

上部为立体图，下部为断面形状。

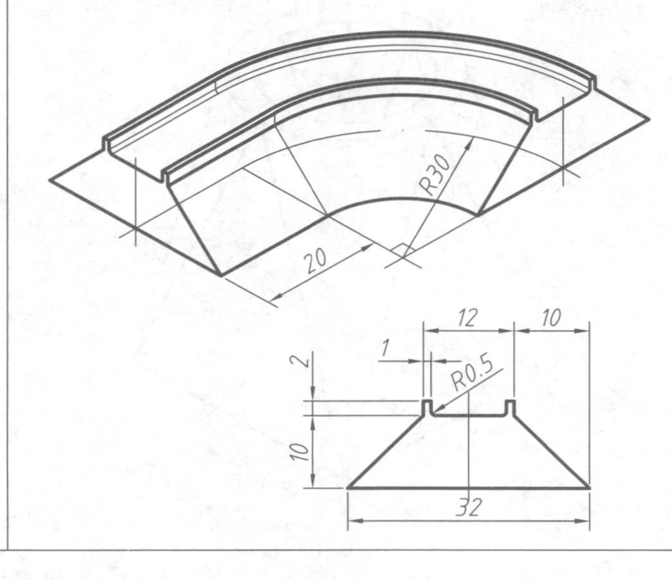

本页练习基本三维模型的创建，要求熟练运用拉伸、旋转、放样、按住并拖动、切割、布尔运算等常规操作。

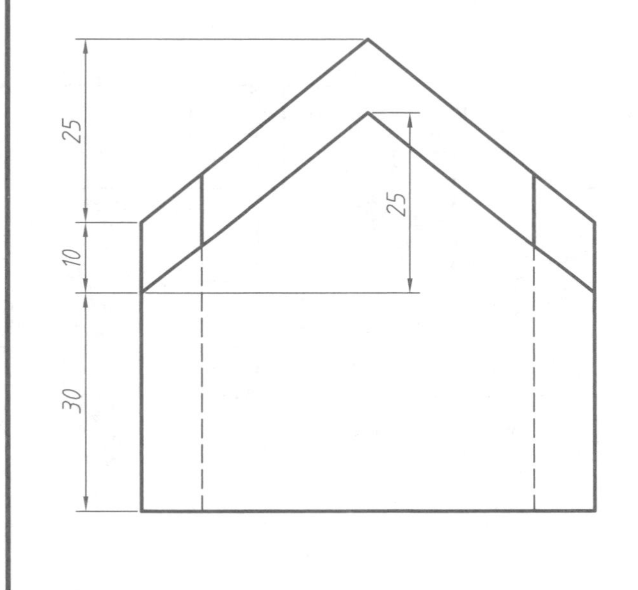

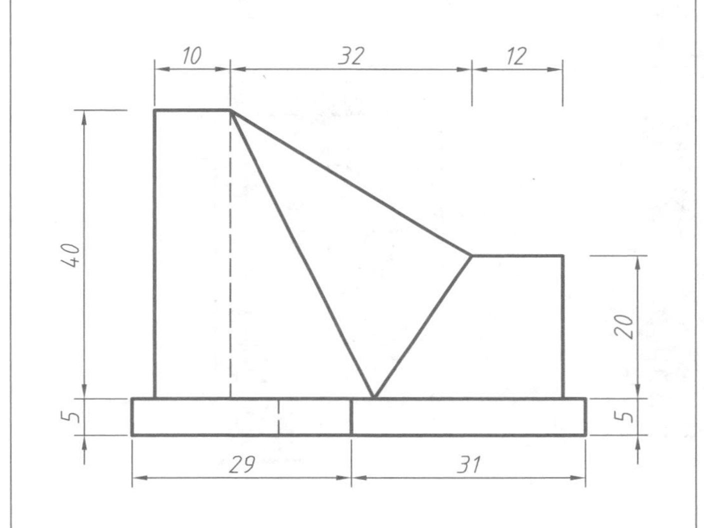

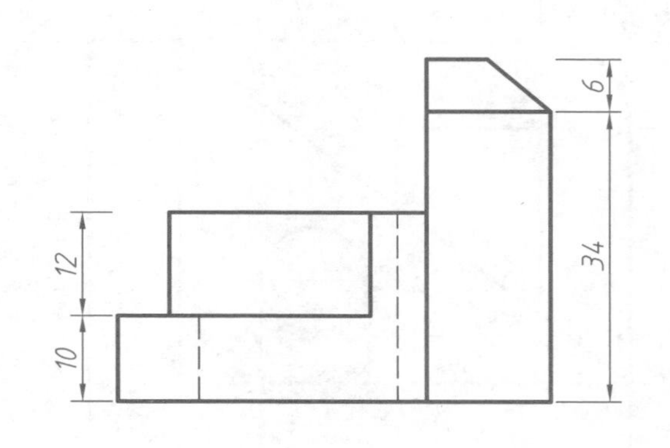

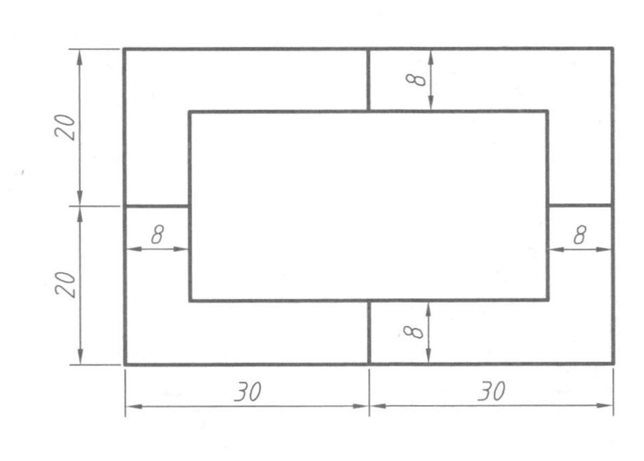

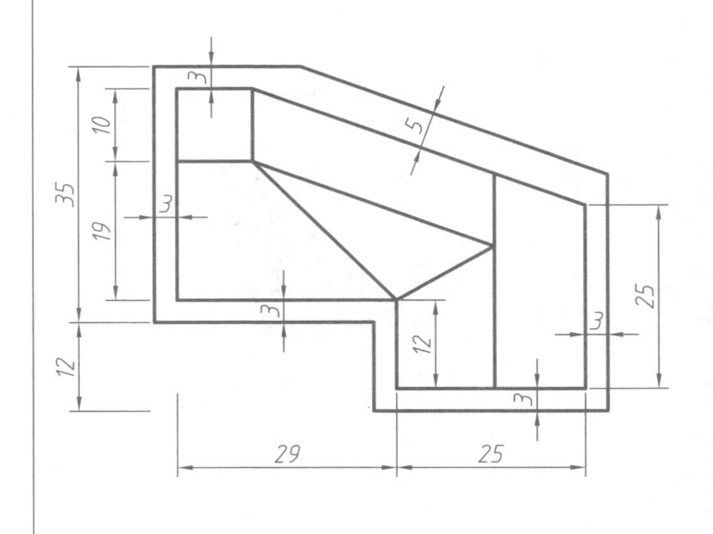

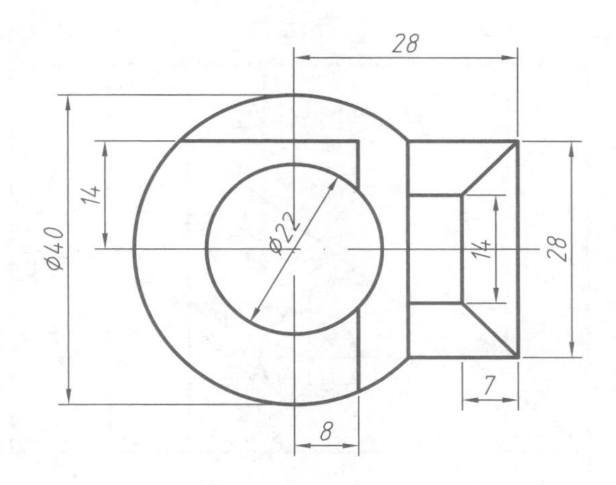

本页主要锻炼三视图的读图能力和三维模型创建能力。

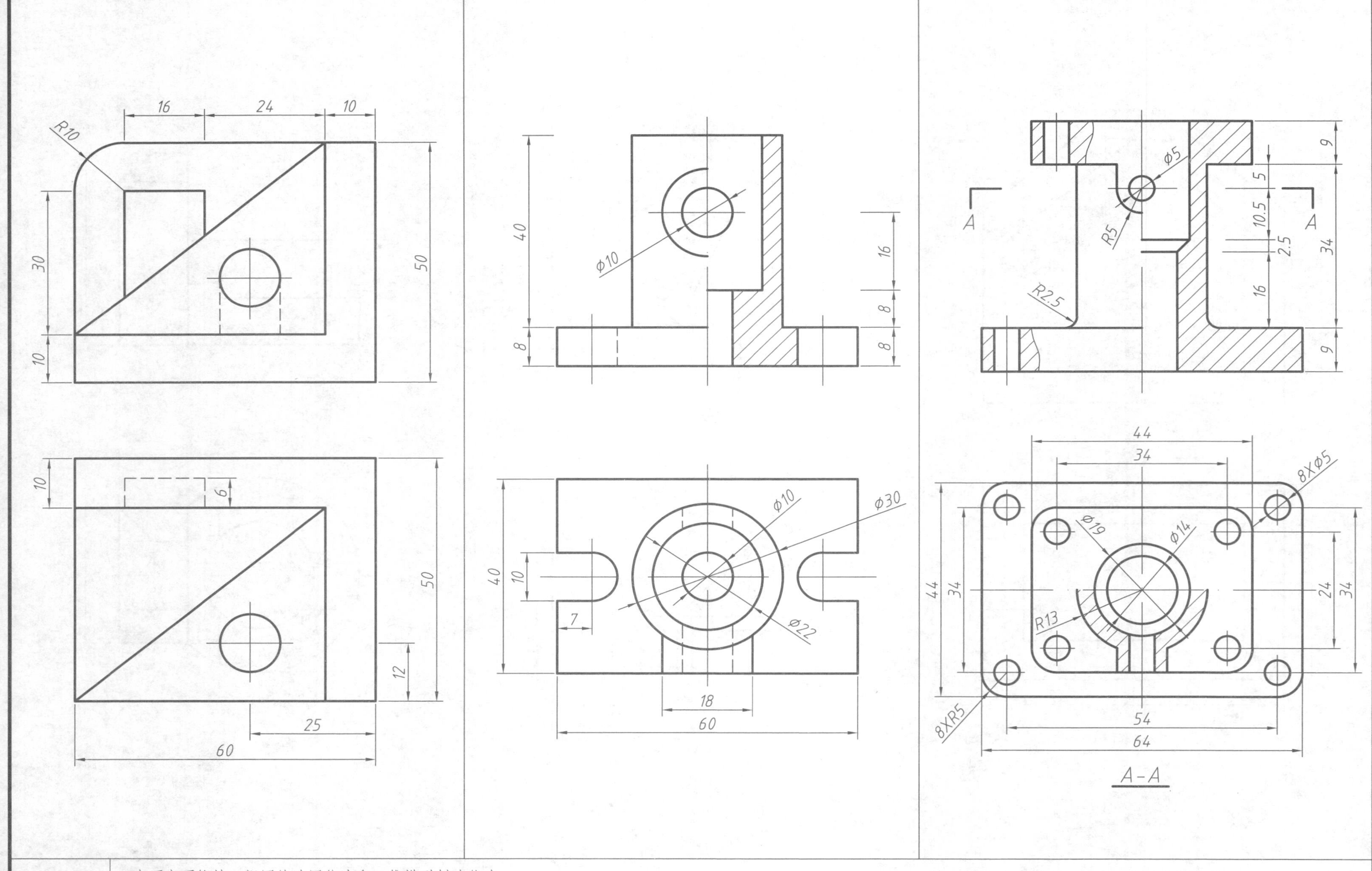

 本页主要锻炼三视图的读图能力和三维模型创建能力。

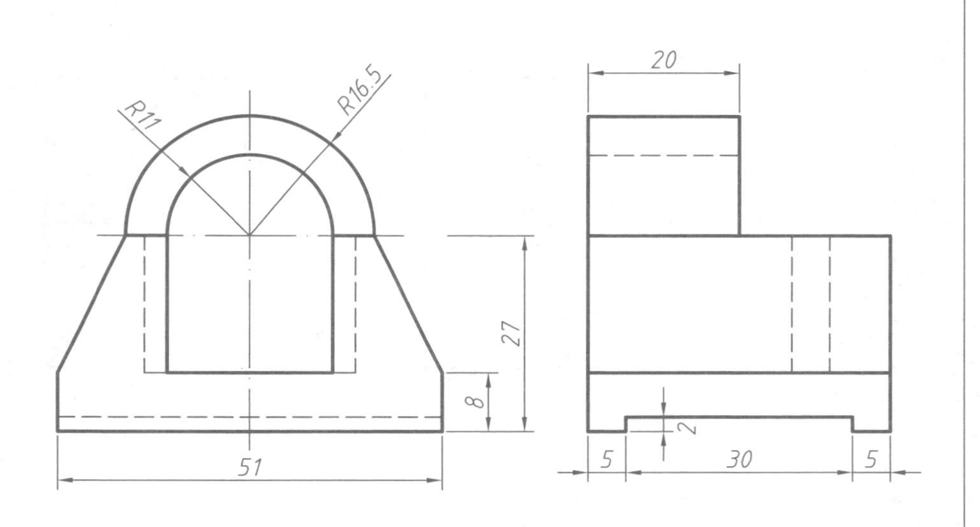

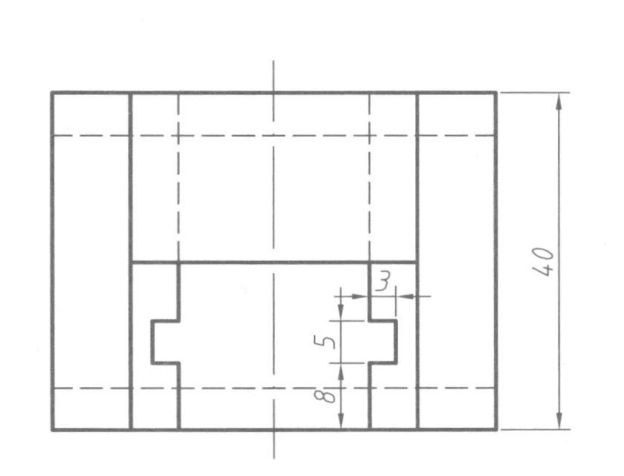

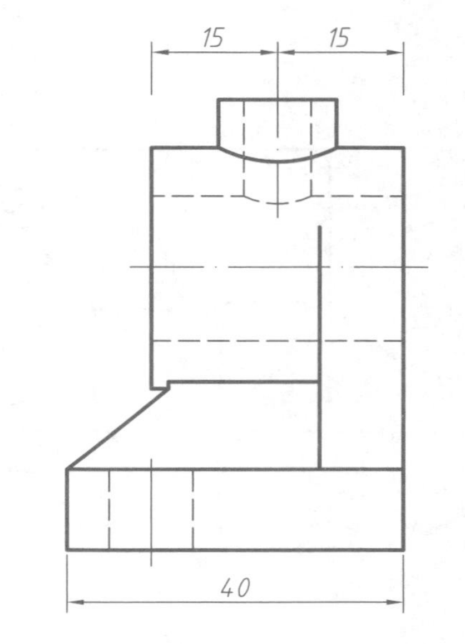

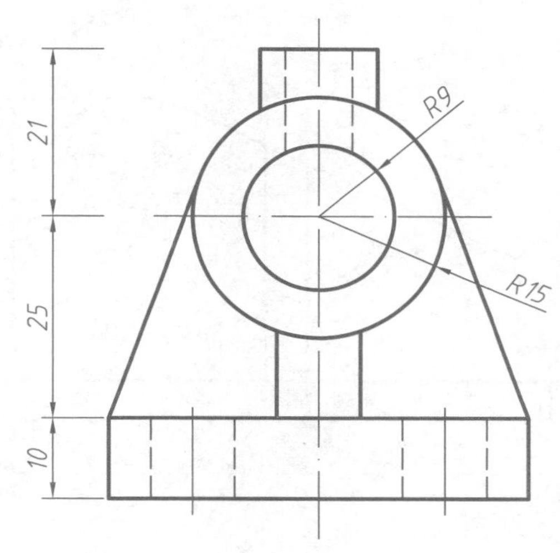

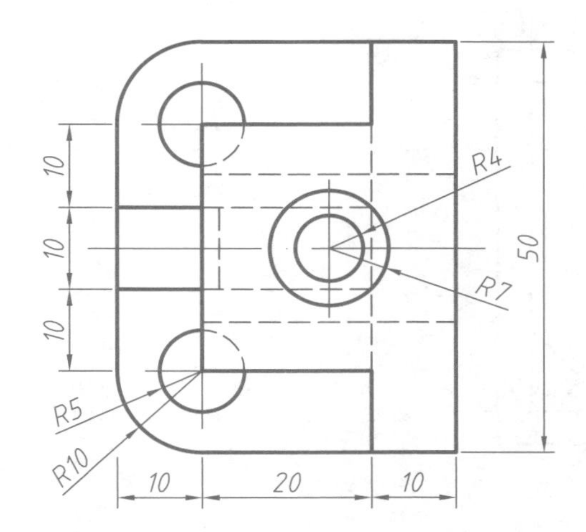

本页主要锻炼三视图的读图能力和三维模型创建能力。

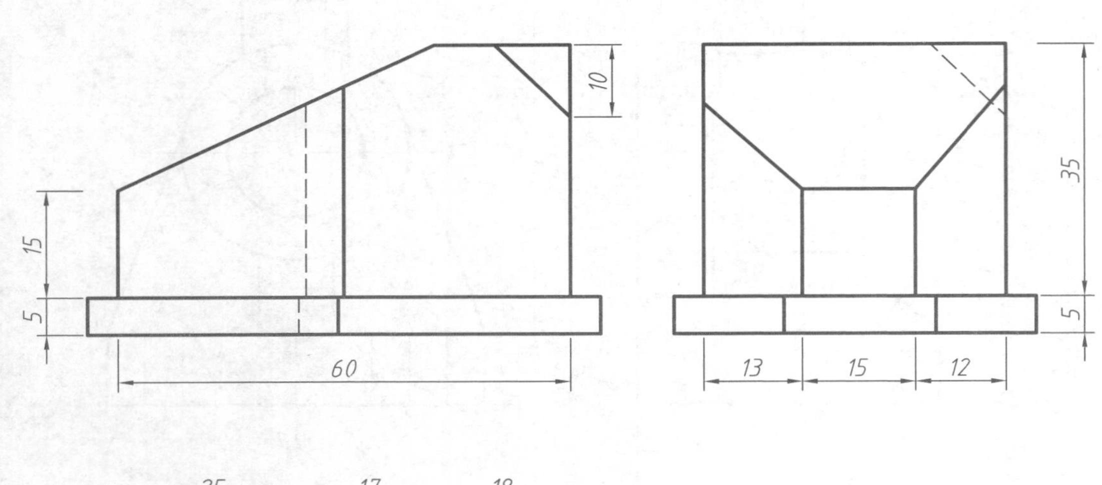

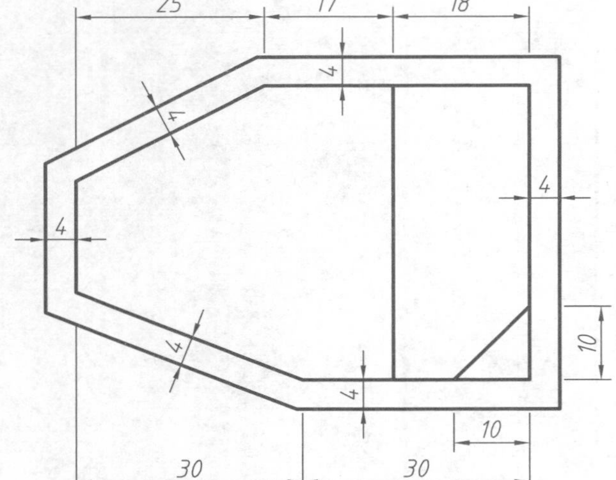

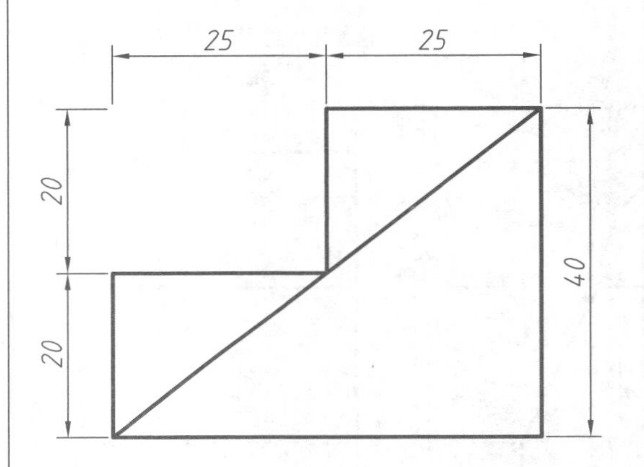

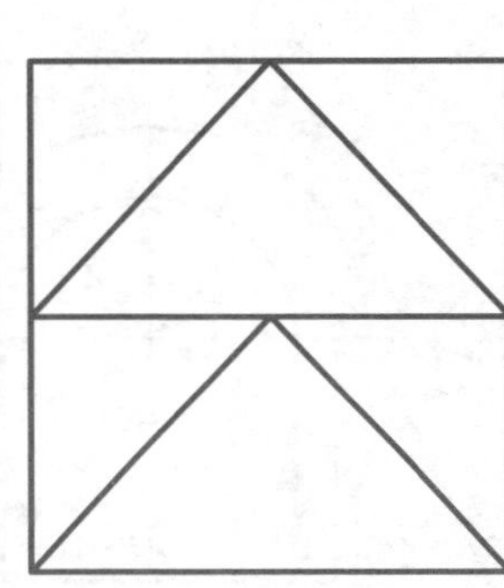

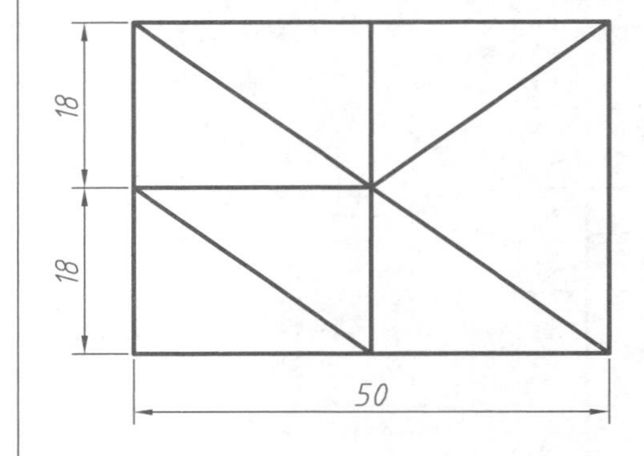

本页主要锻炼三视图的读图能力和三维模型创建能力。

1.绘制下面图形并进行图案填充，左边填充角度0度，右边填充角度90度。

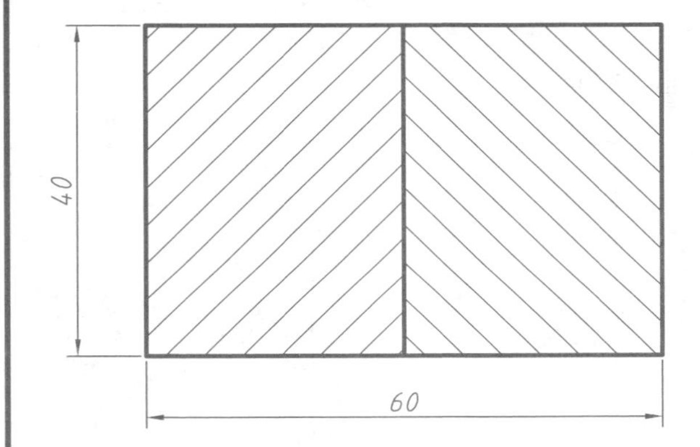

注：有些图案对角度不敏感，如混凝土、砂石等。

2.绘制下面图形并进行图案填充，左边填充比例为1，右边填充比例为0.5。

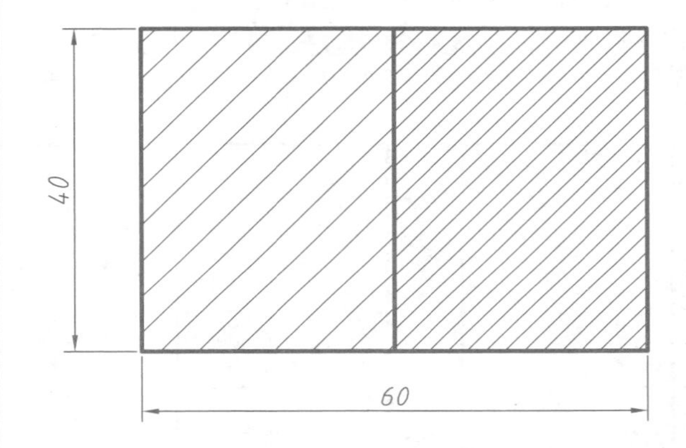

注：图案比例应匹配图形的大小，比例太大或太小均不合适，并且有可能填充不上。本图中左侧填充比例显然比右侧合适。

3.绘制图形并填充钢筋混凝土图案。

钢筋混凝土图案须二次合成，可先填充ANSI131（斜线）图案，再填充AR-CONC（混凝土）图案，也可颠倒次序。注意两种图案的填充比例并不一样。

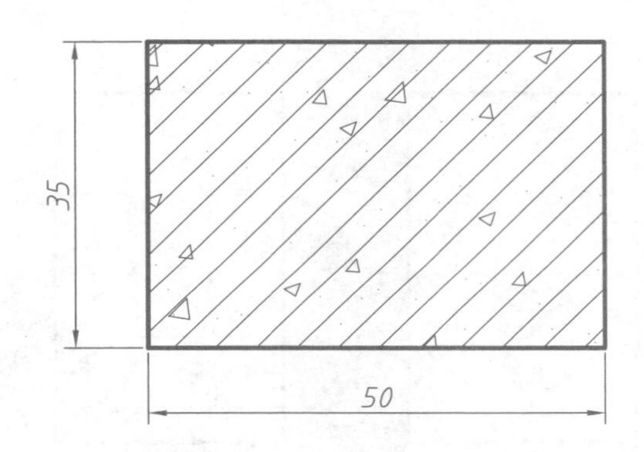

注：AutoCAD软件没有钢筋混凝土图案，但有些专业软件自带钢筋混凝土图案，如天正建筑软件等，还有些插件也会增加相关专业图案。

4.绘制环套图形并进行填充，填充点位于最外环，孤岛检测模式为普通。

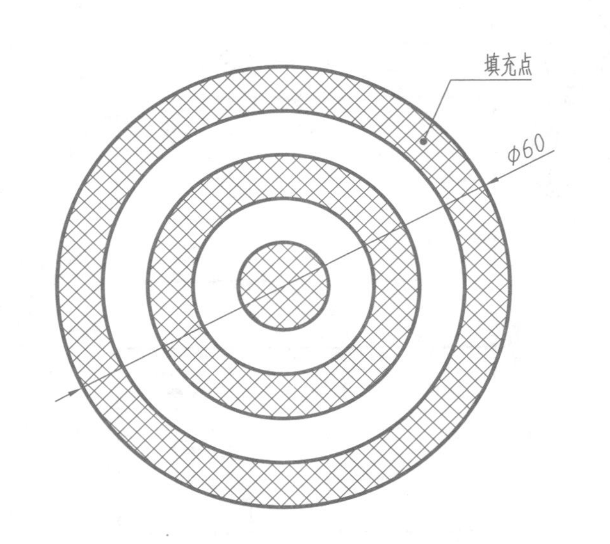

5.绘制环套图形并进行填充，填充点位于最外环，孤岛检测模式为外部。

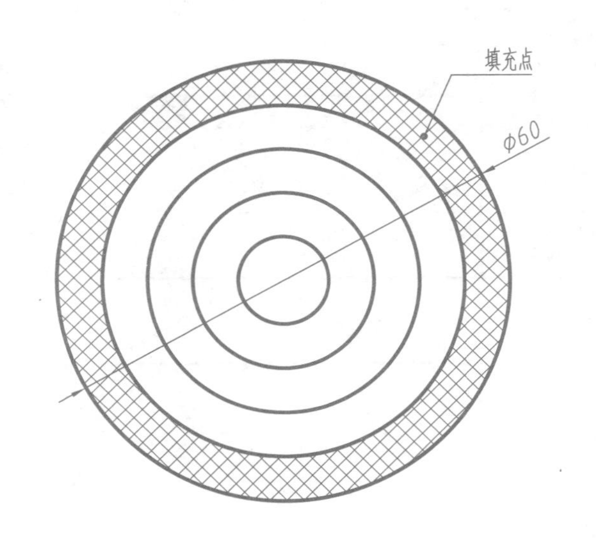

6.绘制环套图形并进行填充，填充点位于最外环，孤岛检测模式为忽略。

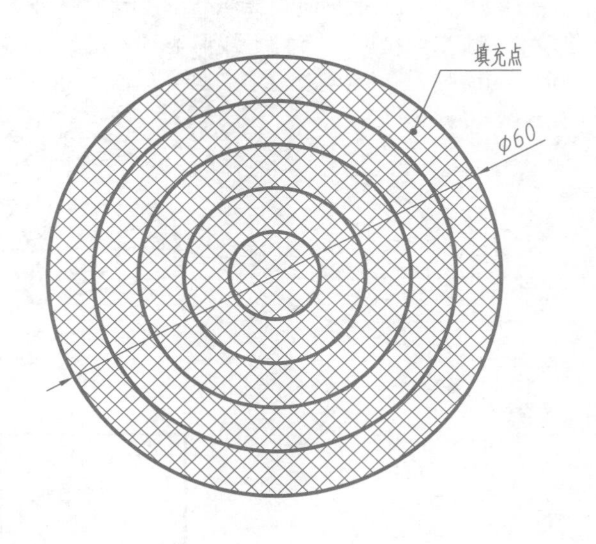

本页主要练习图案填充命令，第4、5、6题确定填充边界须选择“拾取点”，注意观察三种孤岛检测模式的不同。

1.绘制下面两个图形，轮廓大小一样，填充图案类型、角度、比例都一样，但图案填充原点不一样，左图默认为当前坐标原点，右图选择左下角为图案原点，比较两个图形的区别。

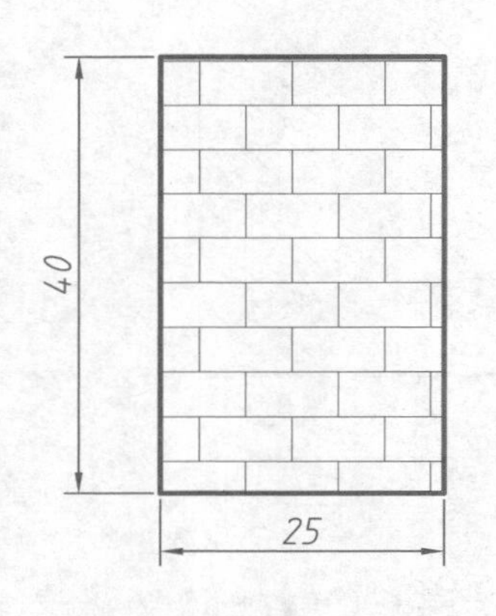

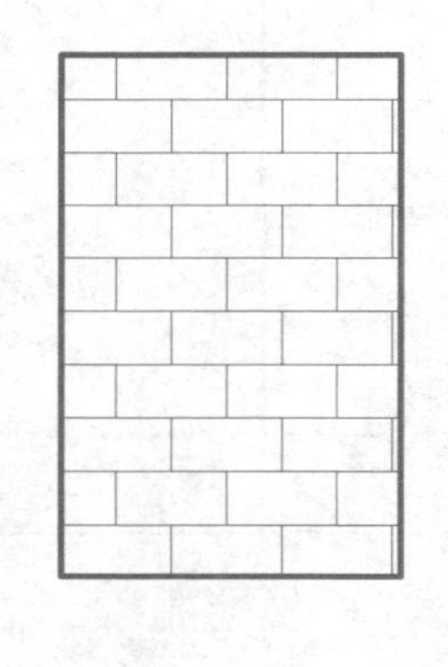

2.修剪与拉伸图案填充。

绘制（a）图，填充时把“关联”打开。把（a）图复制至（b）处，中间画一条线，以此线为修剪边界，把上半部分修剪去。再把（a）图复制至（c）处，中间画一圆，尝试把圆内部分图案修剪掉，操作发现无法修剪。把（c）图复制至（d）处，并把右侧边框删除，再修剪圆内图案，此时发现可以修剪了。当修剪图案填充时，必须改变或删除它的约束边界才可以修剪，否则不能修剪。当然在填充图案时，若把“关联”取消，则不受此限。再把（d）图复制至（e）处，并在右侧补绘一边界，利用夹点把图案拉伸至或超出最右侧边界，再进行修剪，可使图案填充于新的边界内。图案是可以拉伸的，前提是取消它的约束边界。

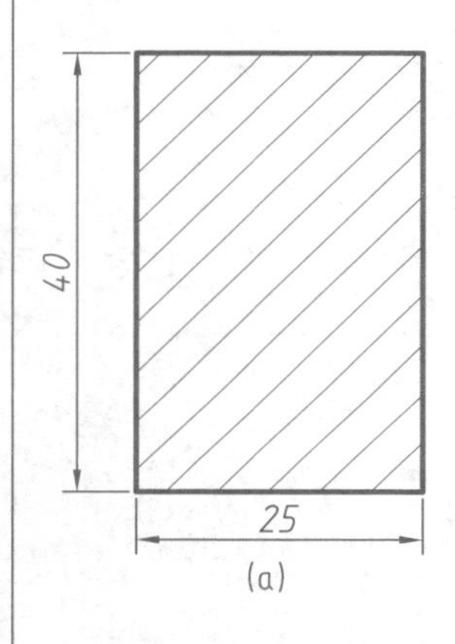

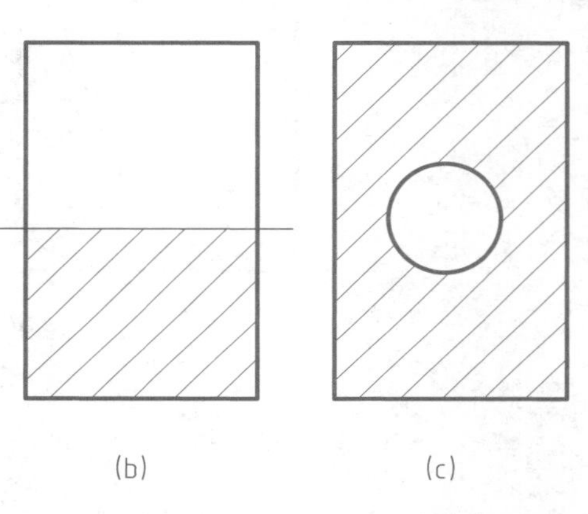

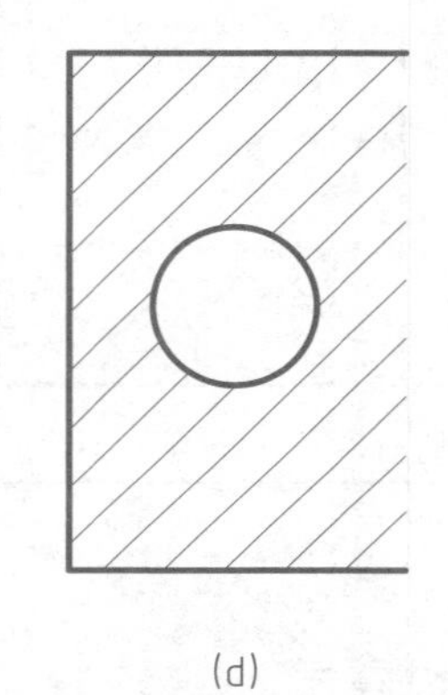

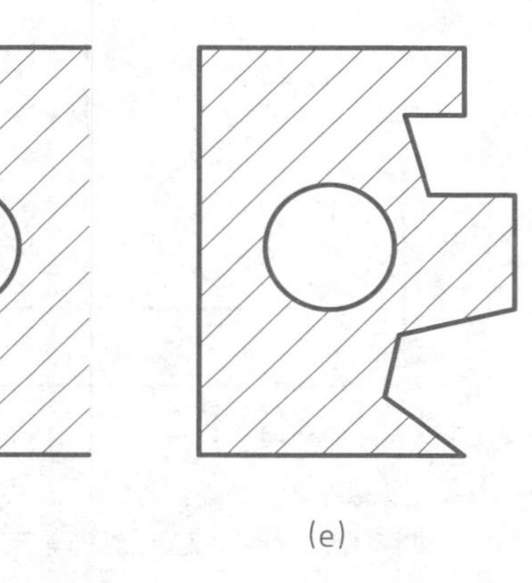

3.图案生成边界。

若图案边界丢失，可用HATCHEDIT命令，重新创建边界。可选中图案，按鼠标右键，点击“生成边界”，可重新生成边界，但此边界与图案没有关联。也可设定一个新的边界，此时按鼠标右键，点击“设定边界”，可选择一个新的边界，此边界同样与图案没有关联。

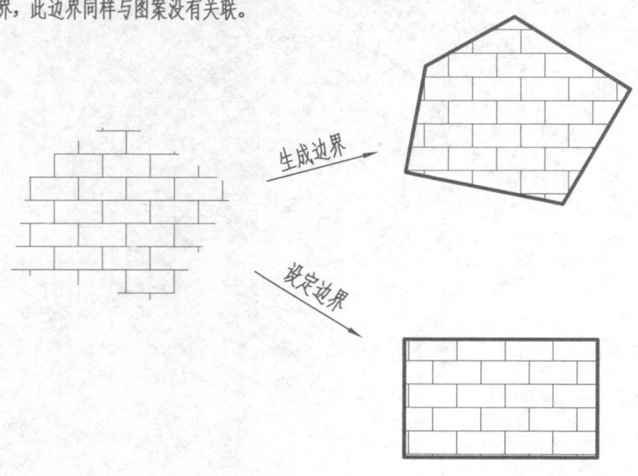

4.自定义图案。写出下面四个图案编码，再保存为PAT文件，放至CAD安装文件surport文件夹中，然后进行图案填充。注意图案名称要和文件名称一致。

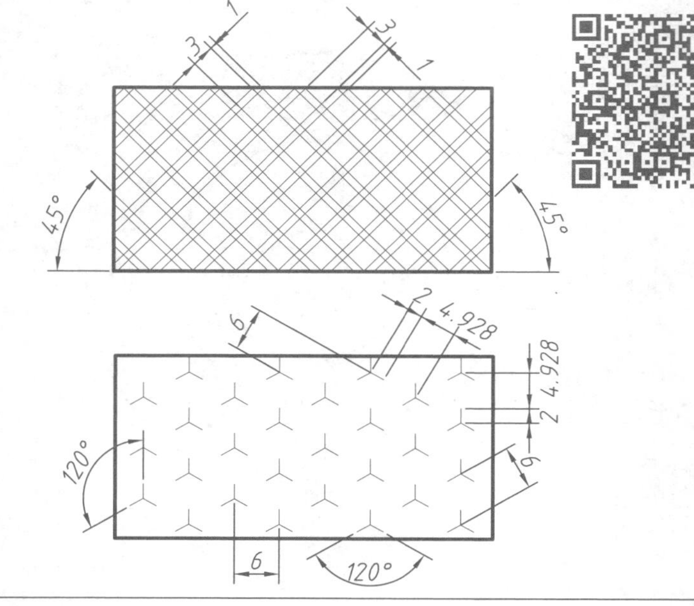

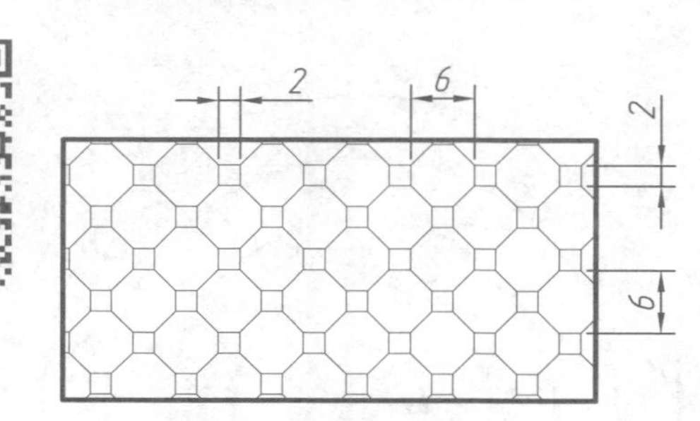

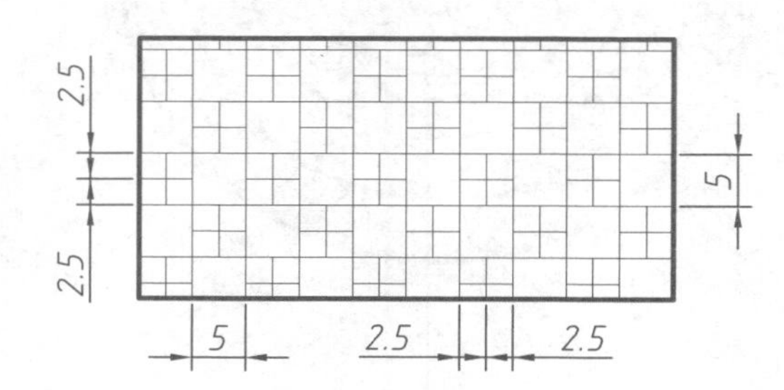

本页主要解决图案填充中常见的实用问题，第4题自定义图案为较高要求。

1.块的制作与插入。

绘制五环图案并做成块，尺寸自定，块名为“五环”，基点为上排中间圆圆心。

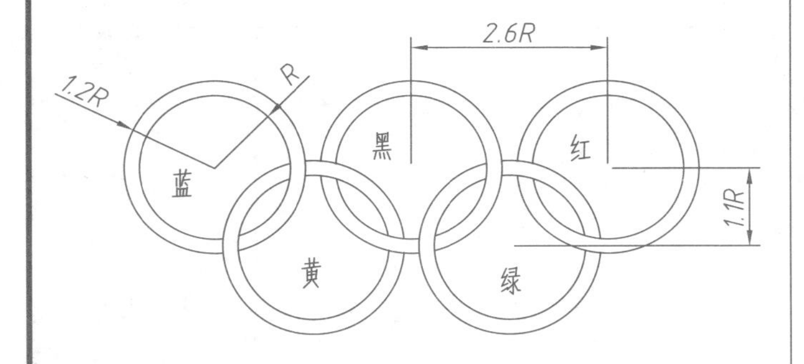

绘制中国邮政徽标并做成块，尺寸自定，块名为“中国邮政”，基点自定。（详细尺寸可参见《中国邮政徽标》（YZ/T 0035-2002））

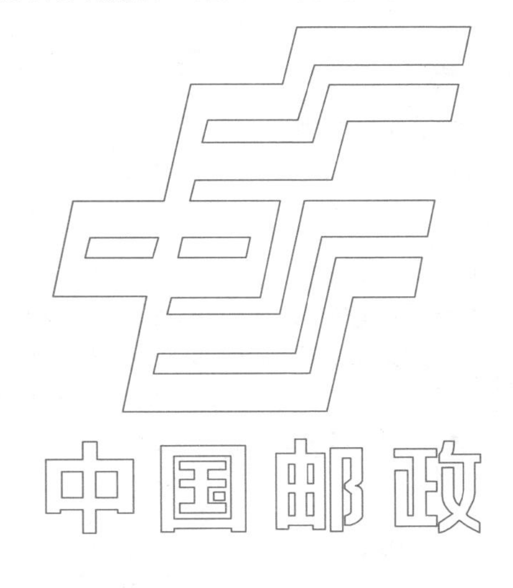

创建块三要素：名称、所选对象和基点。若不选基点则默认为坐标原点。其他选项一般为默认。块可以嵌套，即块中有块。

插入块时插入点通常在屏幕上指定，比例、旋转和分解一般不勾选。

2.块的形状大小修改。

绘制下面图形并把其做成块，图层自定，块的名称为“餐桌”。把块插入若干个。（此图为实物大小的0.02。）

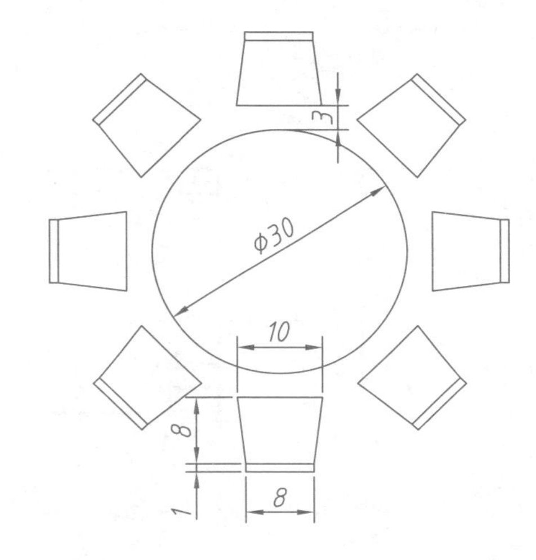

把上面的块“餐桌”重新定义，由8把椅子改为10把椅子，如下图。

修改块可双击块或使用块编辑命令（BEDIT），进入块编辑器界面，修改好退出时选择保存更改。这时可发现屏幕上所有“餐桌”块的形状均发生了改变，再插入时也由8把椅子变为10把椅子。

3.块的特性修改。

绘制下面马桶图案，所有线条图层均为0层，颜色、线型、线宽均为bylayer，画好后做成块，块名自定。

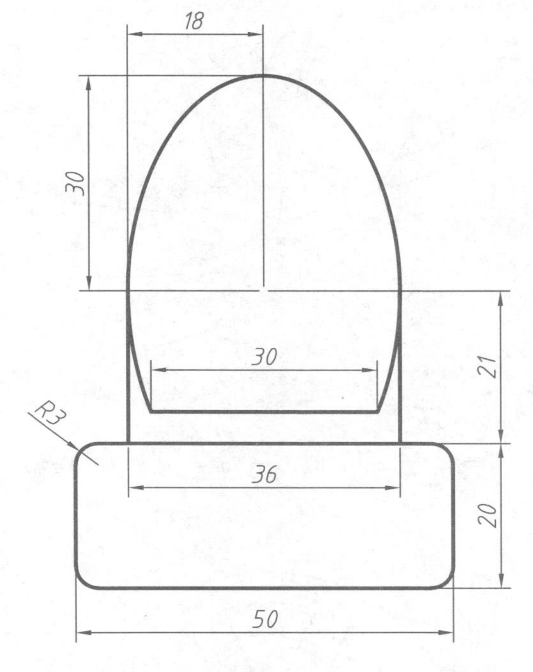

选中块，并把其颜色改为红、黄、绿或其他任意一种颜色，可以发现块的颜色没有变化，这是因为组成块的线条颜色均为随层(bylayer)。改变块的颜色有三种办法：

（1）打开图层管理器，把0图层颜色重新定义，这时会发现块的颜色发生了变化。线型、线宽道理相同。

（2）双击重新定义块，在块编辑器里把所有线条颜色改为某种特定颜色，退出块编辑器，选择保存更改，这时可发现块的颜色发生了改变。线型、线宽道理相同。

（3）双击重新定义块，在块编辑器里把所有线条颜色改为随块（byblock），退出块编辑器，选择保存更改。这时再选中块，改变其颜色，可发现能任意更改颜色。线型、线宽道理相同。

由此可见，要想随意修改块的特性，须在制作块时把内部线条特性都设定成随块（byblock），且此种方法在改动一个块的特性时，其他同名块不受影响。

注意：在0图层上创建的特性均为bylayer的块，插入时其颜色、线型、线宽与当前图层一样，但分解后又会变为0图层的颜色、线型、线宽。

本页主要练习块的创建、插入与编辑命令。

1. 内部块和外部块。

绘制下面图形并用BLOCK命令定义成块，名称和基点自定（圆直径50，内部线条自定）。

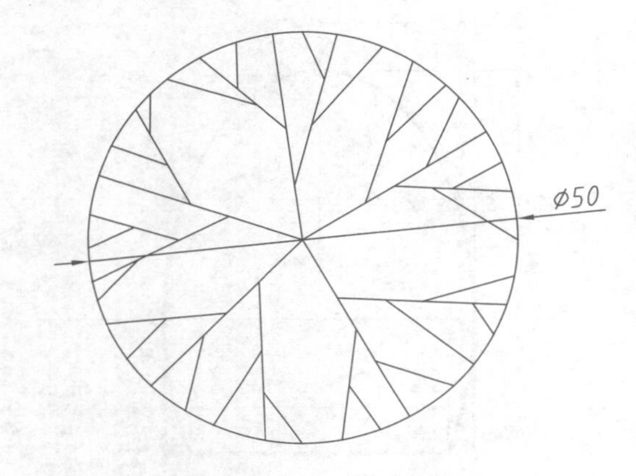

绘制下面图形，用WBLOCK命令保存在硬盘上，名称、保存位置和基点自定。

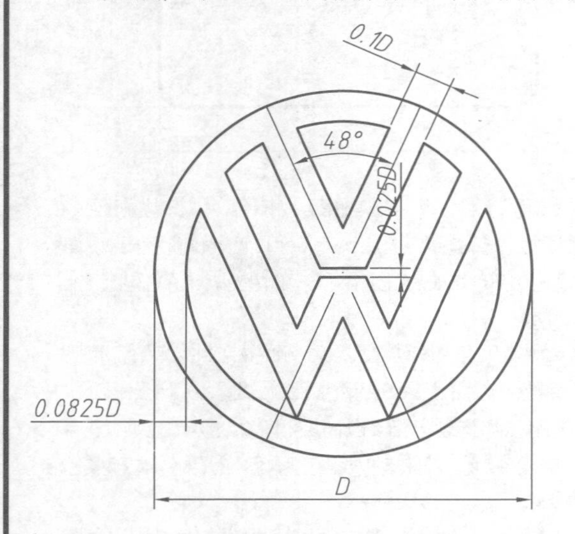

用插入块（INSERT）命令分别把上面两个块插入进来，可以发现，用BLOCK命令创建的块位于本图中，在插入面板的“名称”下拉框中能看到，而用WBLOCK命令创建的块是一个独立的CAD文件，不属于本文件，也不能用块编辑命令编辑。通常分别把这两种块称为内部块和外部块，注意两者区别。

2. 粘贴为块。

绘制下面图形，见左下图，将其复制到剪贴板上（Ctrl+C），不用复制尺寸，再用粘贴为块命令（Ctrl+Shift+V）把图粘贴到右边，见右下图，这时粘贴过来的图是个块，块的基点默认为图形左下角点。若想改变基点，复制时用带基点复制命令（Ctrl+Shift+C），可任意指定基点。

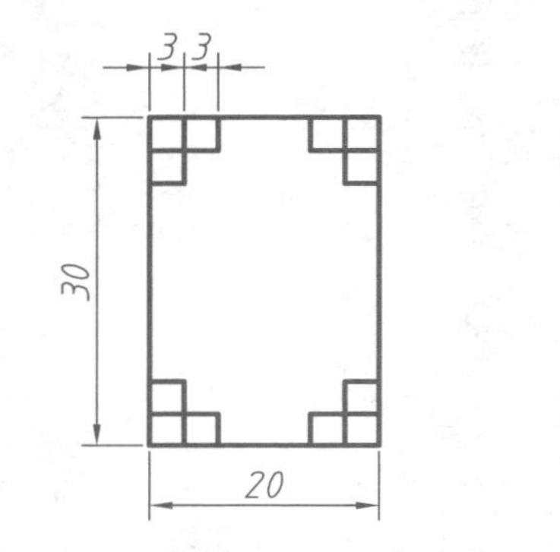

利用粘贴为块命令创建块简便快捷，块的名称由软件自动生成，临时性的块最适于用此命令创建。

3. 不等比例缩放图形。

绘制下面图形（a）并把其做成块（尺寸除外），块名自定，做块时不要勾选“按统一比例缩放”。用插入块命令把该块插到图形中来。插入时插入面板上不要勾选“统一比例”，取X向比例为2，其余向比例为1，得到图（b）效果。取X向比例为0.75，其余向比例为1，得到图（c）效果。

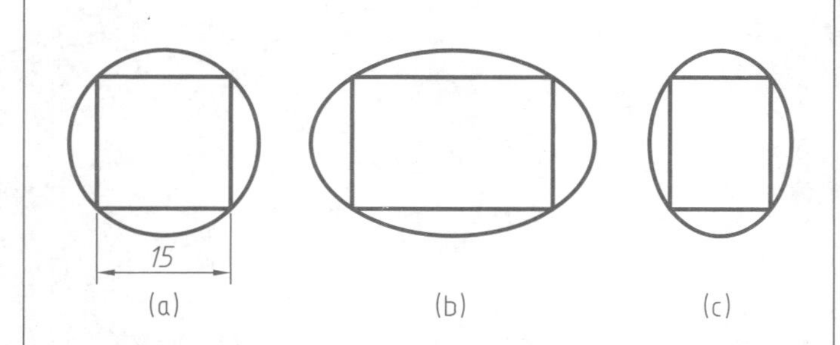

此方法可用于把某图形不等比例缩放，适用于插入内部块和外部块。

4. 带属性的块。

绘制下面图形，右面的标高符号用带属性的块绘制。

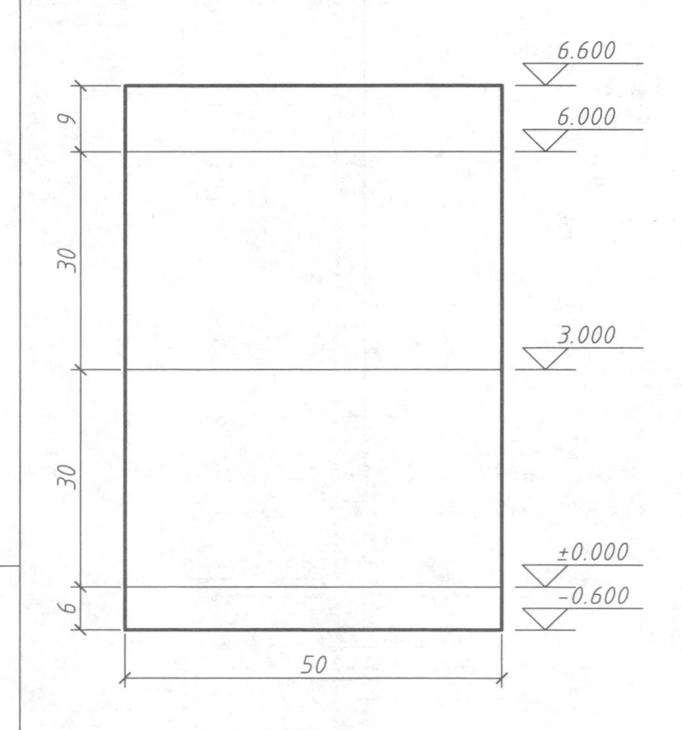

标高符号三角形为等腰直角三角形，高为3，右边尾巴长度可自定。先把标高符号画出来，再定义一个属性，进入属性定义面板，标记取A，提示为标高，默认值取0，文字高度取3，文字样式同尺寸标注中文字样式，定义好后插入图中，移至标高符号上方，如下图。再用创建块（BLOCK）命令，把标高符号连同属性一起创建成一个块，基点选择三角形下端点。然后插入块，把块插到图中相应的位置，根据提示分别输入不同的属性值。

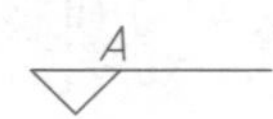

定义属性时标记必须要有，提示和默认值可以不设，在一个块中可包含若干个属性，插入块时会分别提示要输入各个属性的值。双击带属性的块时，会打开增强属性编辑器窗口，可改变属性的值。也可通过修改属性（EATTEDIT）命令，打开增强属性编辑器窗口，修改属性的值。

 本页主要练习内部块和外部块的创建及插入，把图形粘贴为块，利用块不等比例缩放图形，使用带属性的块。属性在实际工程中用得较少。

1.绘制下面正五边形，并测量AB两点间的距离。

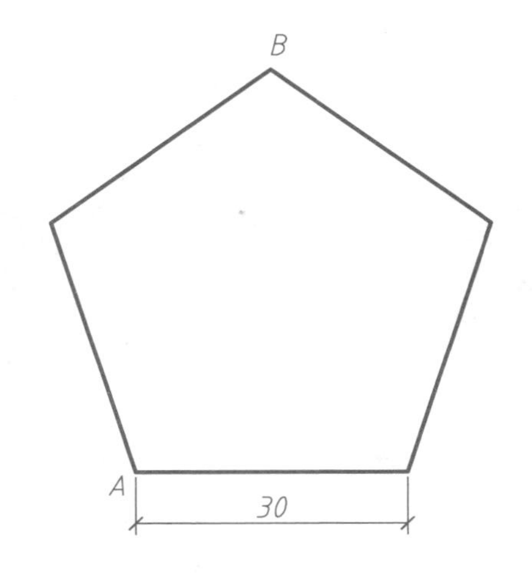

查询两点间距离通常用DIST命令，也可用对齐标注命令，还可画出AB线段，用LIST命令查询其长度，或者打开特性窗口，在特性窗口中观察其长度。

2.绘制下面图形，并求出折线AB、BC、CD、DE各段直线距离的总和。

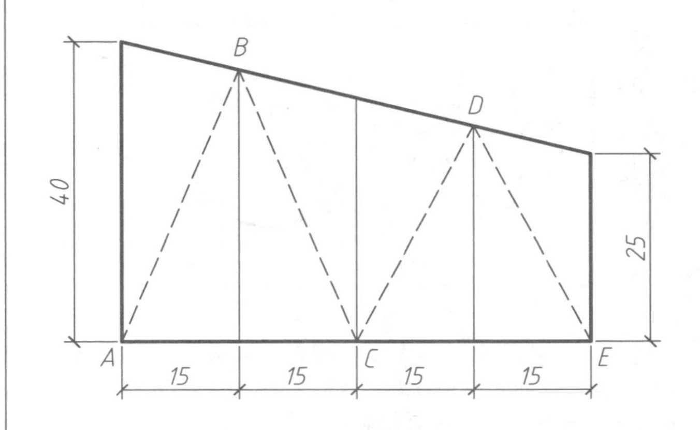

查询多点距离总和仍可用DIST命令，也可用多段线绘出折线，用LIST命令查询其长度，或在特性窗口中查询其长度。

3.绘制下面椭圆弧，并求出其长度。

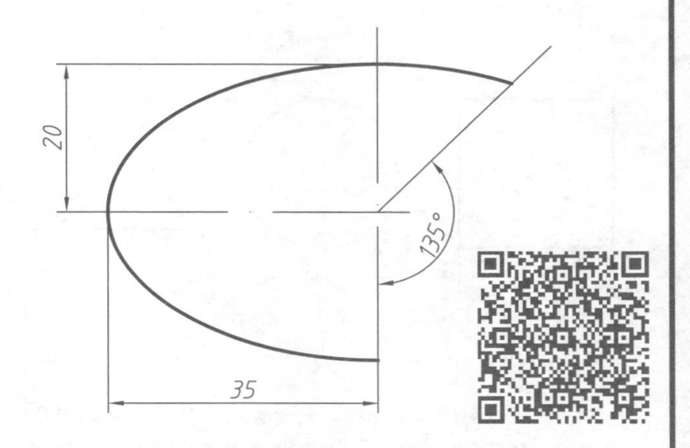

椭圆或椭圆弧长度可用列表显示（LIST）命令查询，也可以用伸长（LENGTH）命令或面积（AREA）命令查询。

4.绘制下面样条曲线，并求其长度。

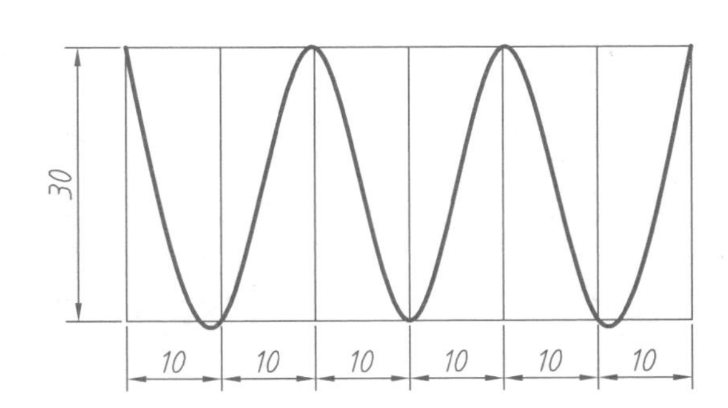

样条曲线长度可用列表显示（LIST）命令查询，也可以用伸长（LENGTH）命令或面积（AREA）命令查询。

5.绘制下面图形，并求多边形面积。

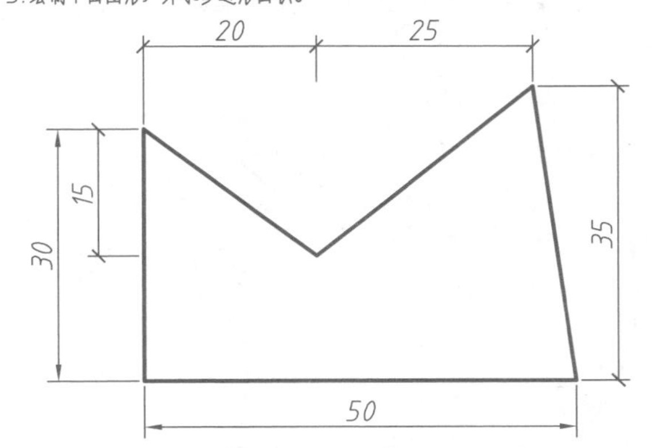

查询多边形面积通常有三种方法 。一是用AREA命令，依次点取多边形各个顶点计算出面积，若多边形是一个完整闭合的PLINE线，则可用AREA命令中的“对象”参数直接查询。二是在特性窗口查询，前提是多边形必须用连续的多段线绘制，若不是可用边界（BOUNDRY）命令生成多段线边界，然后即可查询。三是用LIST命令查询，要求同上。还有一种方法是在多边形内填充图案，然后查询图案的面积。

6.绘制下面图形，并求其周长和面积。

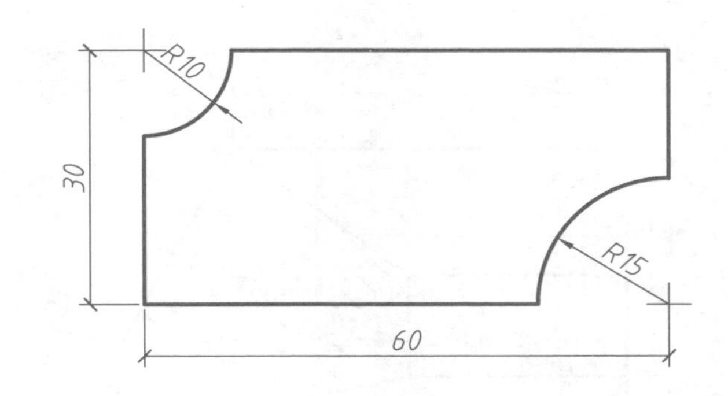

对于带有圆弧的多边形，图形绘制好后，先用边界（BOUNDRY）命令生成多段线边界，然后用AREA命令查询其面积，也可用LIST命令或特性窗口查询其面积。至于周长，可用AREA或LIST命令或在特性窗口进行查询。另外，也可在内部填充图案，查询图案面积，从而知其围合面积。

本页主要练习查询距离、长度与面积命令。

1.绘制下面正方形、圆形、正三角形，并求其面积总和。

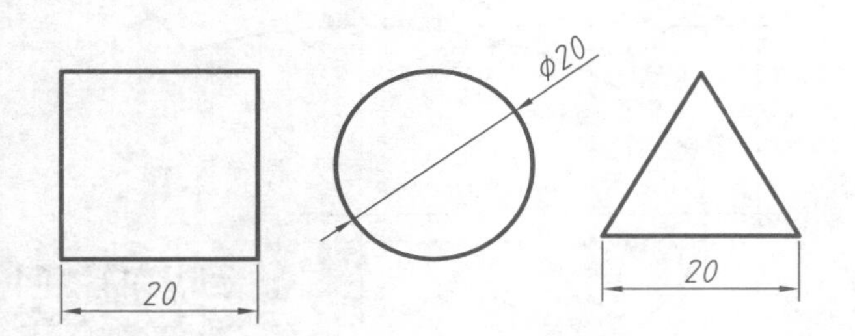

对于面积求和，仍然用AREA命令，操作时要选择“增加面积”参数，然后依次选取对象，可得所有图形面积总和。也可用图案填充命令，在三个图形内填充图案，再用LIST命令查询或在特性窗口内查询其总面积。

2.绘制开孔矩形（圆的位置可任意），并求其面积。

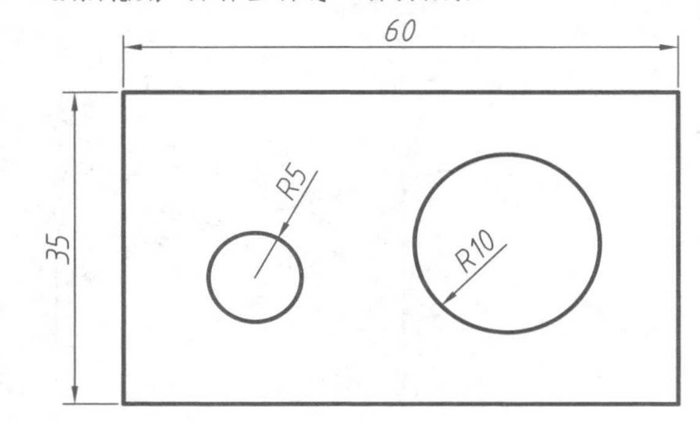

对于面积求差，仍然用AREA命令，操作时要先选择“增加面积”参数，选取矩形，再选择“减少面积”参数，然后依次选取两个小圆，可得矩形减两个小圆面积。也可用图案填充命令，在小圆以外的区域填充图案，再用LIST命令查询或在特性窗口内查询其面积。图案填充的前提是所减区域必须完全包含在被减区域内，如本题小圆完全位于矩形内，若位于矩形外或与矩形边缘相交则不能用此方法，当然把所减图形移到被减图形内再填充也可。

3.绘制下面多边形，并求其面积和AB两点间距离。

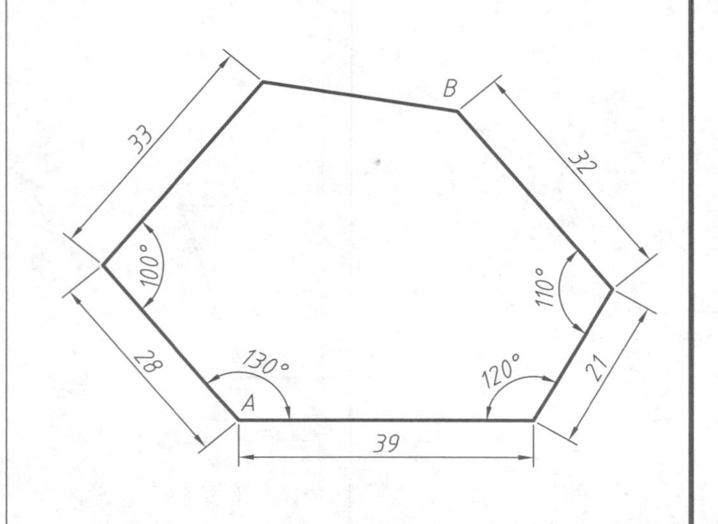

4.绘制下面图形，并求出阴影部分的面积和周长。

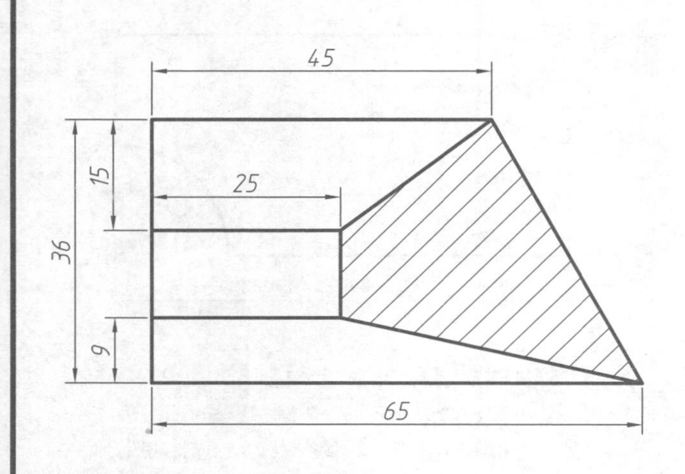

5.绘制下面图形，并求出该图形的总面积和三段圆弧的总长度。

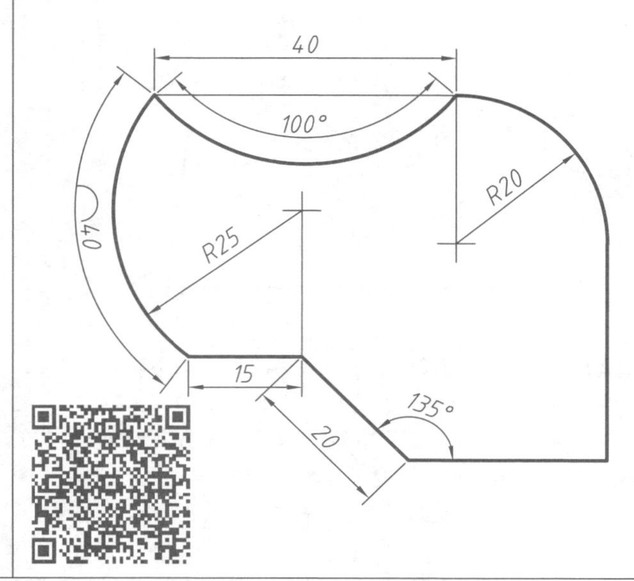

6.绘制下面图形，并求出阴影部分的面积和周长。

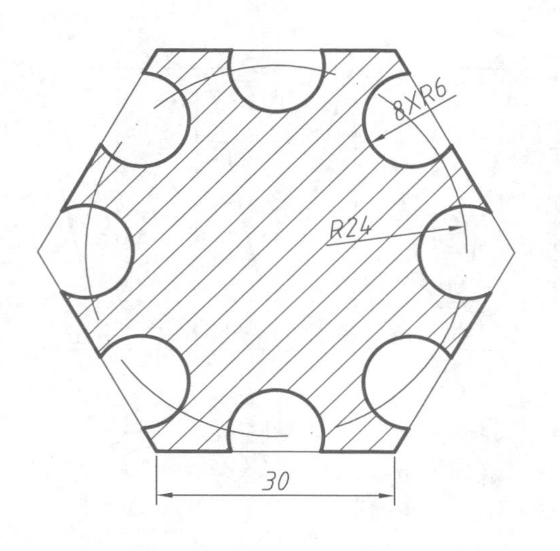

　本页主要练习查询距离、长度与面积命令。

1.绘制下面图形，并求出阴影部分的面积和周长。

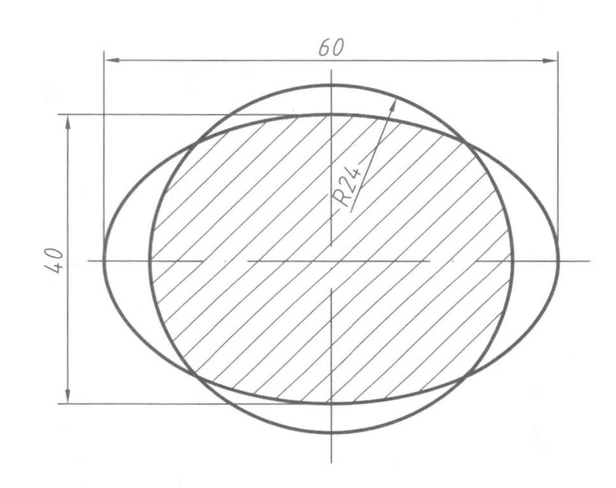

注：带有椭圆的图形的周长可转化成面域计算。

2.绘制下面图形，并求阴影部分面积和周长。

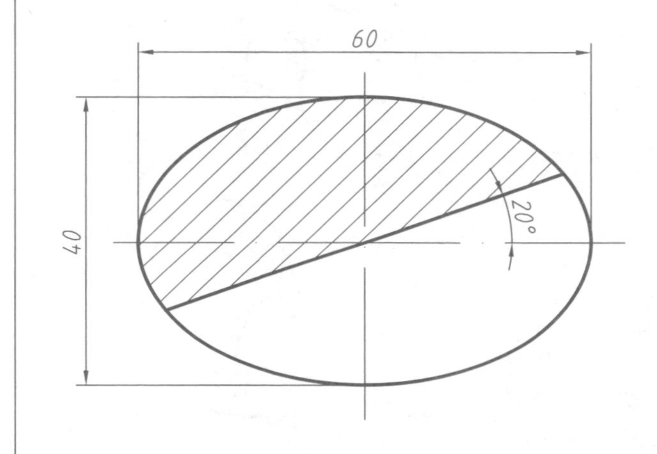

3.绘制下面图形，并求出阴影部分的面积和周长。

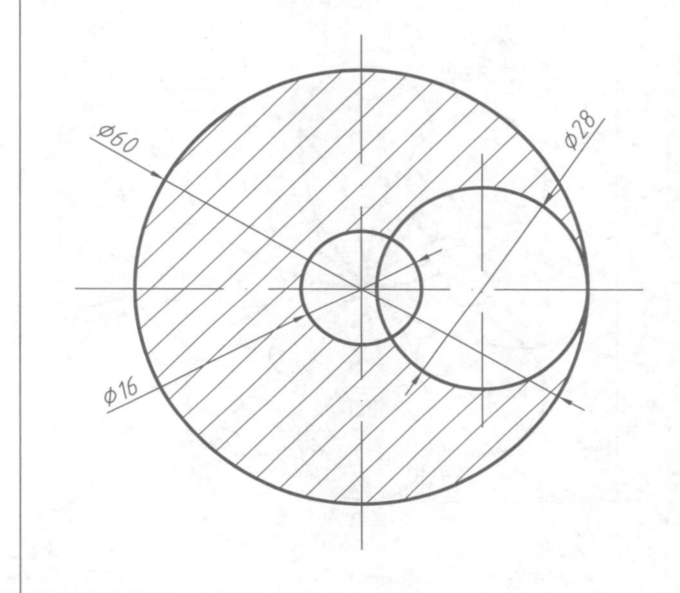

4.绘制下面图形，已知四边形ABCD是等腰梯形，AE、AF三等分∠DAB，求∠AFB度数。

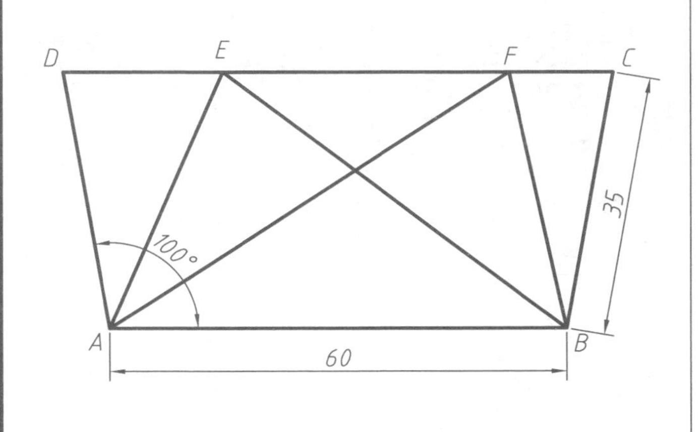

5.绘制下面图形，并求出直线AB的长度。

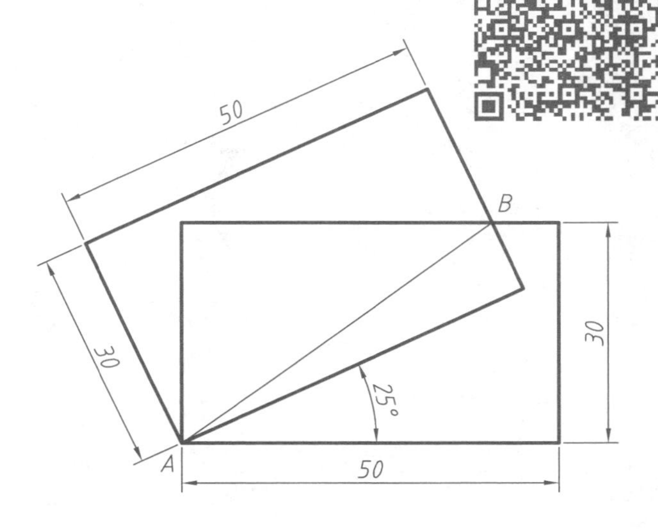

6.绘制下面图形，并求出A点坐标。

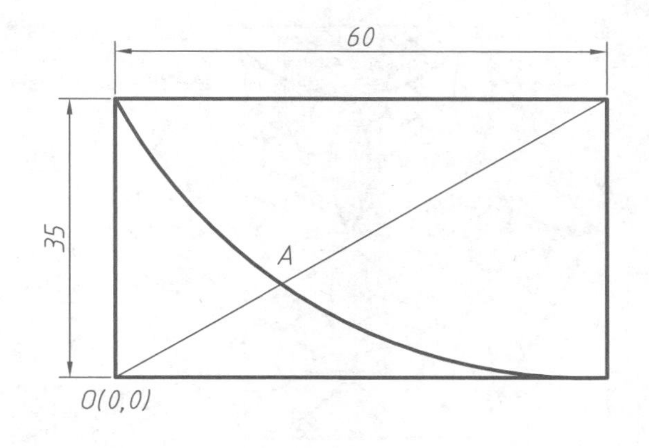

1.绘制下面图形，并求阴影部分的面积和圆弧ABC的长度。

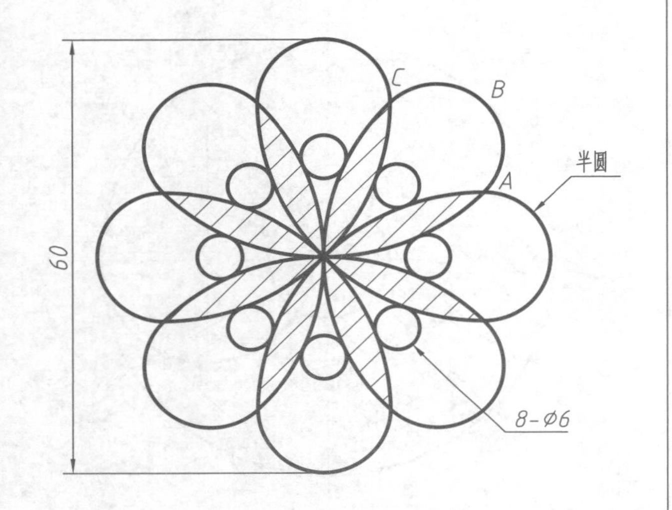

2.绘制下面图形，并求阴影部分面积和外围轮廓总面积。

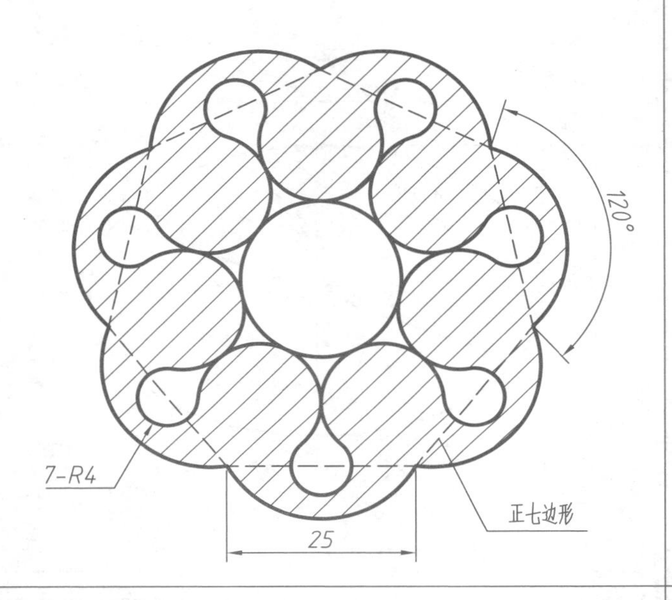

3.绘制下面多边形，并求其阴影部分A的面积和阴影部分B的周长。

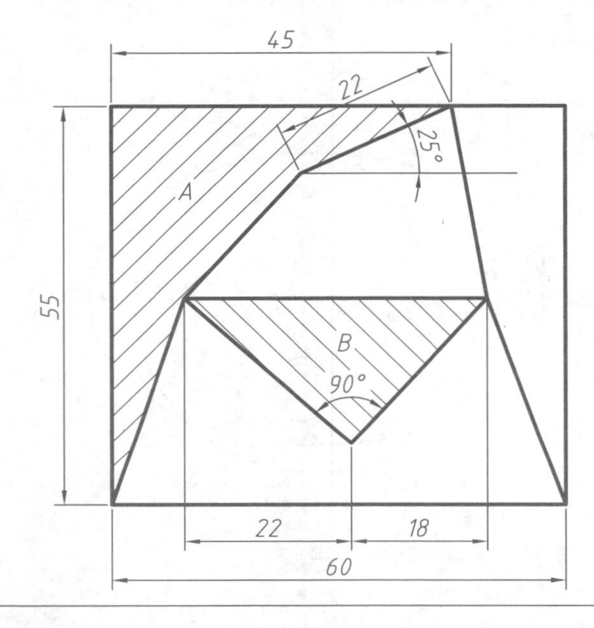

4.绘制下面图形，并求：(1) 阴影部分的面积；(2) 最小圆的半径；(3) 圆心A和圆心B之间的距离。

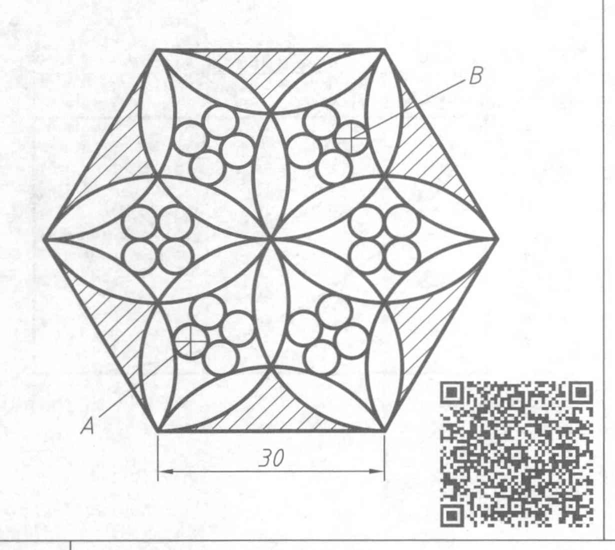

5.绘制下面图形，并求出阴影部分的面积及阴影部分减去中间圆弧五边形A的面积。

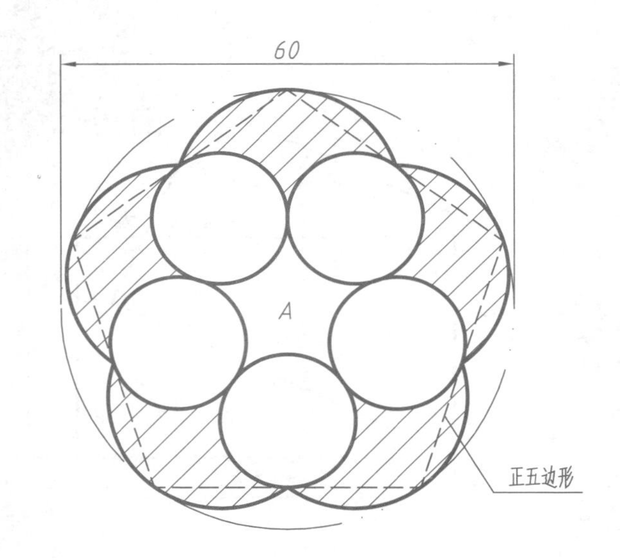

6.在查询图形各种参数中，以面积查询最为灵活多变，下表列出了面积查询的各种适用情况。

适用命令 / 图形类型	AREA	LIST	PROPERTIES	HATCH与LIST或PROPERTIES组合
直线多边形(若干段)	✓			✓
多段线多边形	✓	✓	✓	✓
圆、圆弧	✓	✓	✓	✓
椭圆、椭圆弧	✓	✓	✓	✓
样条曲线	✓	✓	✓	✓
面积相加	✓			✓
面积相减	✓			✓

注：非封闭图形不能用图案填充命令算面积。

 本页主要练习查询距离、长度、面积、周长等命令。

1.绘制下面点划线，然后以此点划线为基线，分别绘制2、3、4中的多线。

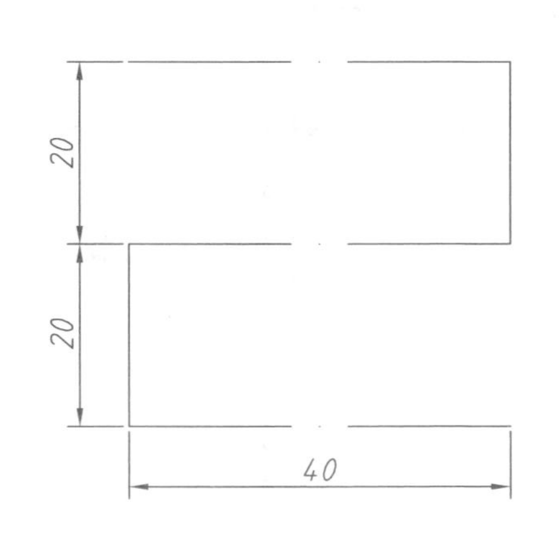

2.用多线命令绘制下面图形，多线样式为默认，比例取"3"，对正方式取"上"。

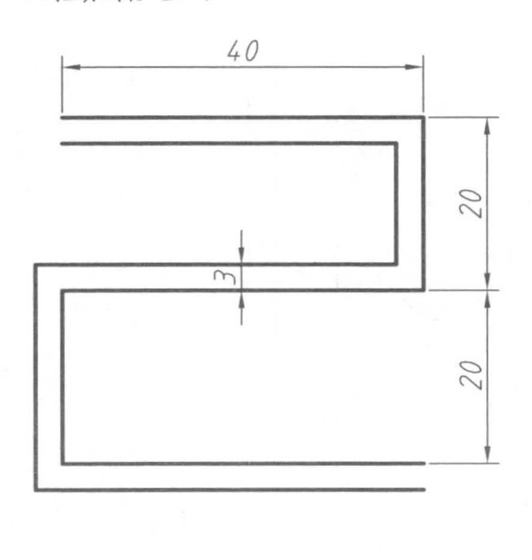

3.用多线命令绘制下面图形，多线样式为默认，比例取"3"，对正方式取"下"。

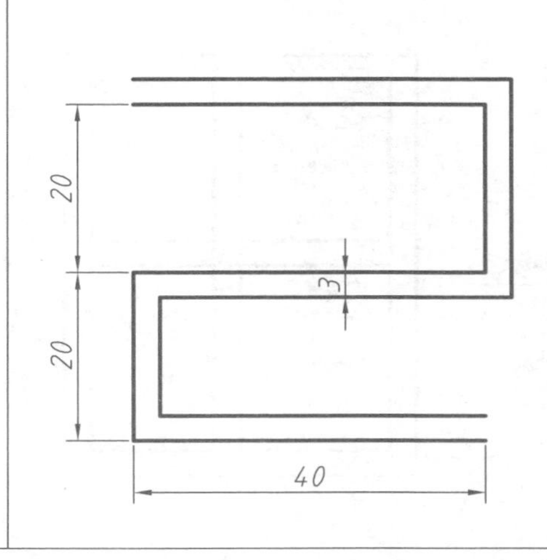

4.用多线命令绘制下面图形，多线样式为默认，比例取"3"，对正方式取"无"。

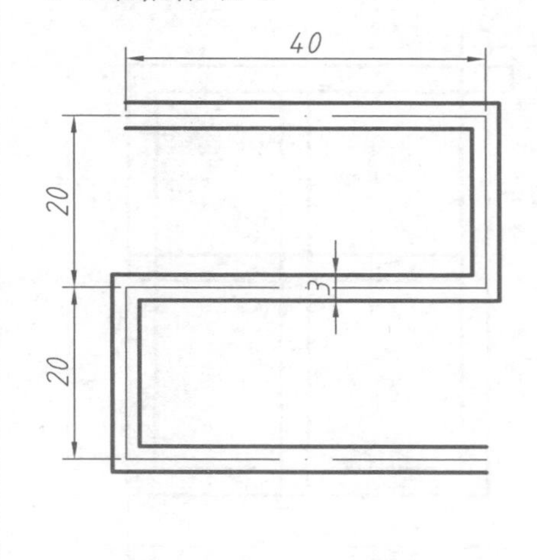

有关多线的对正方式是这样规定的：视线顺着多线的绘制方向，左边为上，右边为下。对正为上表示多线样式定义中最上面的线和基线重合，对正为下表示多线样式定义中最下面的线和基线重合，对正为无表示多线样式定义中0线和基线重合。

5.请绘制下面多线，点划线为多线中心线。

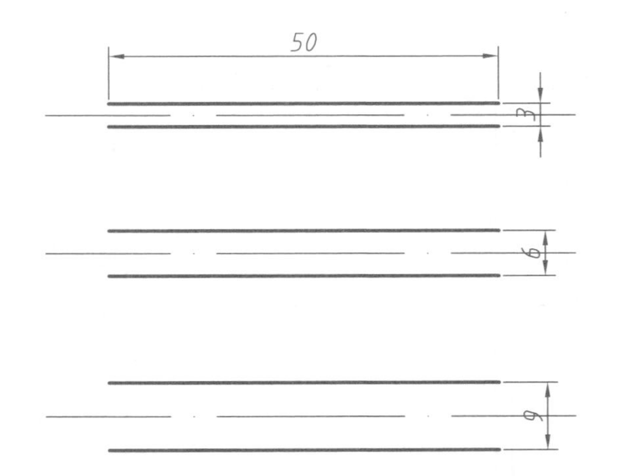

多线的最终宽度等于多线样式定义的宽度乘以多线绘制比例。

6.请绘制下面多线，点划线为多线中心线。

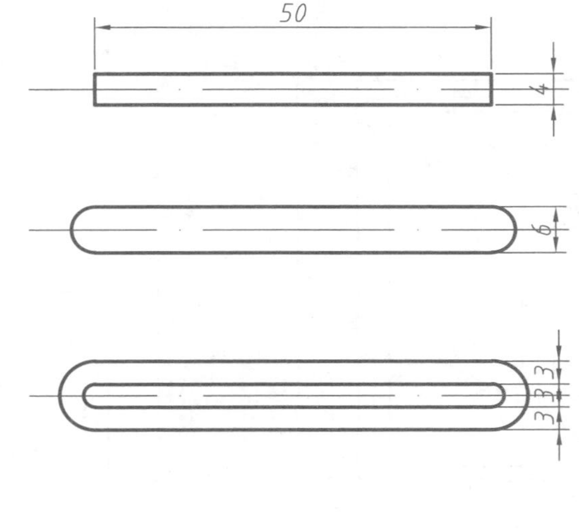

本题须设置三种多线样式。

7.请绘制下面多线，点划线为多线基线，其中中间两个图点划线位于多线正中。

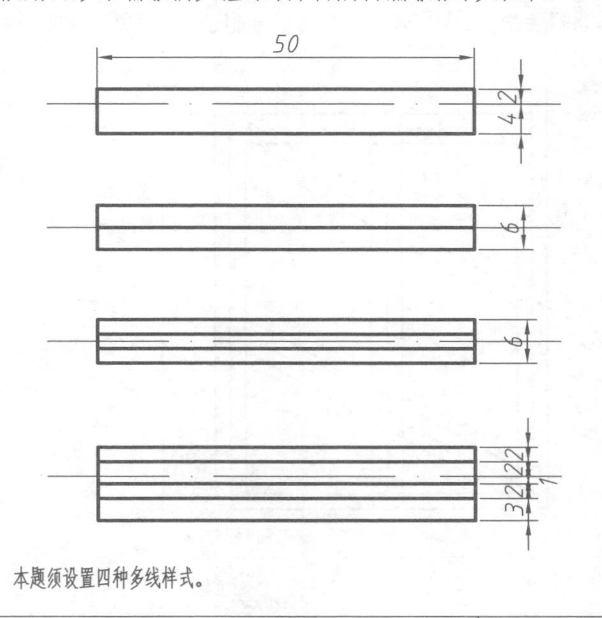

本题须设置四种多线样式。

1.请用多线命令绘制左边图形，再用多线编辑命令处理成右边图形。

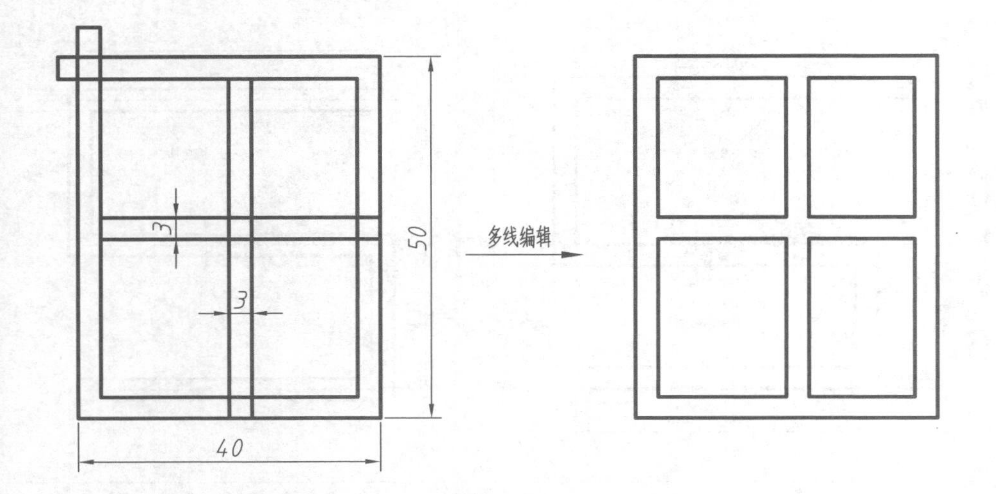

2.请主要以多线命令绘制下面图形，多线宽度均为3，点划线为多线中心线，注意多线接头的处理。

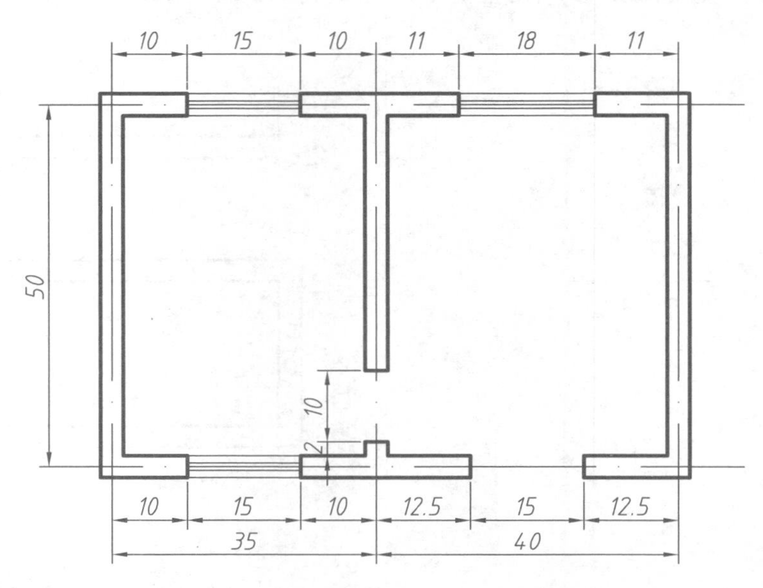

3.请用多线命令绘制左边图形，再用多线编辑命令处理成右边图形。多线样式设为三条线，中间一条线居中，多线宽度为4。本题需用到角点结合、T形合并、T形打开、T形闭合、十字合并、十字打开等编辑方式。

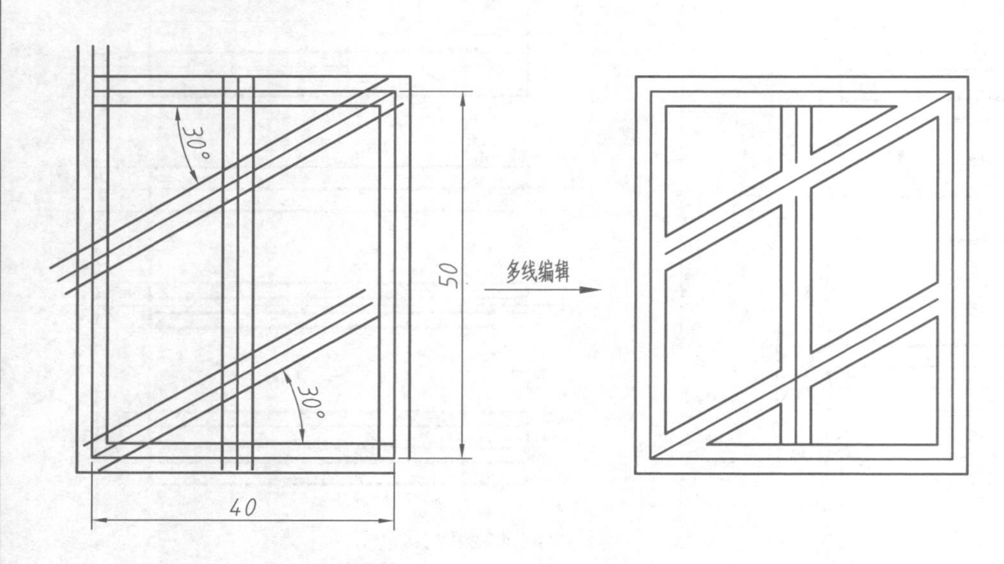

4.请主要以多线命令绘制下面图形，多线宽度有1、2、3三种，多线有三线和四线两种形式，其中三线中间为点划线，注意多线接头的处理。

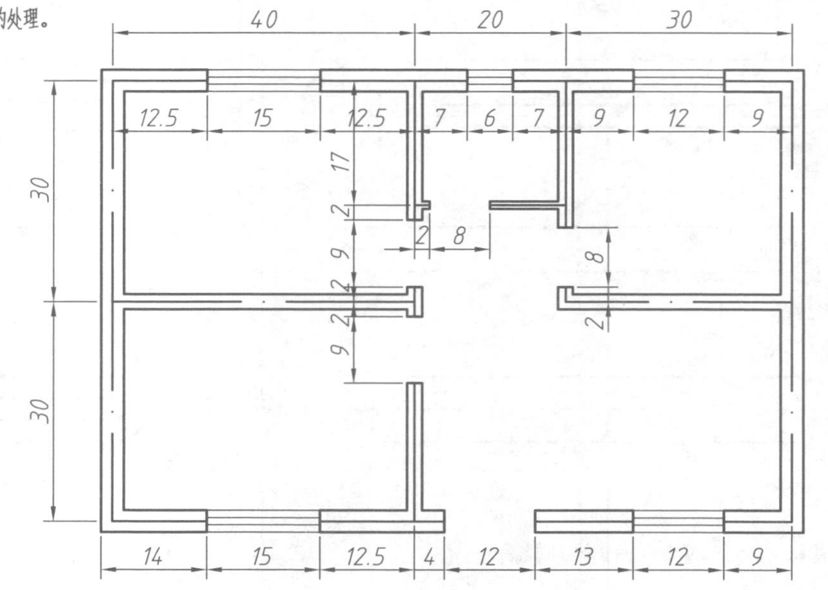

 本页主要练习多线的综合使用及多线相交处节点的编辑。注意多线中线条的颜色、线型和块中线条的颜色、线型定义类似。

1.MIRRTEXT。控制镜像文字的方向，当值为0时，镜像为与原对象同向字；当值为1时，镜像为与原对象反向字。

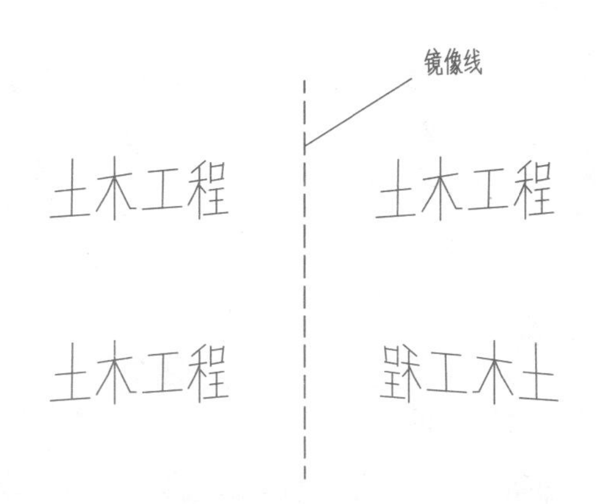

上面mirrtext值为0，下面merrtext值为1。

注意：文字若做成块，则性质已不是文字，不再受此系统变量控制。

2.FILLMODE。控制填充的显示，包括图案填充、带宽度的多段线填充、二维实体等。当值为1时，填充显示；当值为0时，填充不显示。

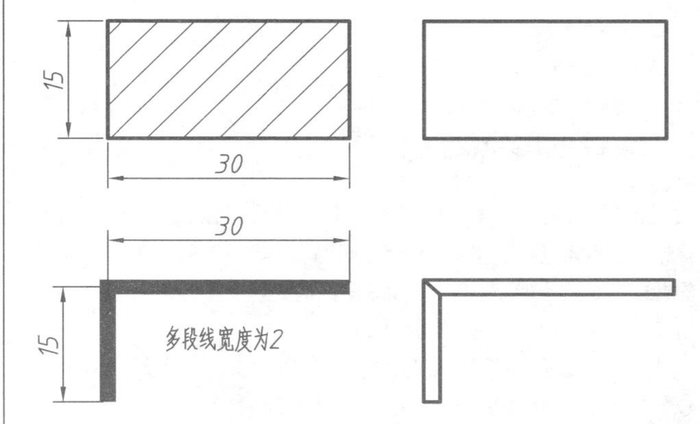

左侧与右侧所示图案填充与宽多段线完全相同，其中左侧fillmode值为1，右侧fillmode值为0。注意当改变fillmode值时，图上已有的填充不会马上改变模式，须执行重生成（REGEN）命令才会改变。此变量也可通过执行“选项（OPTIONS）”命令，在“显示”选项卡中改变。

3.QTEXTMODE。控制文字是否仅显示边框。当值为0时，文字正常显示；当值为1时，文字仅显示边框。此系统变量对单行文字和多行文字均适用。

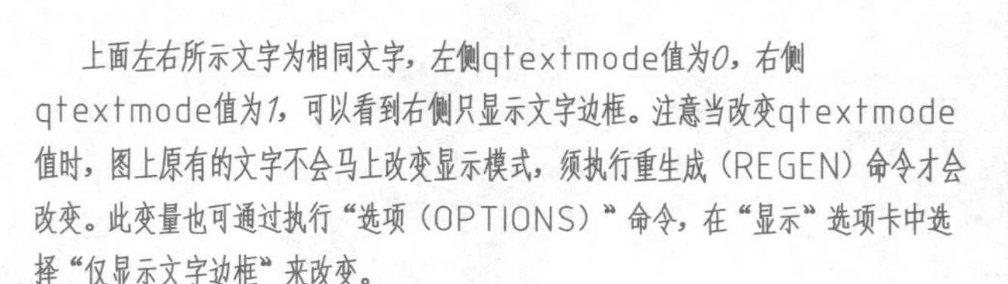

上面左右所示文字为相同文字，左侧qtextmode值为0，右侧qtextmode值为1，可以看到右侧只显示文字边框。注意当改变qtextmode值时，图上原有的文字不会马上改变显示模式，须执行重生成（REGEN）命令才会改变。此变量也可通过执行“选项（OPTIONS）”命令，在“显示”选项卡中选择“仅显示文字边框”来改变。

文件中的文字很多，会占用较大内存，若计算机配置不高，则打开图形或在操作时速度会变慢，若设为“仅显示边框”，则文字处理简化，速度明显加快。

4.CURSORSIZE。控制十字光标大小，数值为1～100，默认是5，可根据个人绘图习惯自行调整。此数值指的是光标占屏幕大小的百分比。此变量也可通过执行“选项（OPTIONS）”命令，在“显示”选项卡的“十字光标大小”中调整。

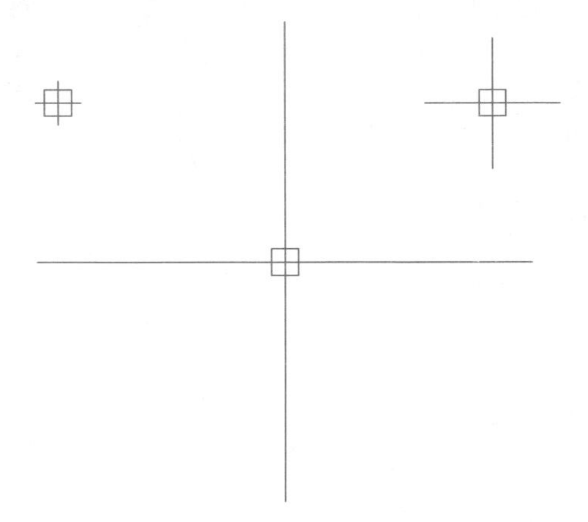

上图中三个十字光标的cursorsize值分别是1、5、40（不同的拾取框大小会导致显示略有不同），很多人喜欢把cursorsize值设为100。

5.PICKBOX。控制拾取框的大小，大小是相对于屏幕而言的，其取值范围为0～50，可根据个人绘图习惯自行调整。也可执行“选项（OPTIONS）”命令，在“选择集”选项卡中改变拾取框大小。

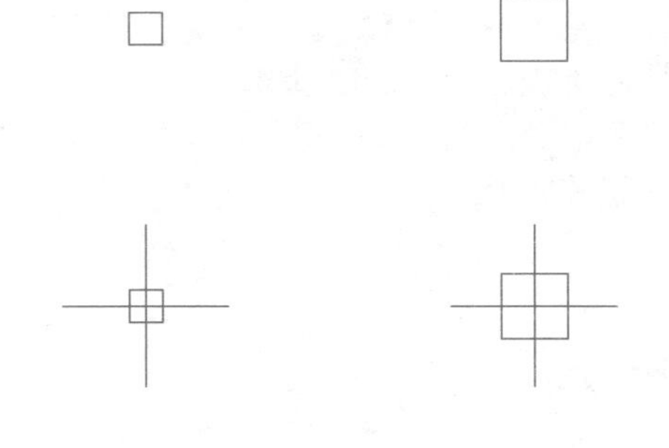

上图中左边pickbox值为10，右边pickbox值为20。上面的图形是拾取框处于选择状态时的形状，下面的图形是拾取框处于无命令状态时的形状。

6.PICKADD。控制后续选择是替换当前选择还是添加到选择集，共有3个值，分别是0、1、2。

三个值的含义分述如下：

0：关闭 PICKADD。最新选定的对象和子对象将成为选择集。前一次选定的对象和子对象将从选择集中清除。选择对象时按住Shift键可以将多个对象或子对象添加到选择集。

1：打开 PICKADD。每个选定的对象和子对象（单独选择或通过窗口选择）都将添加到当前选择集。要从选择集中删除对象或子对象，请在选择对象时按住Shift键。执行SELECT命令结束后对象选择取消。

2：打开 PICKADD。每个选定的对象和子对象（单独选择或通过窗口选择）都将添加到当前选择集。要从选择集中删除对象或子对象，请在选择对象时按住Shift键。执行SELECT命令结束后保持对象处于选定状态。

PICKADD的默认值是2，但实际使用中2和1的区别不大。平时使用时不要设为0，否则会出现选择下一个对象时，上一个对象自动弃选。

此变量也可通过执行“选项（OPTIONS）”命令，在“选择集”选项卡中选择“用Shift键添加到选择集”，或者在特性面板的左上角点击小+号按钮来改变。

本页主要练习CAD绘图中一些常用的系统变量设置。

1.PICKFIRST。控制命令的执行方式，是先选对象，再发出命令，还是先发出命令，再选对象。当值为0时，只能先发出命令，再选择对象；当值为1时，既可以先发出命令，再选择对象，也可以先选择对象，再发出命令。默认值为1。

此变量也可以通过执行“选项（OPTIONS）”命令，在“选择集”选项卡中选择“先选择后执行”来改变。习惯上，我们都是勾选“先选择后执行”的，也就是pickfirst设为默认值1。如果不勾选，我们用起来会很不习惯。比如很多人喜欢用Del键来删除对象，这就是先选择对象，再执行命令，如果这时pickfirst值设为0，那么Del键就不好使了。

2.PICKSTYLE。控制对象是否编组或是否关联图案填充，有4个值，分别为0、1、2、3，初始值为1，下面分述4个值的含义。

0：不使用编组选择和关联图案填充选择。
1：使用编组选择。
2：使用关联图案填充选择。
3：使用编组选择和关联图案填充选择。

实际工作中，编组比关联图案填充用得要多，特别是画三维图形时，编组命令用得尤其多。某些二次开发软件会自动生成编组，如天正建筑系列软件，里面会生成很多的组。有的同学不知道，以为是块，用分解命令怎么也分解不开，其实只要把pickstyle值设为0，编组解除就行了。

此变量也可以通过执行“选项（OPTIONS）”命令，在“选择集”选项卡中选择“对象编组”或“关联图案填充”来改变。两个选项有4种组合，正好对应pickstyle的4个值。

3.PICKAUTO。控制隐含窗口选择对象。当pickauto值为1时，可以在屏幕上点击两点拉出一个窗口选择对象；当值为0时，不能在屏幕上拉出一个窗口。pickauto默认值为1。

此变量也可以通过执行“选项（OPTIONS）”命令，在“选择集”选项卡中选择“隐含选择窗口中的对象”来改变。

我们通常把pickauto值设为1，否则画图时不用窗口选择，会很不习惯。

注：当pickauto值为0时，虽然不能在屏幕上点击两点拉出窗口，但在执行移动（MOVE）、删除（ERASE）等命令时，选择参数“窗口（W）”或“窗交（C）”仍可拉出窗口选择对象。

4.SNAPANG。控制正交模式时水平和垂直方向的角度。其设置值表示原正交方向（横平竖直）在XY坐标面内的旋转角度，正值为逆时针，负值为顺时针。

下图为snapang值设为20和-20的情况，分别表示正交方向旋转20度和-20度，可以看到鼠标形状发生了变化，左边正交方向旋转20度，右边正交方向旋转-20度。画水平线和垂直线时，都变成了倾斜方向。

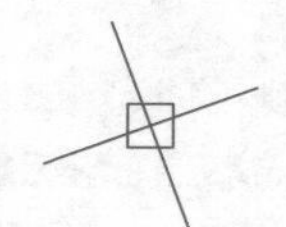

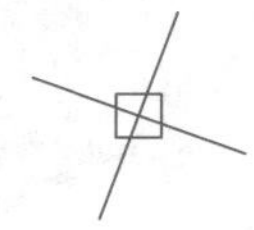

CAD画图时有时会遇到正交方向改变的情况，很多同学以为是UCS方向调整了，但改成世界坐标系后发现正交方向还是倾斜的，这是因为snapang值不是0的缘故，只要改成0，正交方向就恢复了。

5.GRIPS。控制夹点是否显示，有3个值，分别为0、1、2，默认值为2。

当值为0时，图形不显示夹点；当值为1时，图形显示夹点；当值为2时，图形显示夹点，且多段线还会显示每段中间夹点。比如画一个矩形（用RECTANG或PLINE命令画），再选中它，当grips值为0时没有显示夹点，值为1时只显示四个角上的夹点，值为2时显示四个角及四个边中点上的夹点。正常画图时均设为2，这样可以利用夹点任意地拉伸图形及进行其他编辑。

此变量也可以通过执行“选项（OPTIONS）”命令，在“选择集”选项卡中选择“显示夹点”来改变。

6.DRAGMODE。控制对象在移动时，是否显示预览轨迹。有“开（ON）”“关（OFF）”“自动（A）”三个值，默认为自动。

以移动操作为例，当选择“自动”时，移动某个对象在屏幕上会出现移动轨迹。当选择“关”时，移动对象不会在屏幕上出现移动轨迹。当选择“开”时，执行移动命令，选好对象后，需输入DRAG，然后再点击基点，屏幕上会出现移动轨迹，若不输入DRAG，屏幕上不会出现移动轨迹。

 本页主要练习CAD绘图中一些常用的系统变量设置。

1.MBUTTONPAN。控制按下鼠标滚轮（中键）后的反应。当值为0时，会弹出对象捕捉快捷菜单；当值为1时，就是平移（PAN）命令，即拖动屏幕命令。默认值为1，即我们习惯使用的平移模式。

双击鼠标滚轮，相当于范围缩放，即所有图形都显示在窗口可视范围内。

注：正常模式下，Shift和鼠标右键组合键会弹出对象捕捉快捷菜单，此命令在画图中经常使用。

2.TEXTFILL。控制打印和渲染时TrueType字体的填充方式。当值为0时，以轮廓形式显示文字；当值为1时，以填充图像形式显示文字。其初始值为1。

例如，下面“中国北京”这四个字是黑体字，属于TrueType字体，对其进行打印（打印比例随意）。当textfill值为1时，打印结果为（a）图；当textfill值为0时，打印结果为（b）图。

中国北京

中国北京　　中国北京

（a）　　（b）

3.ANGBASE和ANGDIR。

ANGBASE是控制当前坐标系0度角的方向。默认angbase值为0，即0度角方向水平向右。若把angbase值为90，则0度角方向为垂直向上。此时若画一条线，比如长20，角度0度，用相对极坐标画，起点任意，输入@20<0，则画出线条如下图（a）所示。打一行字，如“建筑设计”，字体任意，字高为5，角度为0度，文字显示如下图（b）所示。

建筑设计

（a）　　（b）

ANGDIR控制角度旋转的正方向。angdir值为0时，逆时针方向旋转为正；angdir值为1时，顺时针方向旋转为正。默认值为0。此变量也可通过执行图形单位（UNITS）命令，在“角度”选项中是否勾选“顺时针”设置。

注：测绘专业画地形图时0度角方向及角度旋转正方向与其他专业不同，往往设置此系统变量。

4.ISAVEBAK。控制保存文件时是否创建备份文件（BAK）。isavebak值为0时不创建BAK文件，值为1时创建BAK文件。默认值为1。

isavebak设置为0时可以提高增量保存的速度，尤其对大图形效果比较明显。在 Windows中，复制大图形的文件数据时创建一个BAK文件会占去大部分增量保存时间。

也可通过菜单“工具”——“选项”，选择“打开和保存”选项卡，再在对话框中将“每次保存时均创建备份副本”即“CREAT BACKUP COPY WITH EACH SAVES”前的对钩去掉。

5.DIMASO。控制所标注尺寸是一个整体还是打碎的。当dimaso值为1或on时，标注尺寸是一个整体；当dimaso值为0或off时，标注尺寸是打碎的。默认值为1。

正常画图时CAD所标尺寸是一个整体，可以当作一个块，若需打散，可用分解（EXPLODE）命令。若所标出尺寸是碎的，应该是dimaso系统变量值被改了，若想恢复，把值调为1即可。

6.ZOOMFACTOR。控制鼠标滚轮缩放屏幕的系数，数值范围为3～100。数值越大，缩放屏幕速度越快；反之，缩放屏幕速度越慢。通常设在50以上，太小则缩放屏幕太慢，影响绘图速度。

使用CAD时，经常会遇到推动鼠标滚轮时屏幕缩放幅度非常小的情况，这是因为zoomfactor值设的太小，调大点则可解决。

注：双击鼠标滚轮（中键），相当于视图操作之范围缩放。

1.HIGHLIGHT。控制选中对象是否高亮显示。当值为1时，选中对象呈现断点状并以高亮形式显示；当值为0时，选中对象外形不发生改变（除出现三个夹点外）。下面两条实线均处于选中状态，上面的highlight值为1，下面的highlight值为0。可以看到上面的线变成了断点状显示，而下面的线仍以实线状态显示，没有变化。

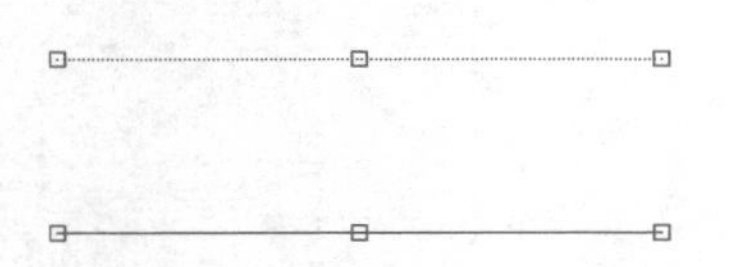

在高版本CAD中，比如CAD 2020，选中对象的高亮显示形式有所改变，线不再呈断点状，但线的轮廓稍变宽，且颜色会发生变化。

2.SELECTIONPREVIEW。控制鼠标移到对象上时是否显示选择预览，其值为0、1、2、3四个数值。

0：命令处于活动状态时及未激活任何命令时，均不显示选择预览。
1：未激活任何命令时，显示选择预览；命令处于活动状态时，不显示选择预览。
2：命令处于活动状态时，显示选择预览；未激活任何命令时，不显示选择预览。
3：命令处于活动状态时及未激活任何命令时，均显示选择预览。
默认值为3。
若显示选择预览，则鼠标移到对象上后对象会以高亮显示。

此变量也可以通过执行“选项（OPTIONS）”命令，在“选择集”选项卡中选择“命令处于活动状态时”或“未激活任何命令时”来改变。两个选项共有四种组合，对应系统变量的四个数值。

3.ISOLINES。控制显示在三维实体曲面上的轮廓素线数。值为0至2047，默认值是4。

下面三个图表达的是同一个圆柱体，在二维线框视觉样式下显示，左、中、右三个图的isolines值分别是4、8、16，可以看到圆柱侧面上的轮廓素线数分别是4、8和16。

此变量也可以通过执行“选项（OPTIONS）”命令，在“显示”选项卡中改变每个曲面的轮廓素线。

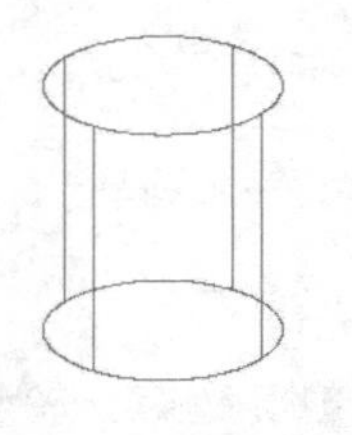

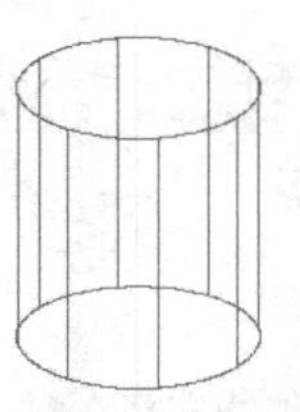

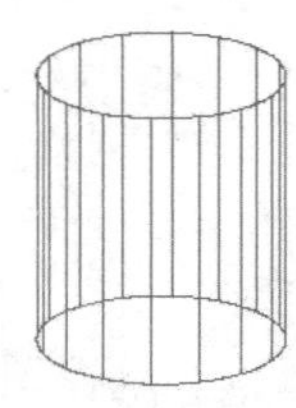

4.EDGEMODE。控制修剪（TRIM）或延伸（EXTEND）命令时是否启用延伸模式。值为0时不延伸，值为1时延伸。默认值为0。

比如下方（a）图以垂直线为剪切边修剪水平线，（b）图以垂直线为延伸边界来延伸水平线，若edgemode值为0则不可操作，若edgemode值为1则可操作。

这个变量也可在执行TRIM或EXTEND命令过程中设置，如在命令行键入TRIM（或EXTEND），按空格，再按空格，选择“边（E）”，再选择“延伸（1）”或“不延伸（0）”。

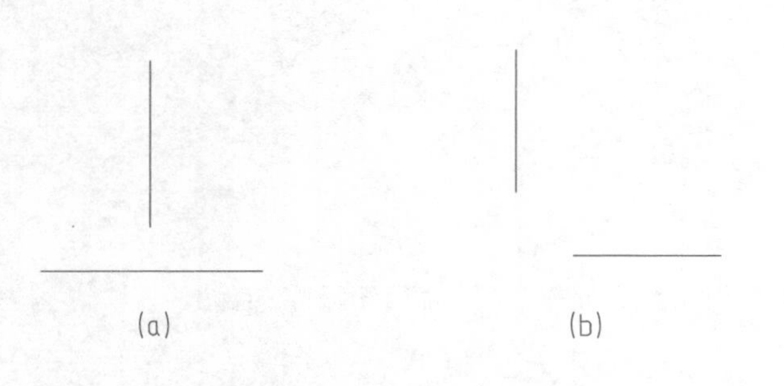

5.EXPLMODE。控制插入非等比例的块时块能否分解。当值为0时，非等比例块不能分解；当值为1时，非等比例块能分解。默认值是1。

注意：这里与制作块时选择是否“允许分解”是两码事，若explmode值为0，创建块时即使选择“允许分解”，但若插入该块时按非统一比例插入，插入的块仍然无法分解。

6.FILEDIA。控制新建、打开、保存、输出文件时是否出现对话框。当值为1时，出现提示对话框；当值为0时，不出现对话框，只在命令行提示对应文件的路径、名称等。默认值是1。

比如当值为0时，执行打开文件命令，命令行会出现如下提示：

D:\My Documents\drawing1

而当值为1时，执行打开文件命令，会出现如下对话框：

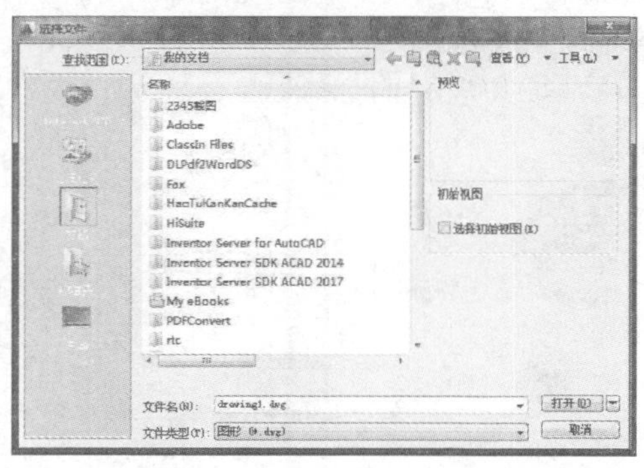

通常我们要把filedia的值设为1，否则很不习惯。

本页主要练习CAD绘图中一些常用的系统变量设置。

1.钢筋符号问题。

绘图中经常遇到输入钢筋符号问题，一级至四级钢筋符号分别为：Φ Φ Φ Φ 下面介绍几种钢筋符号输入方法。

第一种方法：下载探索者字体（tssdeng.shx），再打开CAD安装目录里的字体文件夹（fonts），把该字体拷进去，再重新启动CAD程序。执行单行文字命令（DT），分别输入%%130、%%131、%%132、%%133，分别得到Φ、Φ、Φ、Φ四种钢筋符号。但此种方法仅适用于单行文字，不适用于多行文字。

第二种方法：下载STQY字体，打开Windows操作系统中的字体文件夹（fonts），把该字体拷进去。打开CAD程序，执行多行文字命令（MT），在文字面板上点击符号按钮，在下拉菜单中选择“其他”选项，在弹出的字符映射表中选择STQY字体，在表格中会看到各种钢筋符号，选择并复制粘贴到文中即可。注意STQY属于TTF字体，必须安装在电脑系统的字体目录中，而不能安装在CAD字体目录中。

第三种方法：使用专业绘图软件，比如天正建筑系列软件，其打字命令中自带各种钢筋符号，想用哪种钢筋符号，直接选择即可。

2.快速选择（QSELECT）。

QSELECT用于快速筛选某种类型对象，其通用筛选参数可为颜色、图层、线型、线型比例、打印样式、线宽、透明度、超链接等，如图。若选择特定的图元，如多段线、块参照等，会有更多的参数供筛选。其应用方式可为包括在新选择集中、排除在新选择集外、附加到当前选择集。用好此命令可快速选择某种类型对象，并进行统一编辑。某些二次开发软件，如天正建筑系列软件加强了此功能。

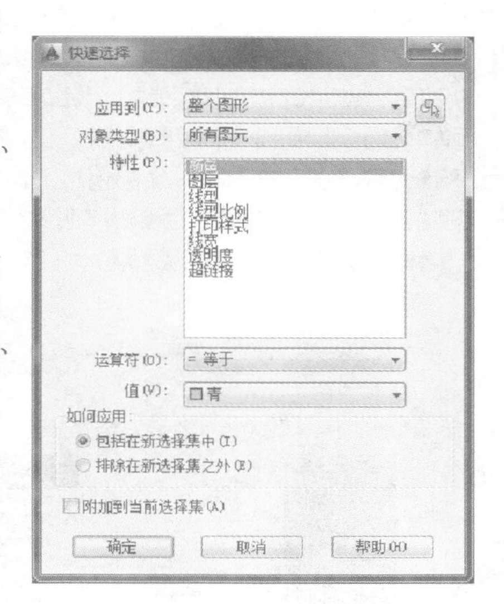

3.清理工具（PURGE）。

PURGE命令用于清理绘图过程中产生的中间垃圾，以给图形减负。清理的对象包括图层、文字样式、标注样式、表格样式、打印样式、块、图层、线型、组等。见图。执行命令时，通常选择全部清理即可，往往要清理数次才能完全清理干净。复杂图形在绘制过程中会产生大量的冗余垃圾，增大文件容量，拖慢绘图速度，PURGE命令可很好地为图形瘦身。

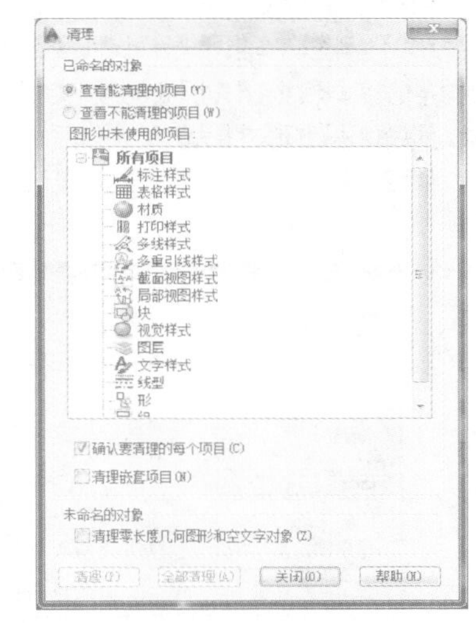

4.显示/隐藏菜单栏。

ACAD 2017以后的版本不再设经典工作空间，有些同学找不到菜单栏，用起来觉得不习惯。其实在操作界面最上方靠左侧有一个快速访问工具栏，点开后下拉菜单里有“显示菜单栏”或“隐藏菜单栏”选项，点击它即可显示或隐藏菜单栏。见下图。

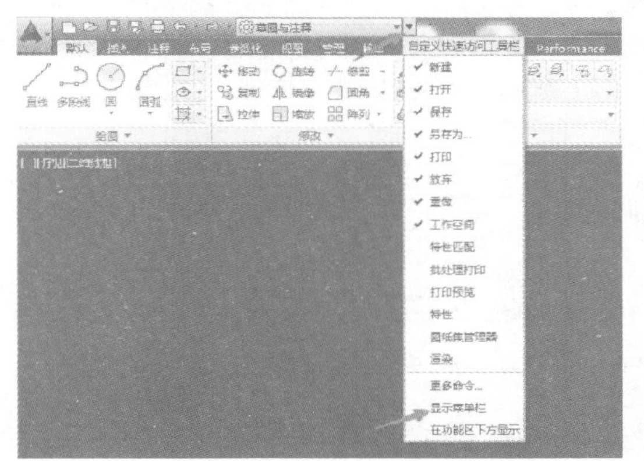

5.修改快捷键。

打开acad.pgp文件，可修改或增加命令快捷键，保存后退出即设置完毕。如下图，左边是命令简称，右边星号后面是命令全称。改快捷键在左边改即可。也可另起一行增设新的命令及快捷键，格式同上。通常要重启CAD程序方能生效，但可运行REINIT命令，重新初始化PGP文件即可马上生效。早期CAD版本中，acad.pgp文件位于CAD安装根目录中的surport文件夹中，后期CAD版本中改换了位置，比如本人用2014版，电脑上此文件位置如下：

C:\Users\Aheng\AppData\Roaming\Autodesk\AutoCAD 2014\R19.1\chs\Support

通常打开acad.pgp文件的方法是点击菜单“工具”—“自定义”—“编辑程序参数（acad.pgp）”。

1.绘制两圆的公切线。

绘制两圆的公切线要用切点捕捉，具体使用方式有如下三种。

第一种：先把对象捕捉工具栏调出来，如下图。然后用LINE命令画直线，指定第一点时点击“切点”图标，在左边圆的大致切点位置点一下，这样就捕捉到了递延切点，指定下一点时再次点击“切点”图标，在右边圆的大致切点位置点一下，这样就把公切线画出来了。

第二种：用LINE命令画直线，指定第一点时左手按住Shift键，同时右手按鼠标右键，会弹出对象捕捉快捷菜单，点击“切点”，在左边圆的大致切点位置点一下，这样就捕捉到了递延切点，指定下一点时再次左手按住Shift键，同时右手按鼠标右键，在弹出的快捷菜单上点击“切点”，在右边圆的大致切点位置点一下，这样就把公切线画出来了。

第三种：用LINE命令画直线，指定第一点时键入“tan”，回车（按空格）确定，在左边圆的大致切点位置点一下，这样就捕捉到了递延切点，指定下一点时再次键入“tan”，回车（按空格）确定，在右边圆的大致切点位置点一下，这样就把公切线画出来了。

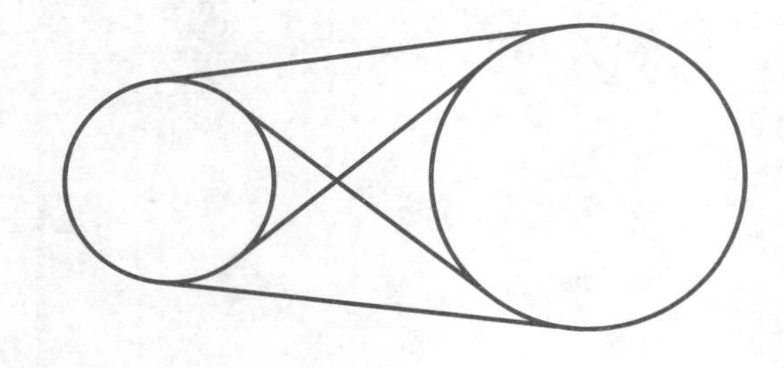

三种方法的本质是一样的，都需要两次捕捉圆弧的切点。

2.图形重叠问题。

绘图中经常会遇到这种情况，两条线重叠，想编辑下面的线条，但一选就选中上面的线条，或两条线同时选中，不能单独选中下面的线条。解决的办法是输入DR（DRAWORDER），回车，点击上面线条，回车，选择“最后”即可。上面的线条就会后置，再点击就会选中要选的线条。反之，若想把下面的线条翻上来，还是输入DR，回车，选择下面线条（若能选到），回车，选择“最前”，下面的线条即前置到上方。此命令对两条以上线条同样适用。

绘图次序命令也可点击“工具”菜单执行，如下图。

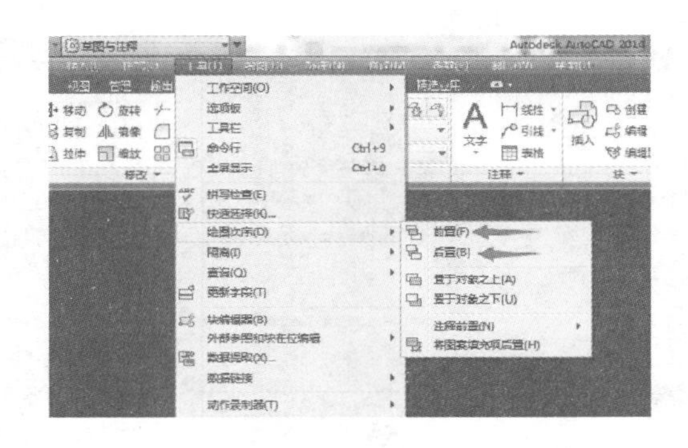

除上述方法外，还有两种方法解决图形重叠选择问题。

第一种方法是把鼠标移至重叠处，这时会看到某线条亮显，左手按Shift键，右手不停地按空格键，亮显会在各个线条间切换，想选某线条，只要该线条亮显时，鼠标左键点击即可选中，然后可进行各种编辑。

第二种方法是利用图层过滤，若重叠的图形分属于各个不同的图层，可把某些图层关闭或锁定，则其他图层上的对象自然可自由选择了。这种方法只适用于重叠对象分属不同图层的情况，若重叠对象都在同一个图层上，此方法不适用。

3.配置命令。

CAD绘图时，各种绘图设置、系统变量等经常会发生改变，若想返回原始默认状态，可执行“选项（OPTIONS）”命令，在“配置”选项卡中选择“重置”，点击确定，即可恢复默认设置。也可以根据个人绘图习惯，点击“添加到列表”，新建一个配置并保存起来，以后想用时切换到此配置即可。见下图。

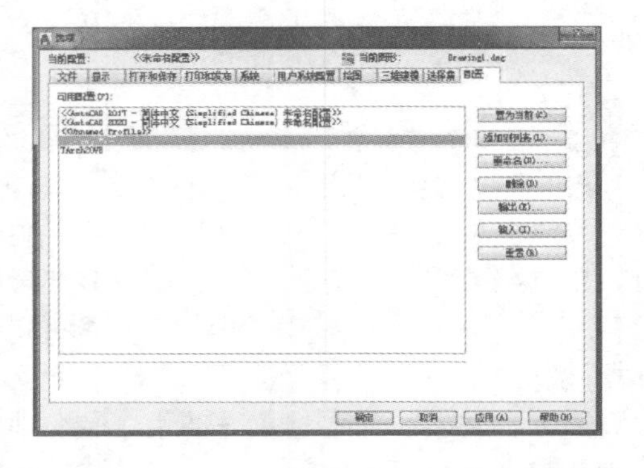

4.单行文字和尺寸标注数字不能设高度问题。

画图中有时会遇到这种情况，书写单行文字时，不出现文字高度提示，设置标注样式时，不能调整文字高度。这是因为所用的文字样式中，文字被设了特定的高度，所以单行文字或尺寸标注样式中不能自由设定文字高度，只能用文字样式中设定的高度。解决的办法是打开文字样式窗口，选择所用的文字样式，把其高度改为0即可解决。如下图所示，在“大小”选项框中把高度设为0。

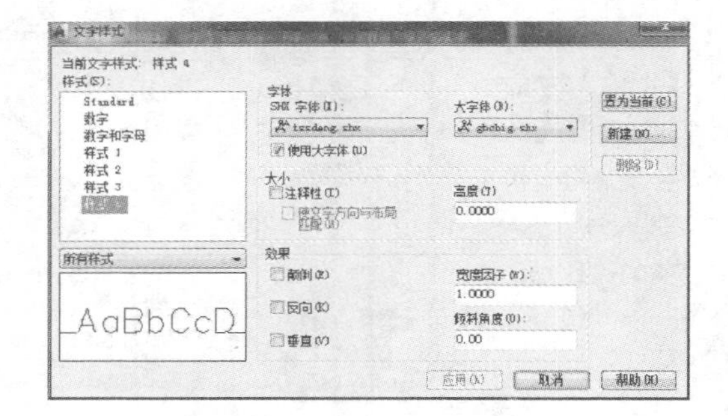

　本页主要练习CAD绘图中一些实用命令。

1.有关注释性问题。

注释性主要用于图纸空间中，用于解决用不同比例出图时某些元素的显示比例问题。带有注释性的对象包括单行文字、多行文字、尺寸标注、图案填充、块、属性、引线等。以尺寸标注为例，设置了注释性，并在模型空间设定好尺寸。在图纸空间建立若干个视口，每个视口设置不同的打印比例，通过预览可以看到不同的视口打印出的图形比例不一样（同一条线，打印出的长度不一样），但所显示的尺寸高度是一样大的，这就解决了用不同的比例打图时尺寸比例过大或过小的问题。其他像文字、图案填充、块等用法相同。2008版以前的CAD没有注释性，如果出不同比例的图，只能在模型空间里把上述文字、尺寸、引线、图案填充等对象的比例或尺寸一一修改，十分麻烦。

关于注释性问题，内容较多，土木工程领域按国内绘图习惯应用并不是太多，此处略过。

2.圆或圆弧显示问题。

绘图时有时会发现圆或圆弧变成了折线，这是软件为了加快显示，节约系统资源所致，特别是非常小的圆弧，更易发生此现象。不用担心，打印出来还是圆弧，而不是折线。解决的办法是把模型重新生成一下，执行RE（REGEN，重生成）命令，折线即恢复成了圆弧。若还是没有完全恢复，应该是显示精度问题。执行"OPTIONS"命令，选择"显示"选项卡，把圆弧和圆的平滑度调高一点。默认值是1000，最高可调到20000，但正常情况下1000足够用了，调得太大会降低显示速度。也可通过调整系统变量viewres的值来达到此结果，两者本质上是同一个命令。

3.CAD版本问题。

高版本CAD可以打开低版本的CAD文件，低版本CAD通常不能打开高版本CAD文件。但这不是绝对的，CAD 2013和CAD 2014就是互相兼容的，因为两者的版本号分别是R19.0和R19.1，同属于R19系列。再比如CAD 2010、CAD 2011、CAD 2012也互相兼容，它们版本号分别是R18.0、R18.1和R18.2，同属于R18系列。事实上，同一个R系列里的CAD软件在保存文件时（默认）均保存为该版本系列中的最低版本，比如CAD 2010、CAD 2011、CAD 2012在保存文件时（默认）均保存为CAD 2010格式文件，也就是R18.0文件。但R18系列的CAD就打不开R19系列的文件，同理，R19系列的CAD也打不开R20系列的文件。

高版本CAD在保存文件时可以另存为低版本的格式，这样用低版本CAD就能打开高版本CAD画的图了。也可以利用第三方软件——版本转换器，把高版本CAD文件转换为低版本，即能在低版本CAD中打开该文件。在学习时可以用高版本CAD学习，但在真正画图时不建议大家用太高版本的CAD，因默认保存的图传给别人后别人往往打不开，给工作带来麻烦。

4.不能修剪与延伸问题。

绘图中会出现这样的问题，两条线明明相交却不能修剪，一条线明明应该能延伸至另一条线却延伸不过去，如下方的（a）图和（b）图。发生这种情况，如果不是图层锁定的话，多半是因为两条线不在同一个高程。可打开特性窗口，查看一下两条线的起点和端点Z坐标，若不一样，要把Z坐标调一样，并且最好使Z坐标都等于0，也就是使线条位于XY坐标面上，再用修剪和延伸命令，就正常了。还有一种办法就是在执行修剪或延伸命令时，选择"投影"参数，再选择"UCS"或"视图"选项（两者有区别），但不要选"无"，然后就可以正常修剪或延伸了。

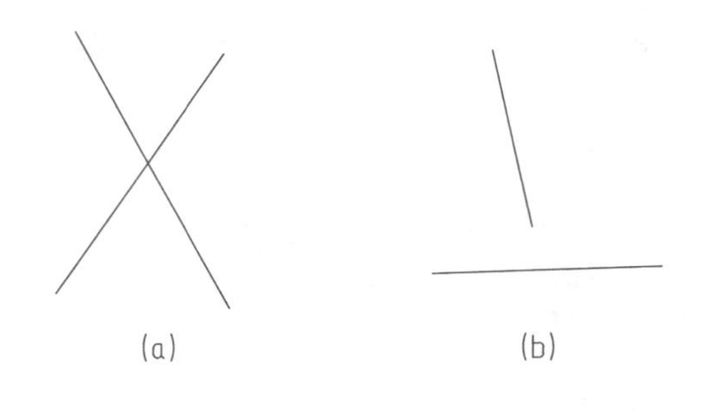

(a) (b)

5.查找和替换（FIND）。

当需要批量把图形中的某几个文字替换成另外一些文字时，使用此命令。通过菜单"编辑——查找"或键入FIND，执行此命令，会出现"查找和替换"对话框，见下图。在"查找内容"框中输入查找的文字，在"替换为"框中输入替换的文字，点击查找，再点击全部替换即可。如把图中的"会议室"，全部替换成"办公室"，分别在"查找内容"框和"替换为"框中输入"会议室"和"办公室"，先点击查找，再点击全部替换即可，见下图。

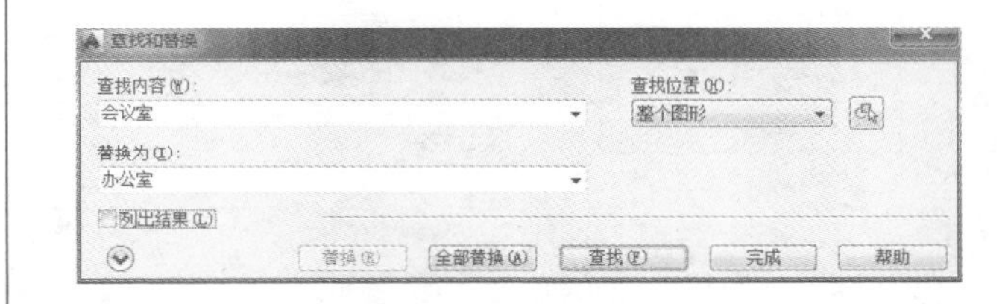

6.文字乱码问题。

打开一个CAD图形，经常会看到里面的文字变成乱码或问号，这是因为你的电脑里没有安装相应的字体文件所致。通常是汉字不能显示，而且以形字体居多。解决的办法有两种，下面分述之。

第一种办法：打开特性窗口，查看变成乱码的文字的文字样式名称；再打开文字样式，查看该文字样式下的字体名称；然后找到该种字体，把它安装至CAD字体目录（fonts）中，再次打开该文件即能正常显示。

第二种办法：前面步骤同第一种办法，先查找文字样式和字体；然后在文字样式中，把字体修改为本机上已有的字体，比如用大字体gbcbig.shx代替原来的字体，或者直接把字体改为宋体、楷体、黑体等中文字体显示就正常了。

事实上，你电脑上若没有安装图形文件中的相应字体，第一次打开该文件会提示找不到某某字体，要不要用其他字体替代，这时我们可以选择用其他字体替代，比如常用大字体gbcbig.shx，否则打开图形后该文字有可能消失不见。

1.绘制教材或试卷插图（一）。

力学上经常画简支梁、多跨梁等构件，用CAD绘制较方便。梁和地面可用多段线绘制，多段线宽度取0.5至0.6mm。铰支座圆圈直径1mm，铰支座高3至5mm。上部箭头用快速引线命令绘制，也可用多段线绘制，箭头长取2mm左右，箭尾长自定，沿横梁均匀分布。箭头的均布排列可用路径阵列命令或定数等分结合复制命令。地面45度线长2mm左右，间距自定。当然，相关尺寸也可根据需要自行调整。

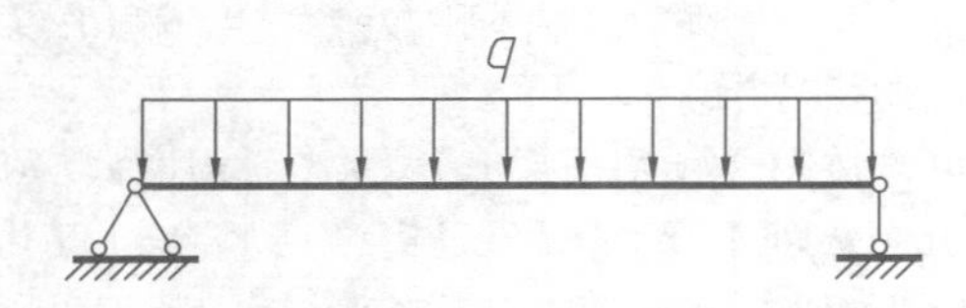

2.绘制教材或试卷插图（二）。

工程制图上经常会画三面投影图，如下图。直线用多段线画，线宽取0.5或0.6mm，直线两端的小圆圈直径取1mm左右，字母大小自定。

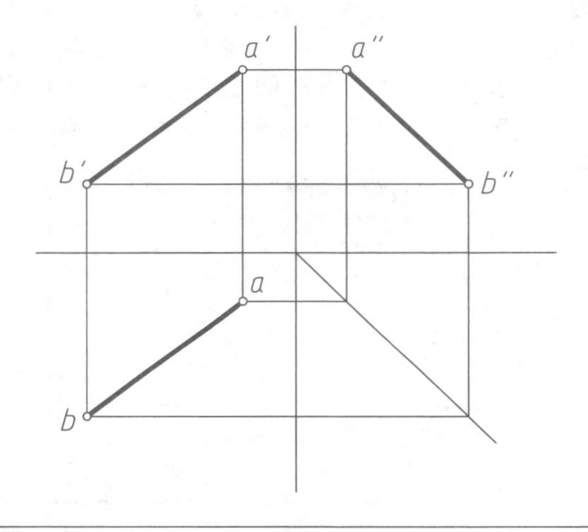

3.REINIT命令。

修改完命令快捷键后，通常要关闭CAD程序，再次打开重新定义才会生效。若不想重启CAD程序，可运行REINIT命令，这时会弹出重新初始化窗口，勾选“PGP文件”，见下图。点击确定，此时修改的快捷键已生效。

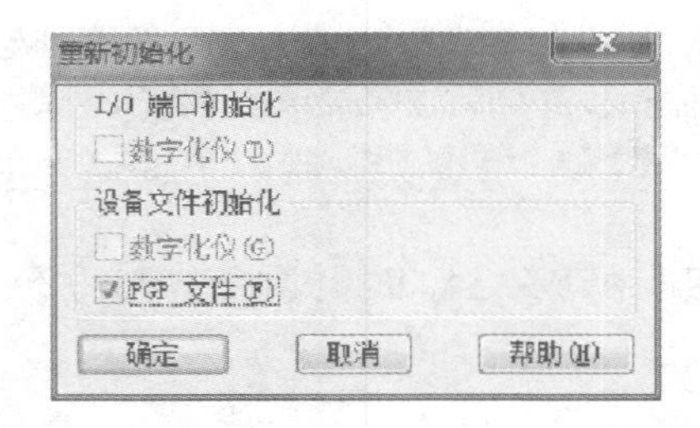

学生参加绘图相关类比赛时，此设置非常有用，可节省大量关、开程序时间。

4.修改尺寸标注的关联性。

在画图中，我们有时需要把尺寸改为和标注对象关联或不关联，修改方法如下。

改为关联：选择需要修改的尺寸标注，执行DIMREASSOCIATE命令即可。

改为不关联：选择需要修改的尺寸标注，执行DIMDISASSOCIATE命令即可。

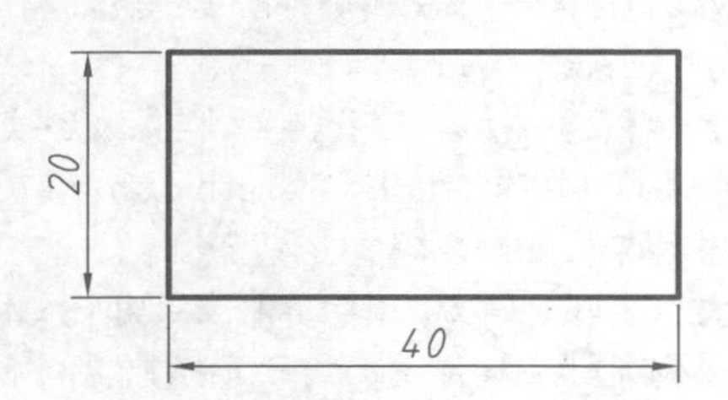

移动图形时希望尺寸跟着移动，就把尺寸标注设为关联；移动图形时不希望尺寸跟着移动，就把尺寸标注设为不关联。

5.制作电子签名。

实际工程图中经常需要插入手写电子签名，下面介绍两种手写签名的制作方法。

首先要在白纸上书写自己的名字，然后用手机拍下来或用扫描仪扫出来，再把图片插入CAD文件中，如下图（a）。

第一种方法：用多段线把字描一遍，线宽可为0，也可设宽一点，描的时候注意把对象捕捉关掉，描好后把名字做成块，签名即做好了，如下图（b），以后可随时使用了。

第二种方法：用多段线把字轮廓描一遍，线宽设为0，描的时候同样把对象捕捉关掉，描好后即成了空心字，如下图（c）；再用图案填充命令把内部填入solid图案，最后把轮廓带填充一起做成块，签名即做好了，如下图（d）。

第二种方法写出来的字要比第一种方法圆润一些，看上去更像手写签名，但制作稍麻烦，且占用空间大；第一种方法制作的签名为单线条，看上去较生硬，但制作简单，占用空间小。两种方法各有千秋。需要注意的是，在用多段线描字时不需要把线段设为圆弧，全用直线段即可。还有人在用第一种方法描字时，喜欢不停地变线宽来模仿手写字体的粗细变化，但在接头处若处理不好，反而会变得很生硬，还有不停地变线宽也会使操作变得麻烦，所以不建议这么做。电子签名做好后不仅能在CAD中用，也可插入Word等其他软件中使用。

 本页主要练习CAD绘图中一些实用命令。

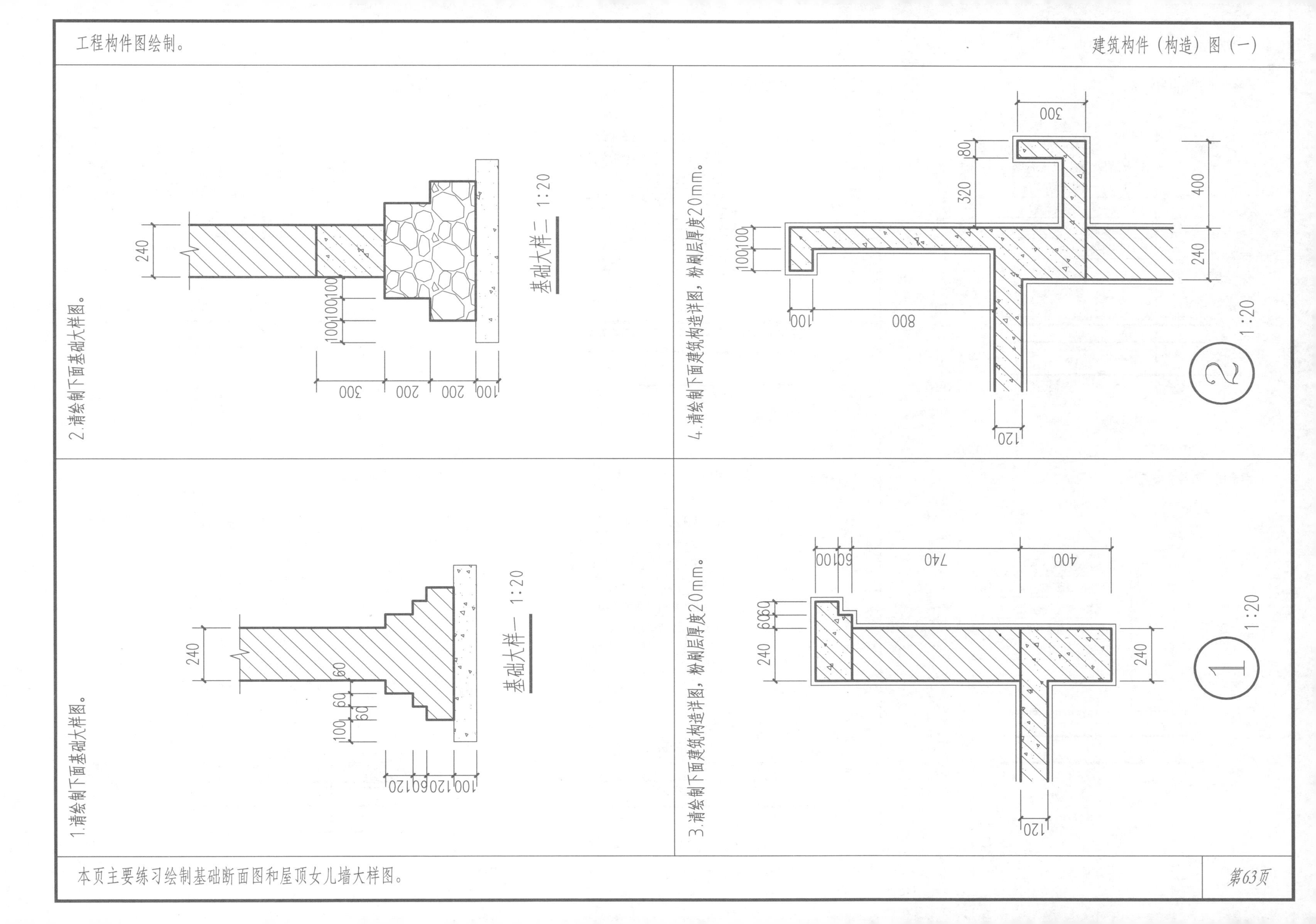

本页主要练习绘制基础断面图和屋顶女儿墙大样图。

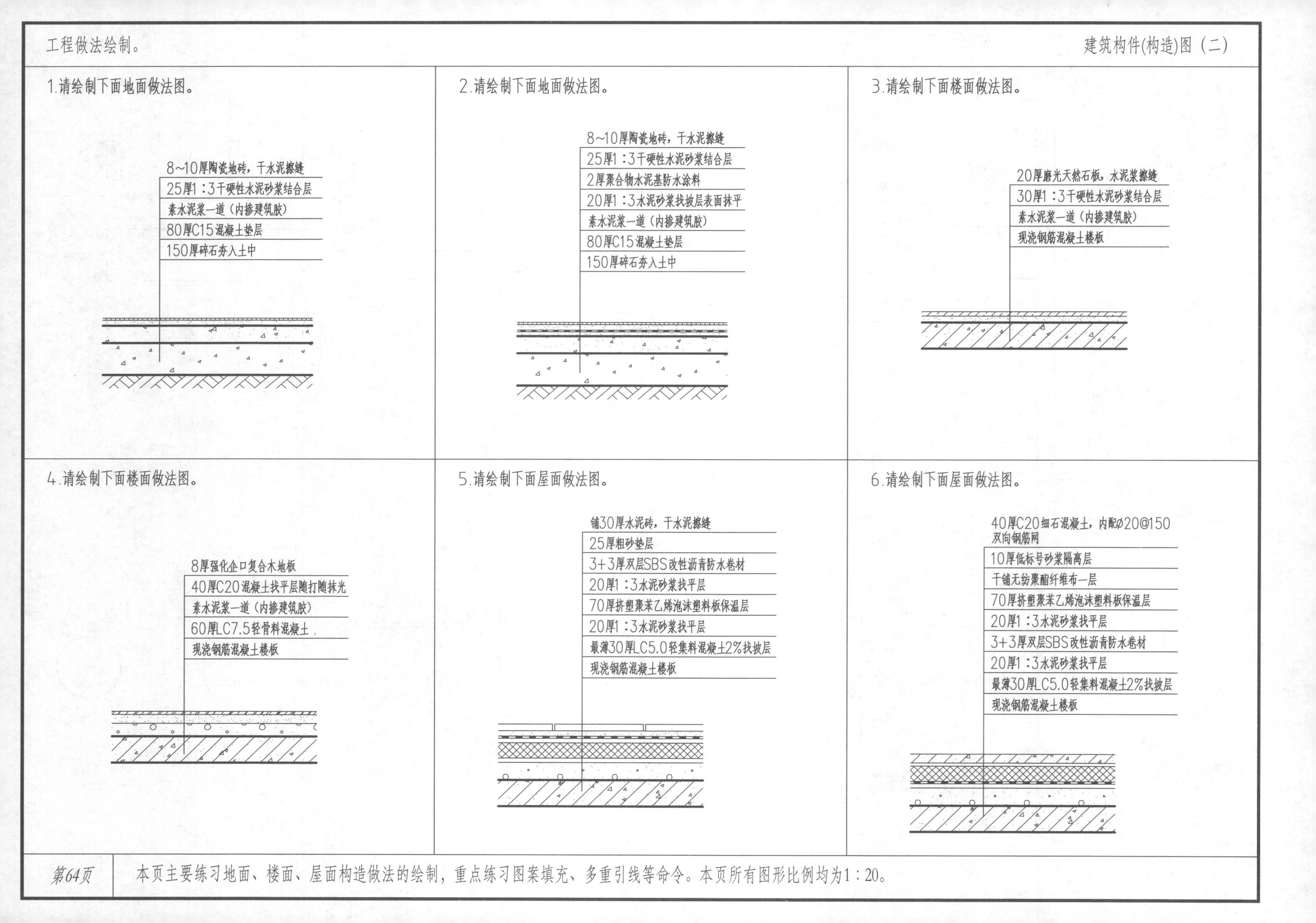

本页主要练习地面、楼面、屋面构造做法的绘制，重点练习图案填充、多重引线等命令。本页所有图形比例均为1:20。

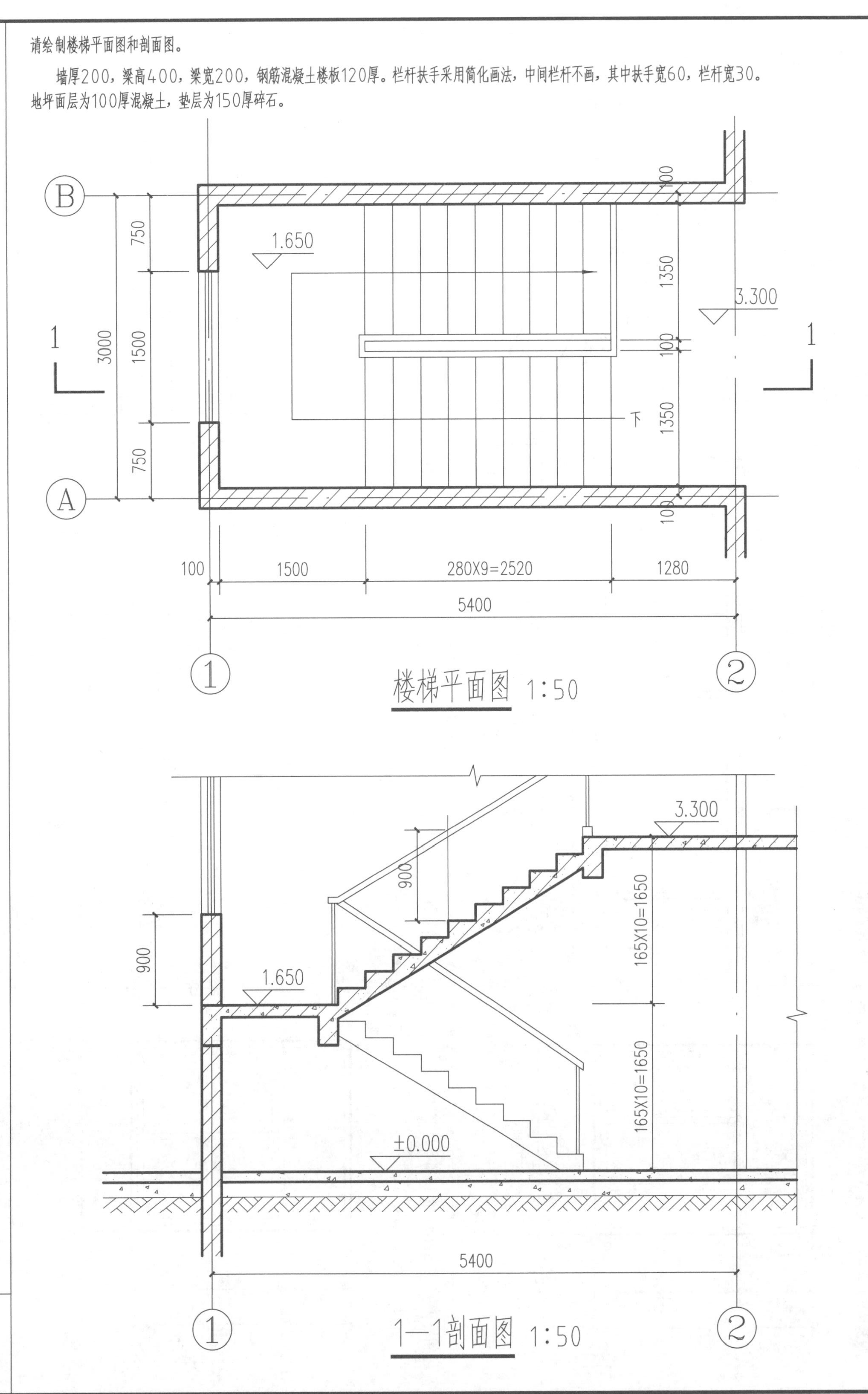

本页练习绘制楼梯详图，包括平面图和剖面图，比例为1：50。

1.请绘制窗户立面图，比例1：40。

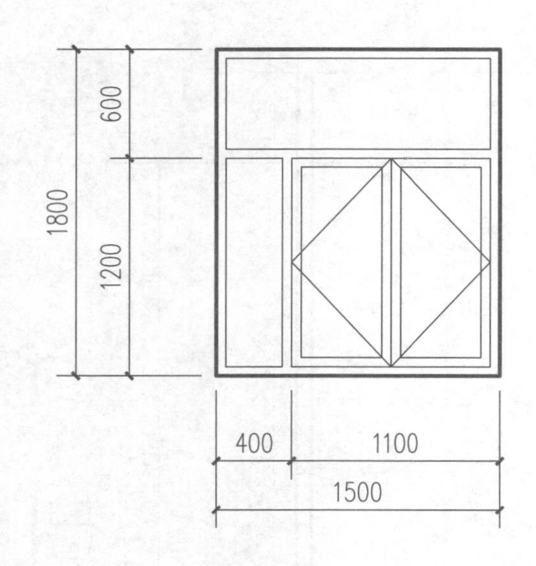

3.请绘制栏杆立面图，比例1：20。

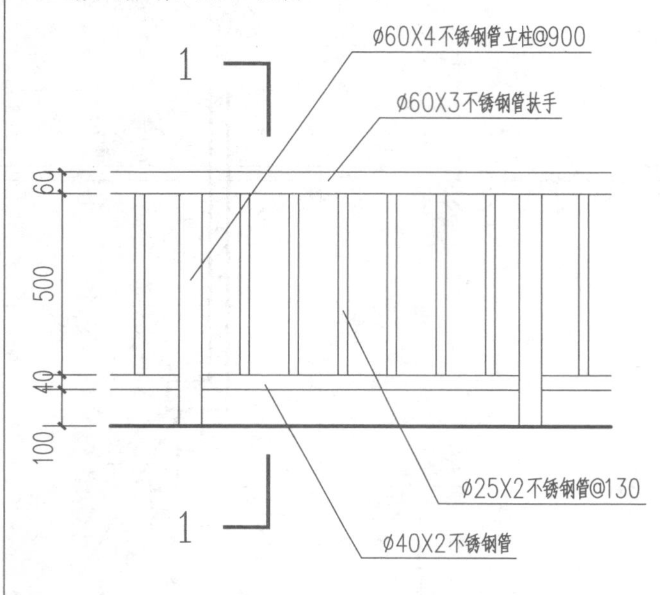

5.请绘制台阶构造图，比例1：20。

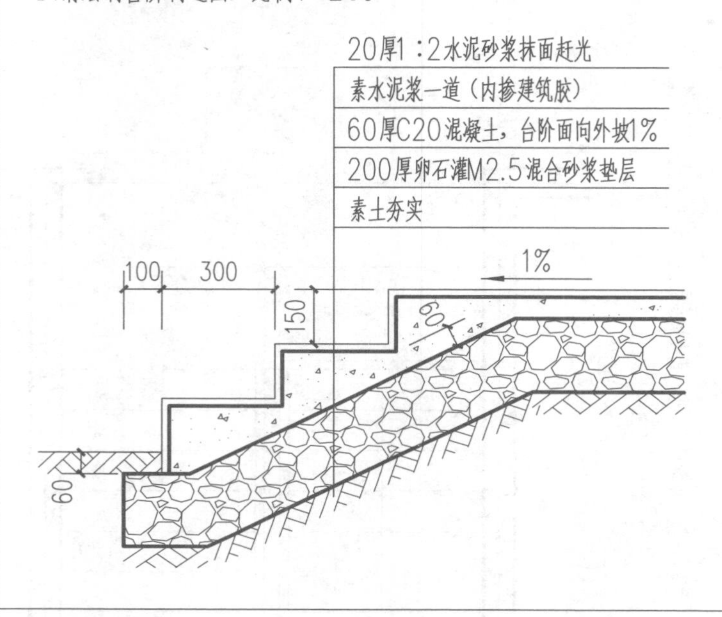

2.请绘制窗户立面图，比例1：40。

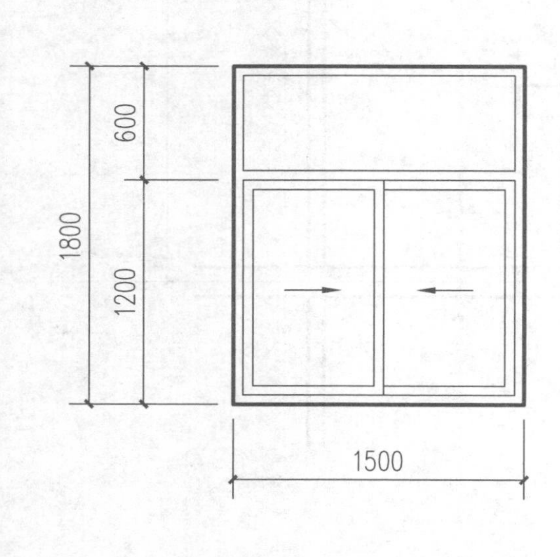

4.请绘制1—1剖面图，比例1：10。

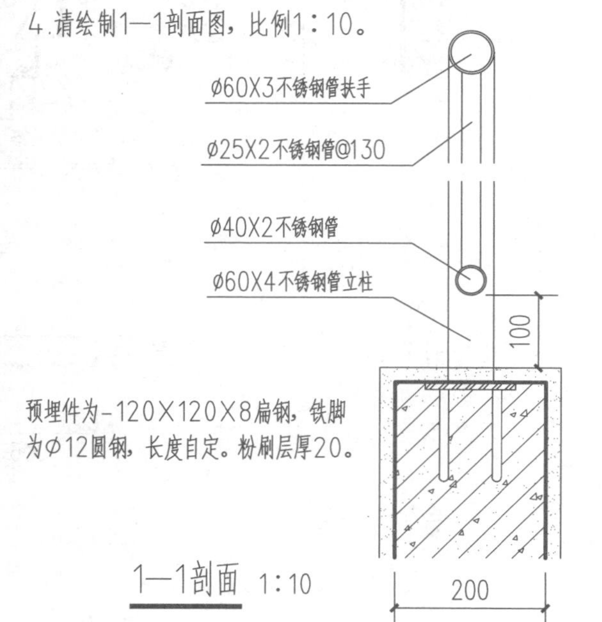

6.请绘制散水构造图，比例1：20。

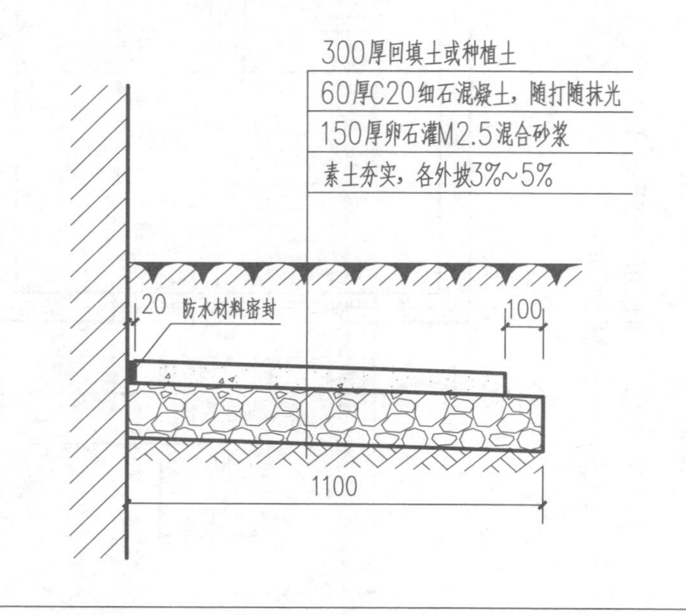

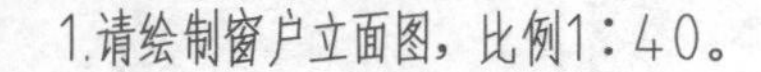

本页练习用CAD绘制建筑构件详图，注意比例的变化。

请绘制下面6个梁断面图，钢筋保护层取30mm，比例均为1：20。

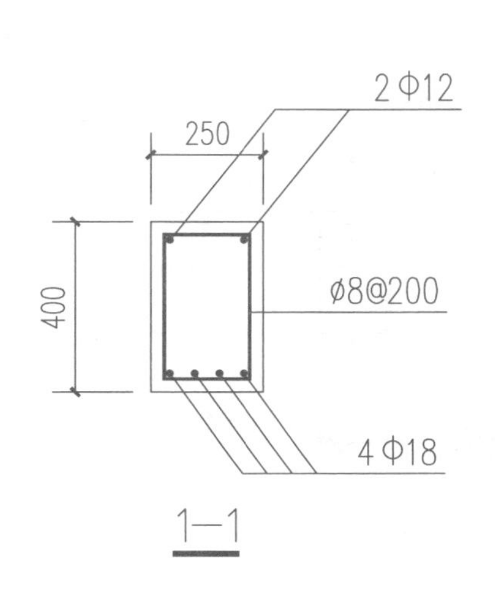

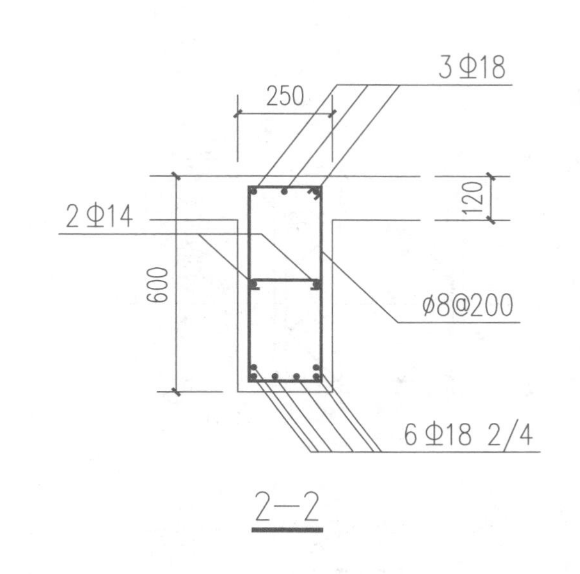

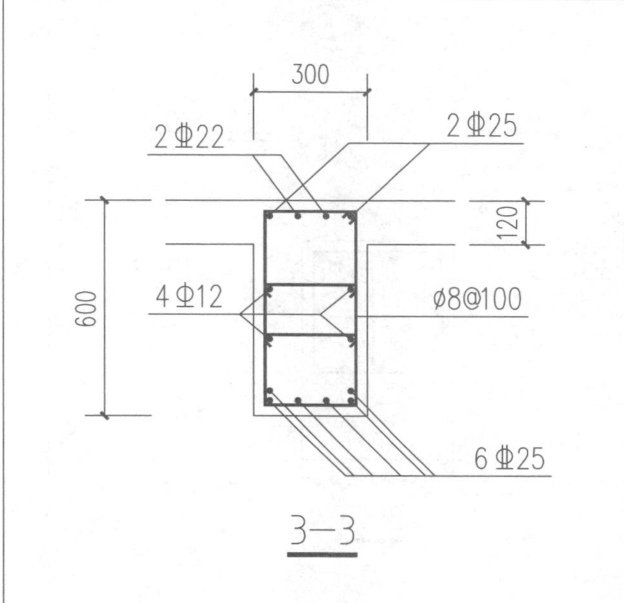

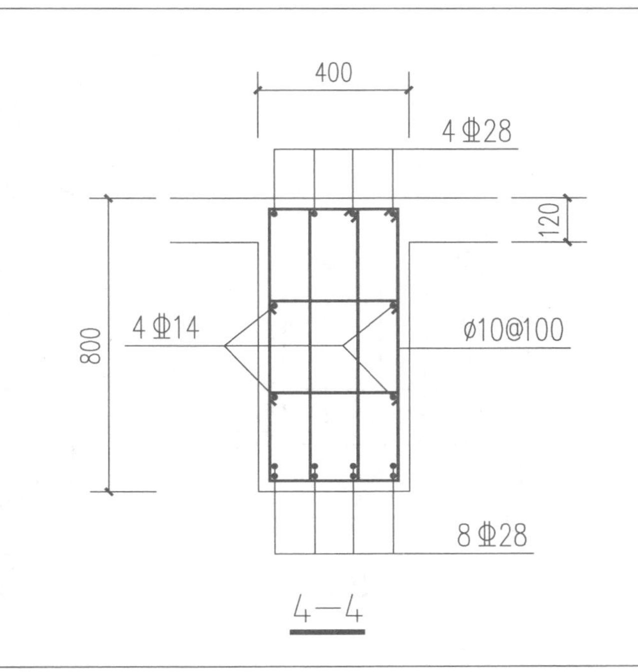

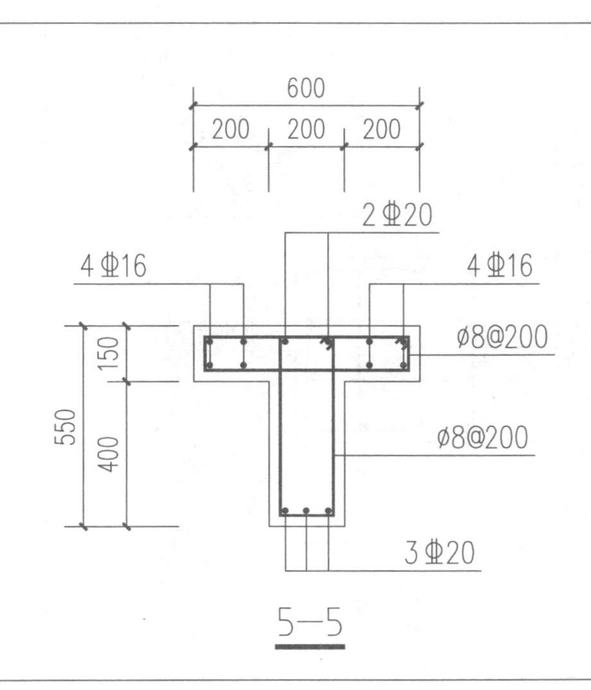

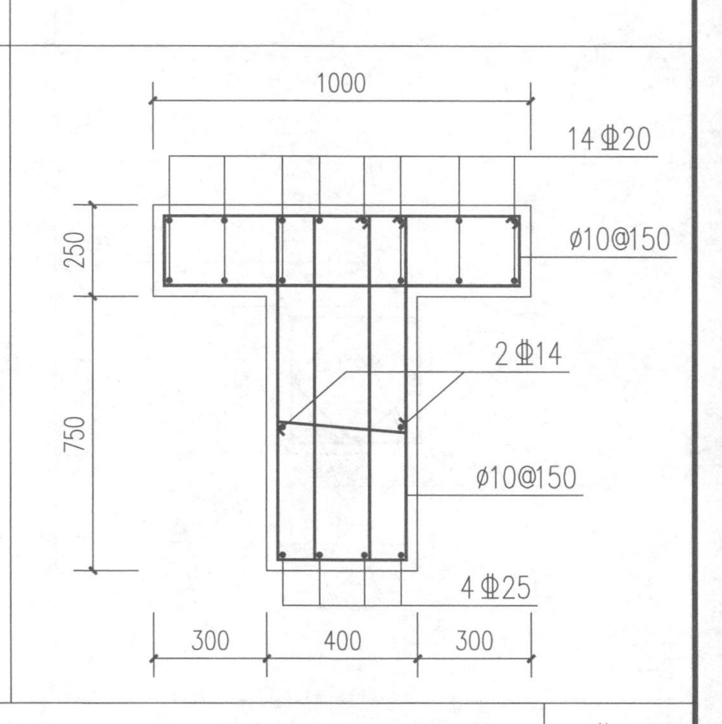

钢筋用多段线绘制，宽度可设0.4~0.6mm，钢筋断面小圆点直径可设0.6~0.8mm。

请绘制下面6个柱断面图，钢筋保护层取30mm，比例均为1：20。

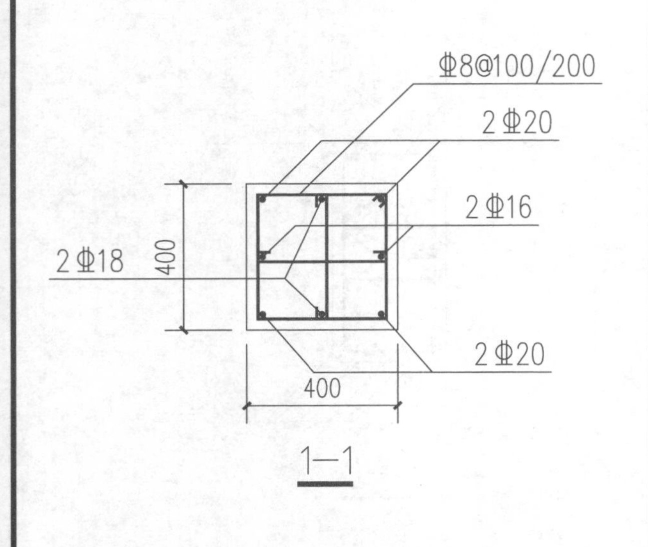

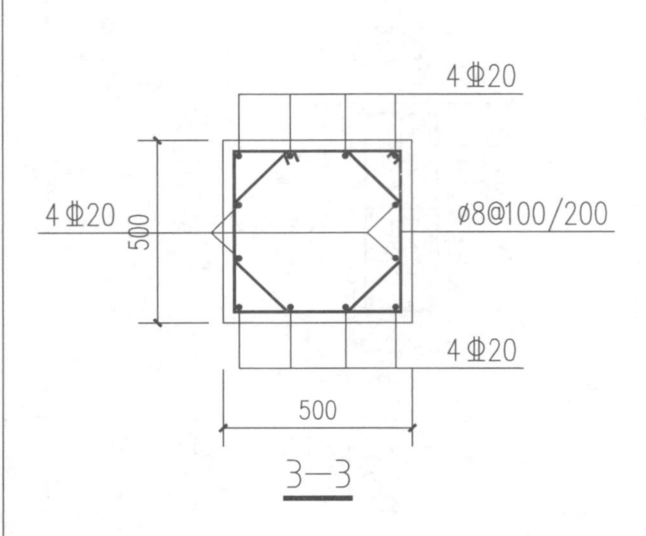

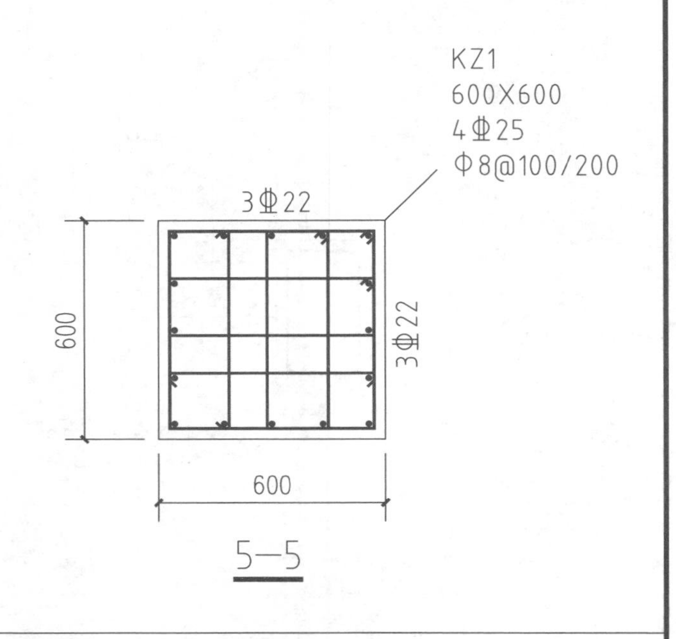

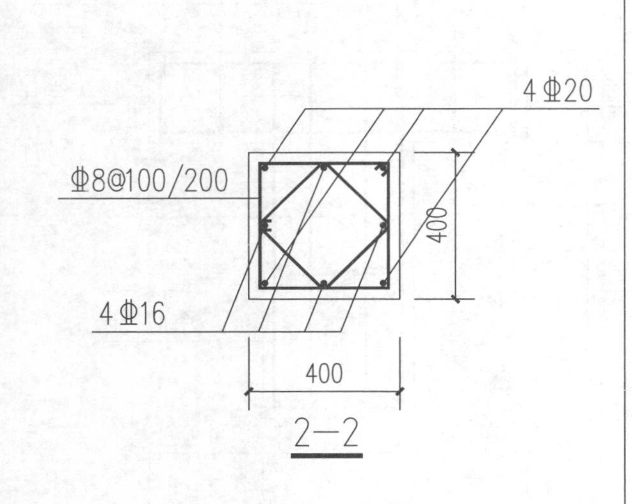

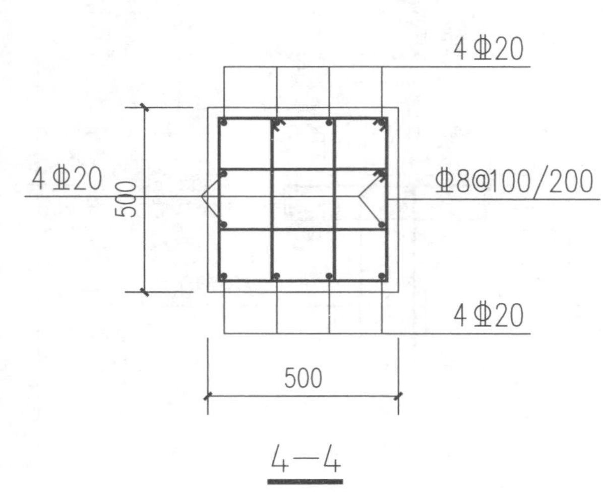

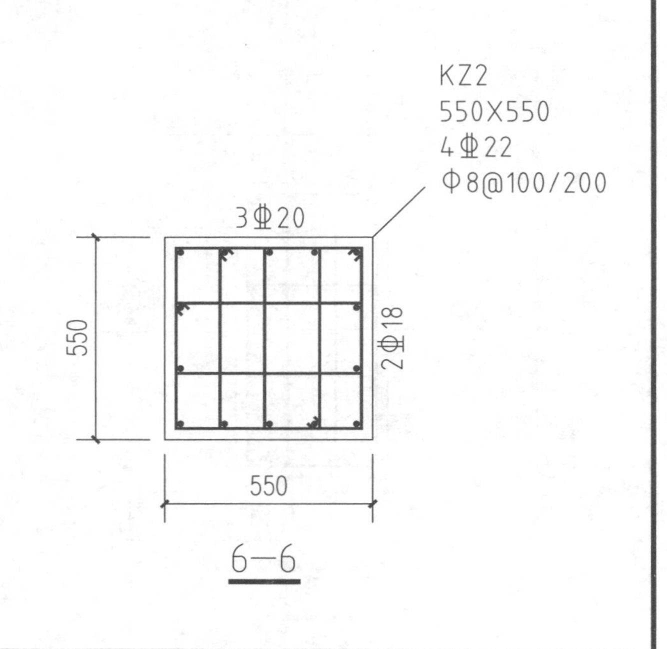

钢筋用多段线绘制，宽度可设0.4~0.6mm，钢筋断面小圆点直径可设0.6~0.8mm。

1.请绘制基础平面图和断面图，钢筋保护层厚度取50mm，比例1：50。

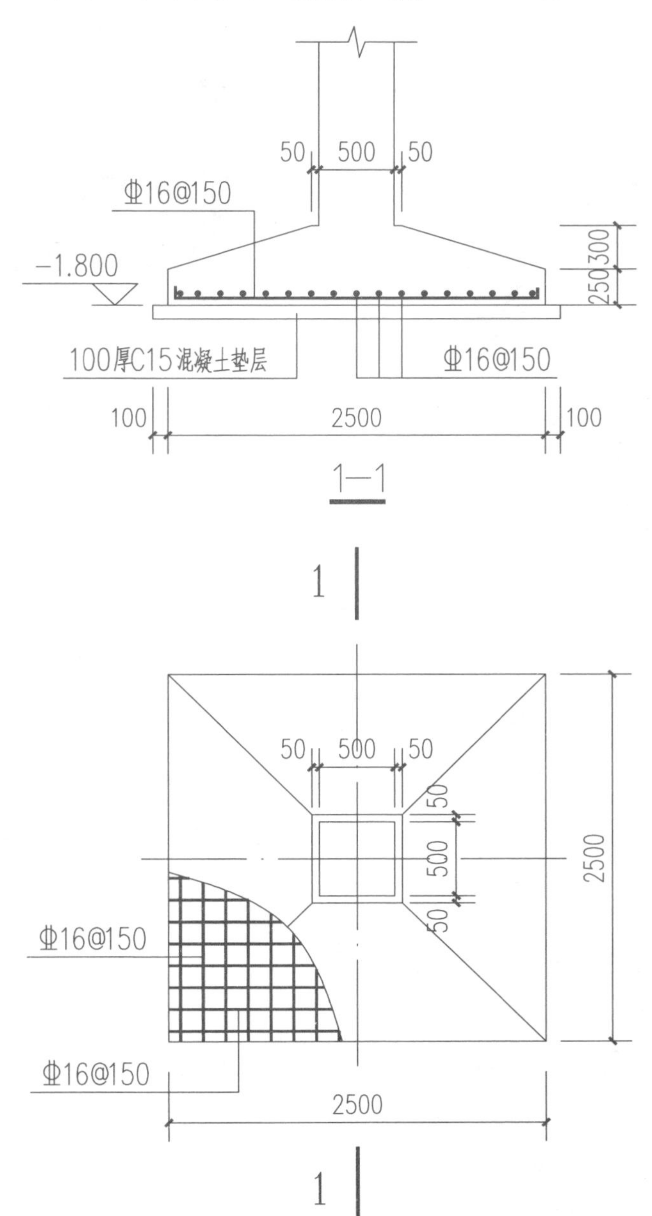

2.请绘制梁立面图和断面图，立面图比例1：30，断面图比例1：20。钢筋保护层厚度取30mm。

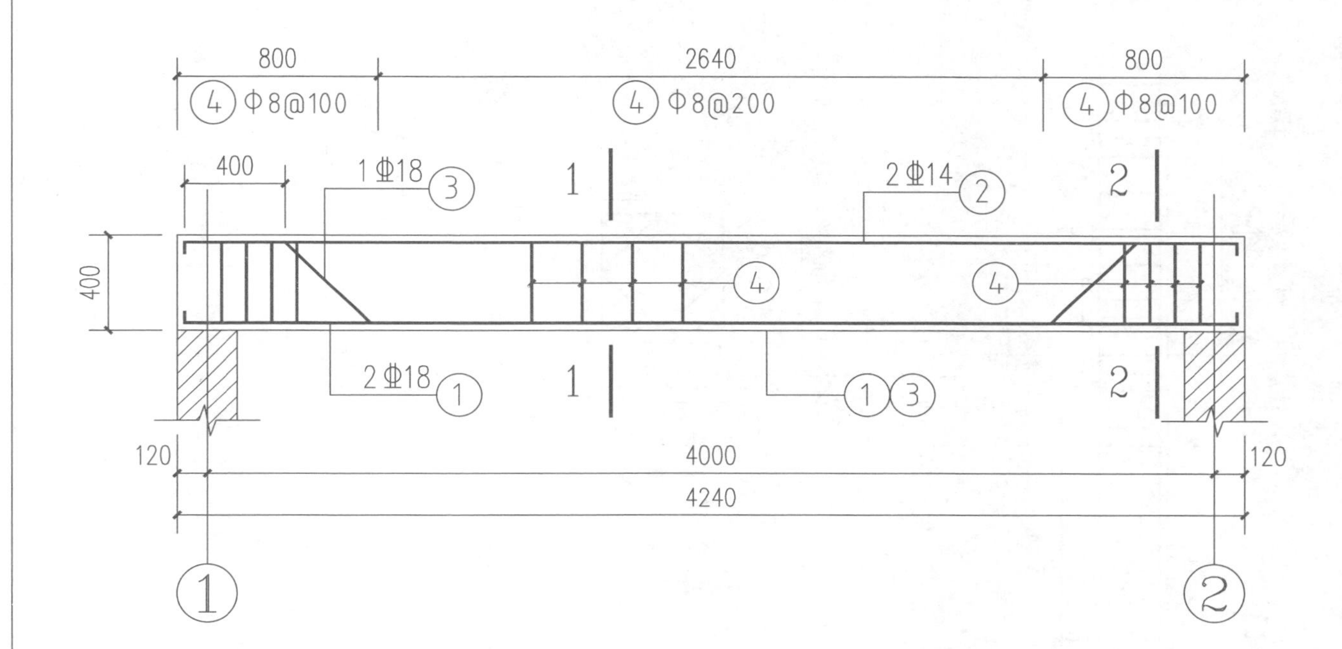

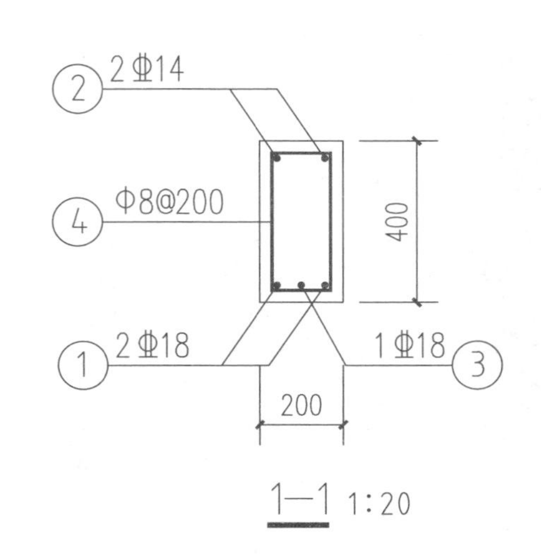

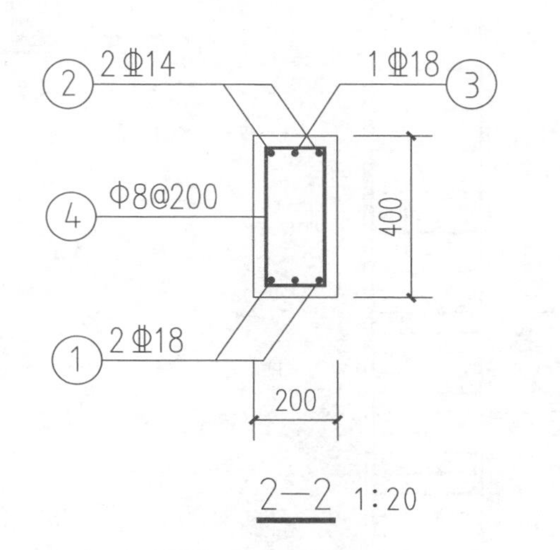

钢筋用多段线绘制，宽度可设0.4~0.6mm，钢筋断面小圆点直径可设0.6~0.8mm。

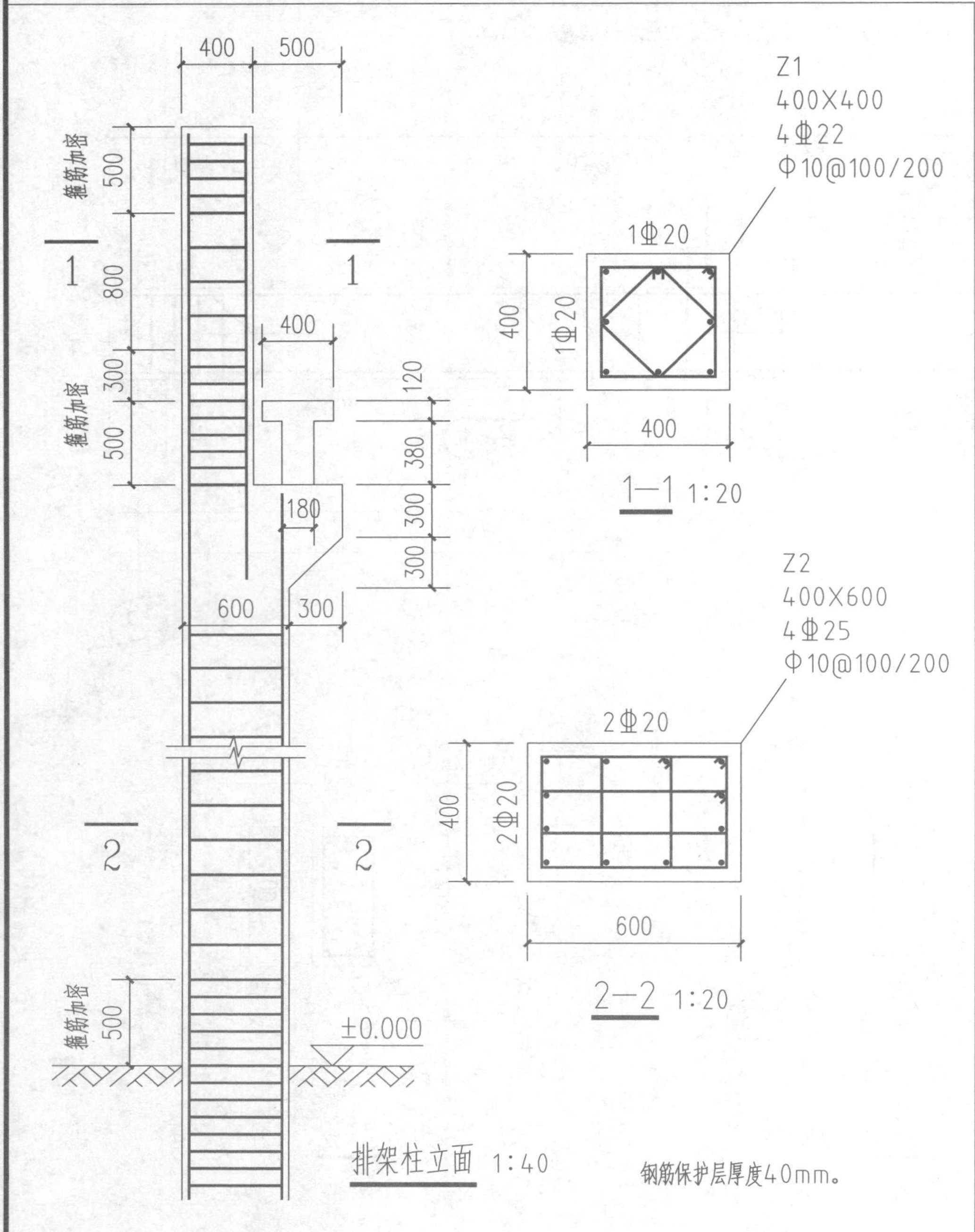

排架柱立面 1:40

钢筋保护层厚度40mm。

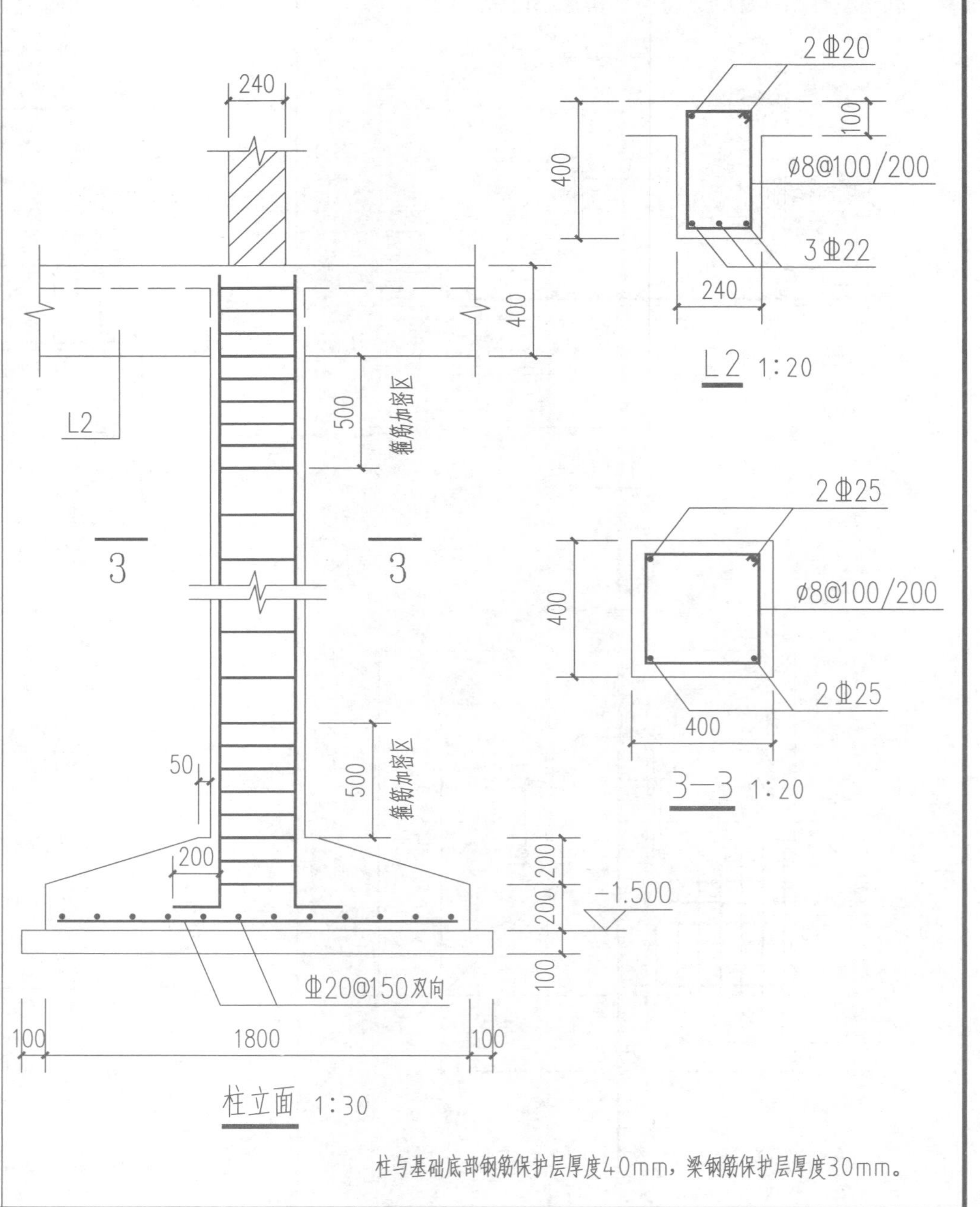

柱立面 1:30

柱与基础底部钢筋保护层厚度40mm，梁钢筋保护层厚度30mm。

钢筋用多段线绘制，宽度可设0.4~0.6mm，钢筋断面小圆点直径可设0.6~0.8mm。

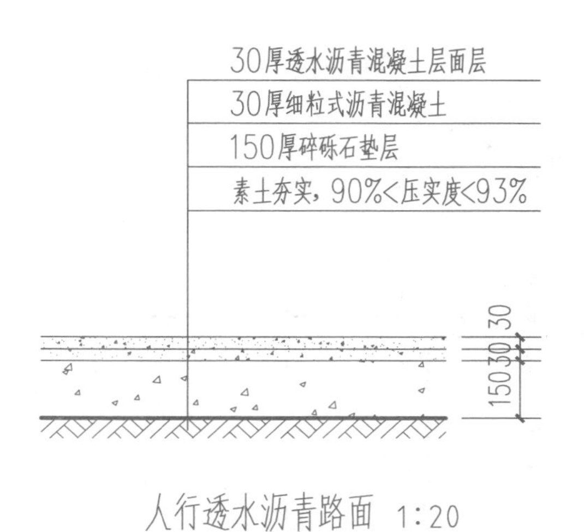

人行透水沥青路面 1:20

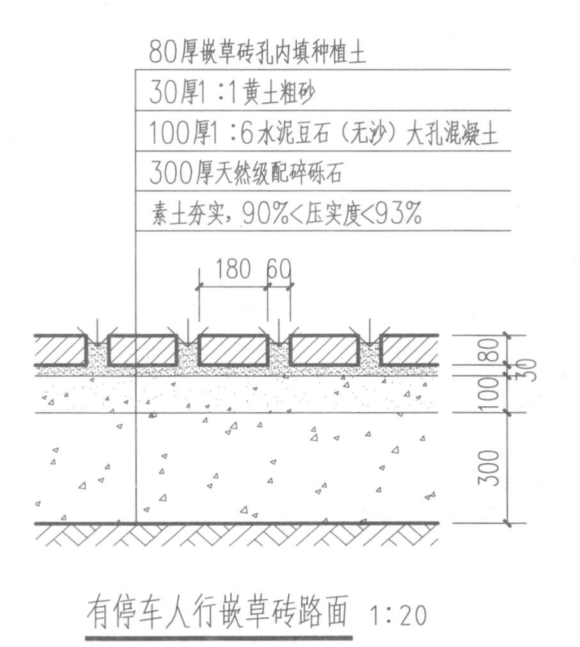

有停车人行嵌草砖路面 1:20

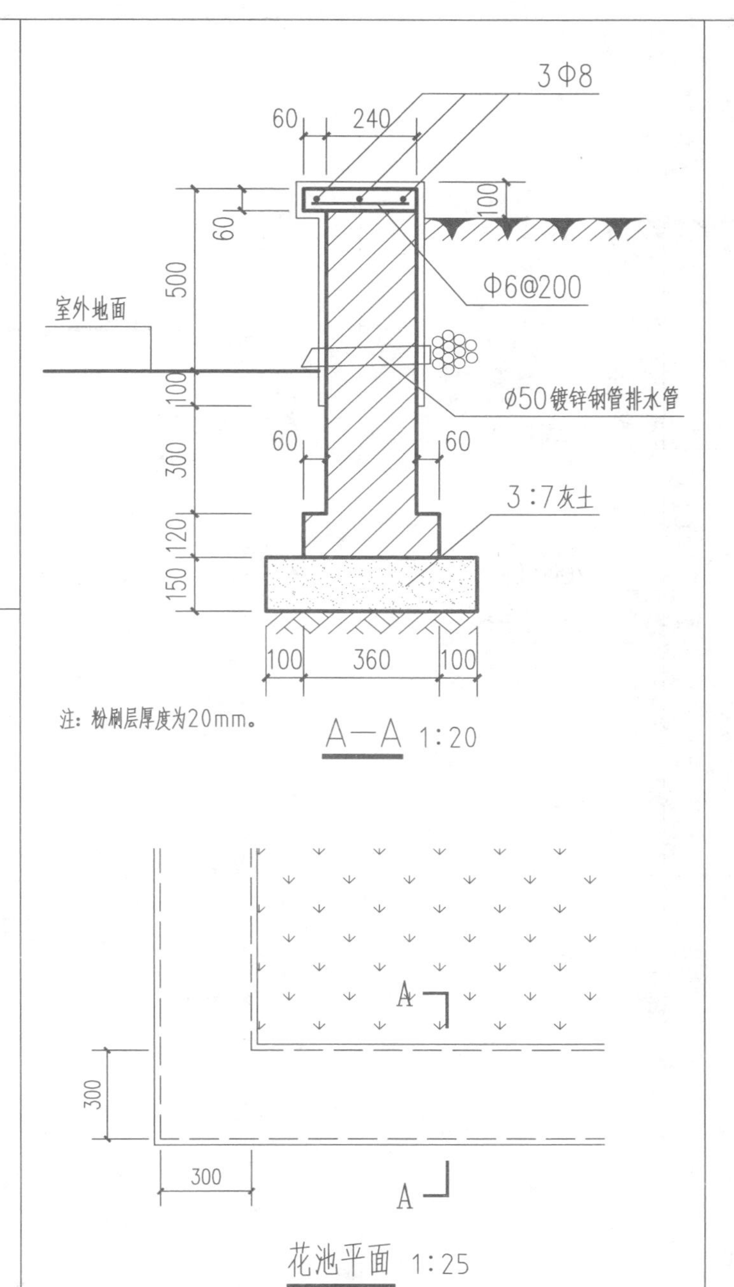

A—A 1:20

花池平面 1:25

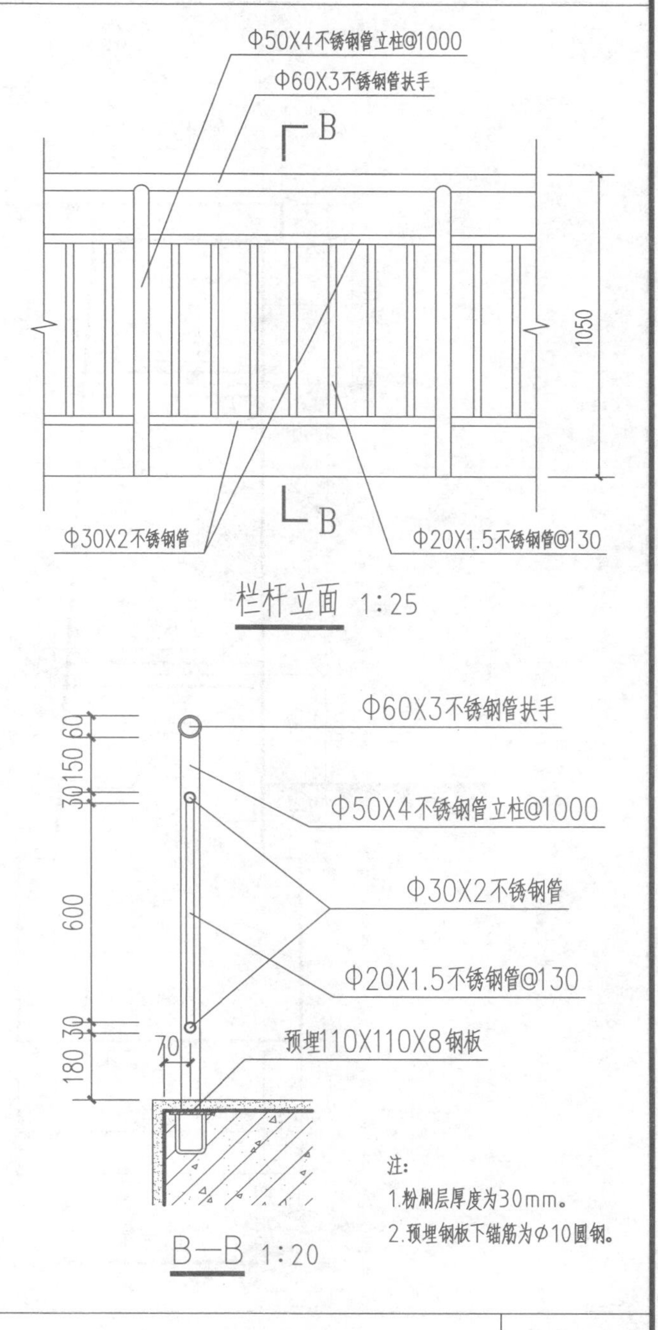

栏杆立面 1:25

B—B 1:20

本页主要练习路面、花池及栏杆的画法。

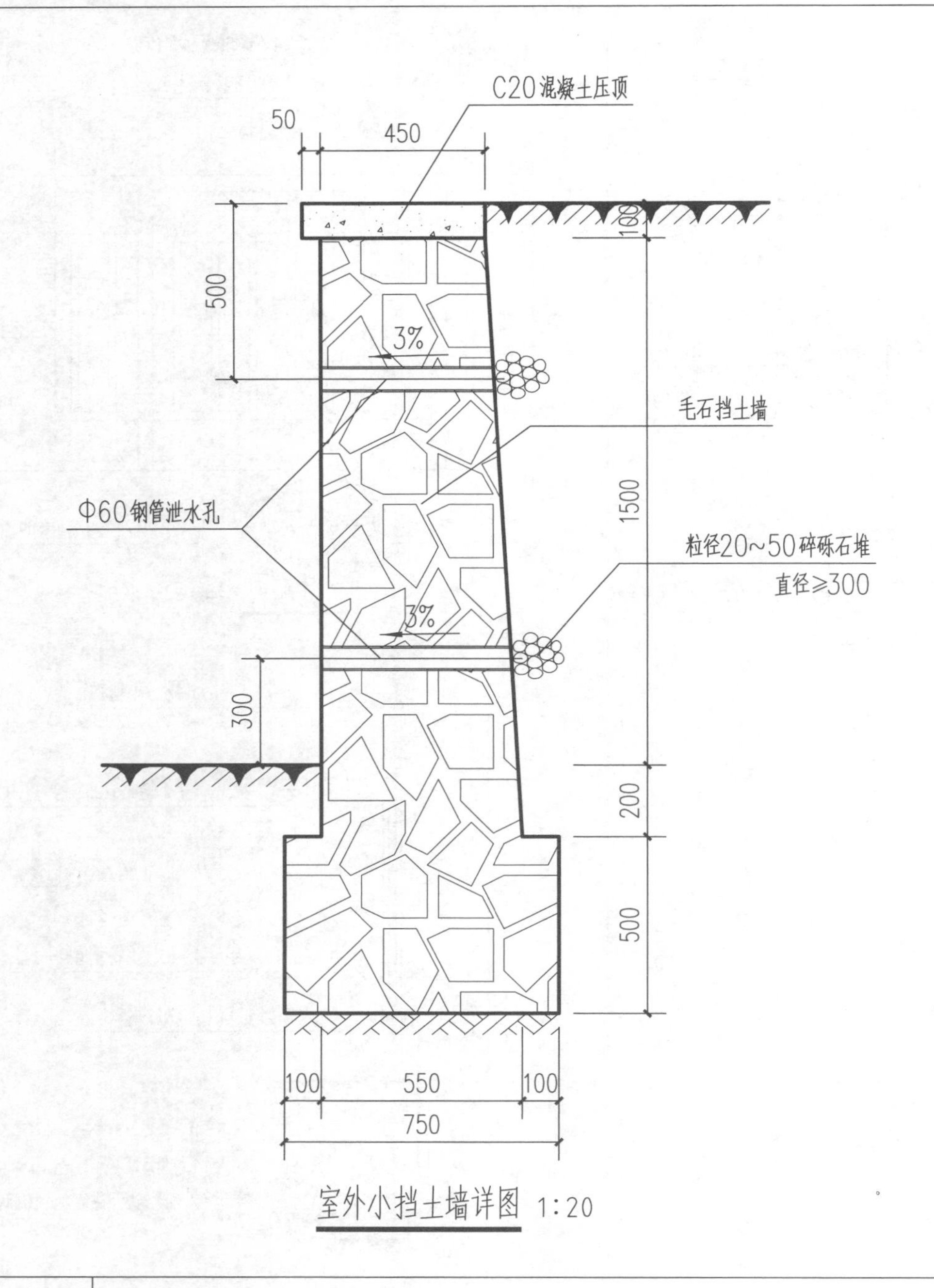

室外小挡土墙详图 1:20

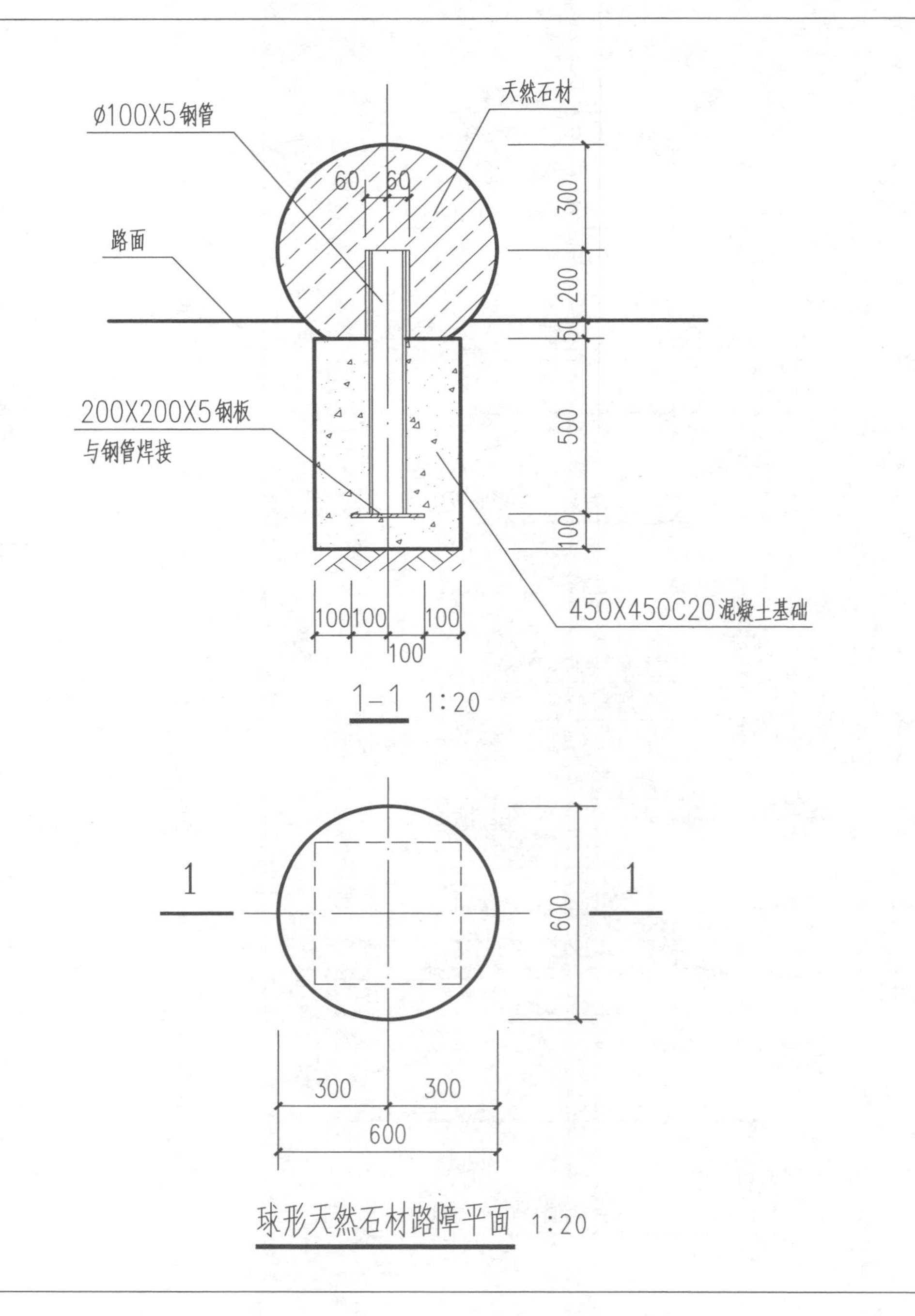

1-1 1:20

球形天然石材路障平面 1:20

本页主要练习挡土墙和路障的画法。

请绘制下面水利构造图，比例均为1：100。

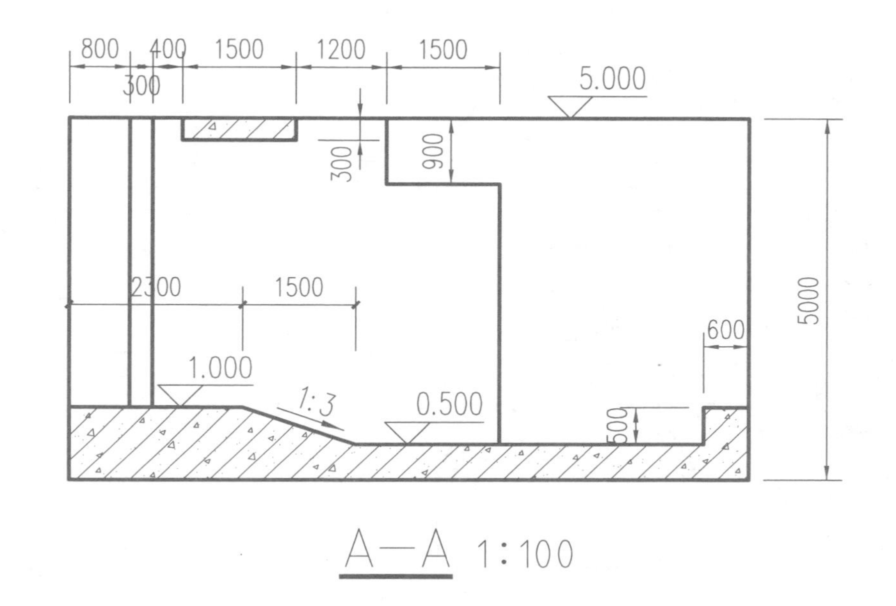

A—A 1:100

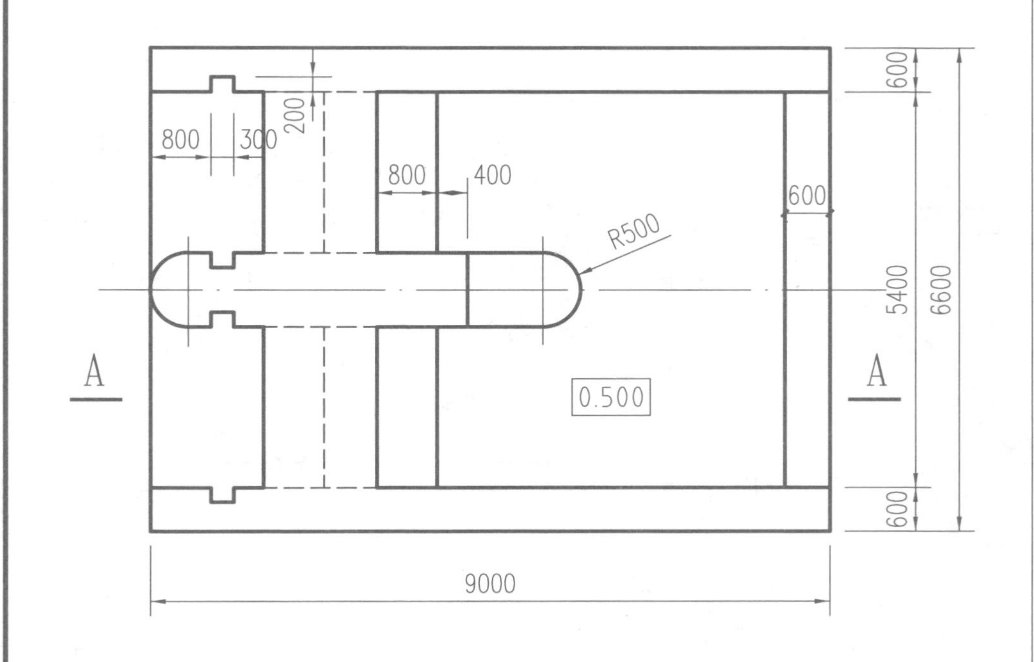

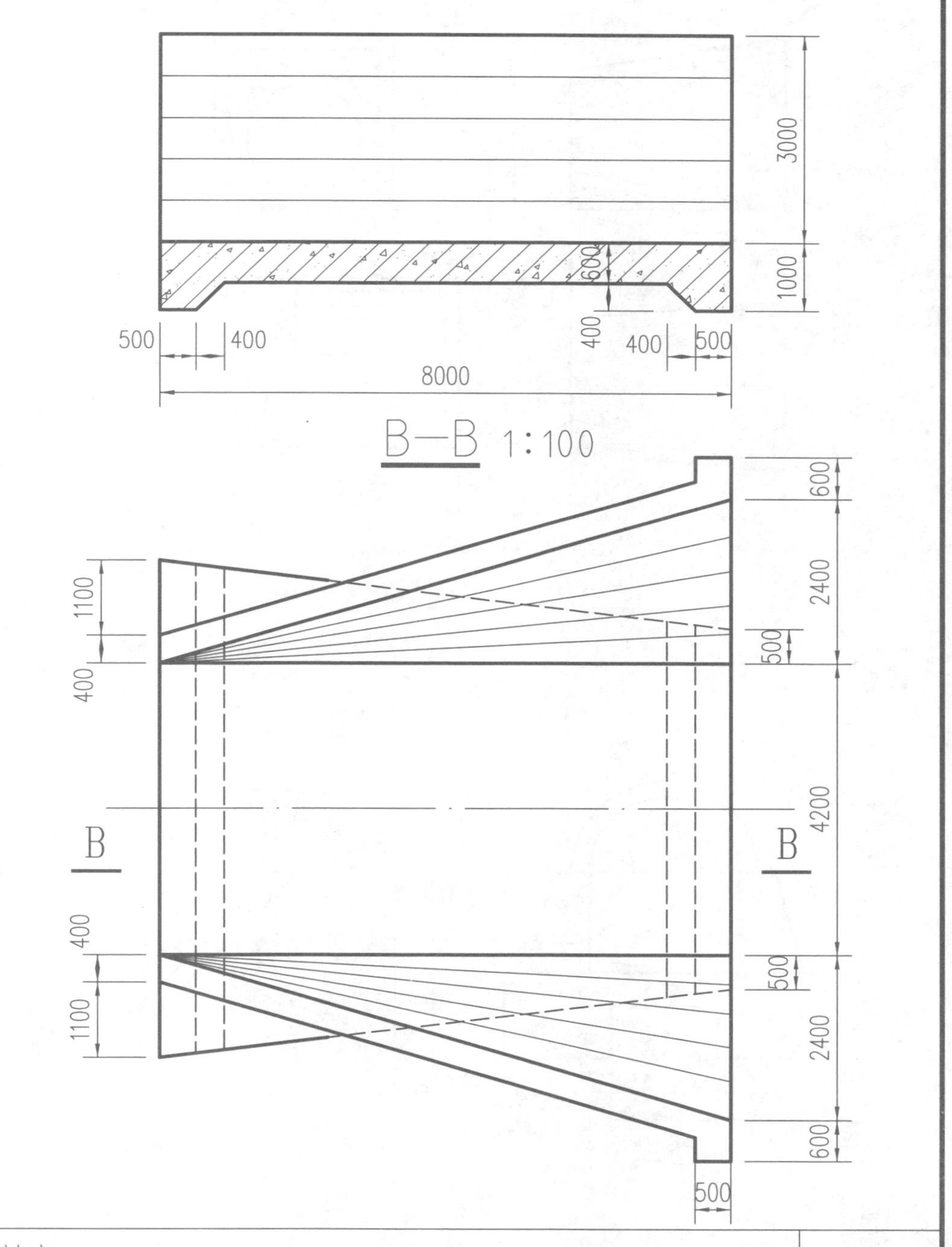

B—B 1:100

本页主要练习水利工程构件画法，注意水利图尺寸标注符号和建筑图略有不同，用箭头而不是用斜短杠。

请绘制下面水利构造图，比例除注明外均为1：100。

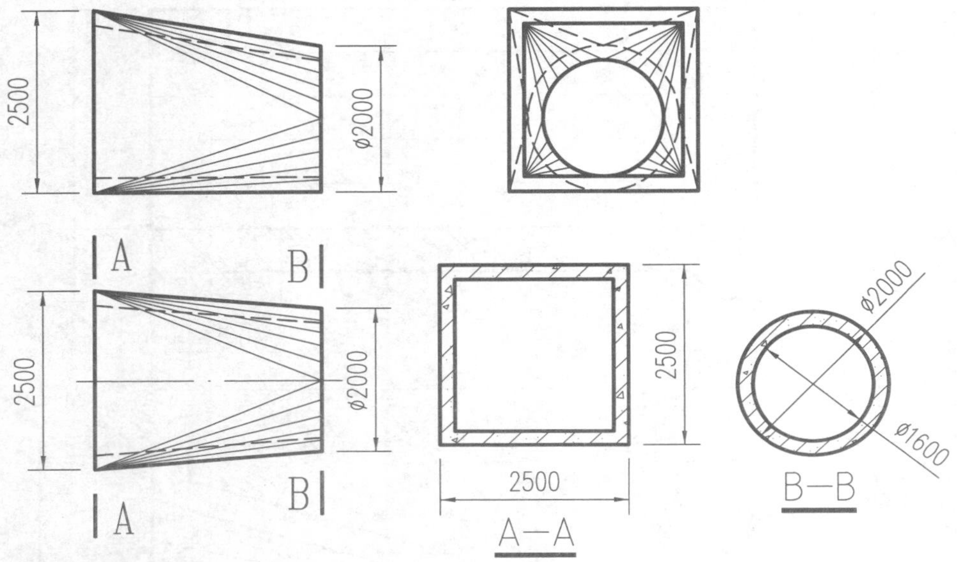

方圆渐变管道，壁厚200mm。

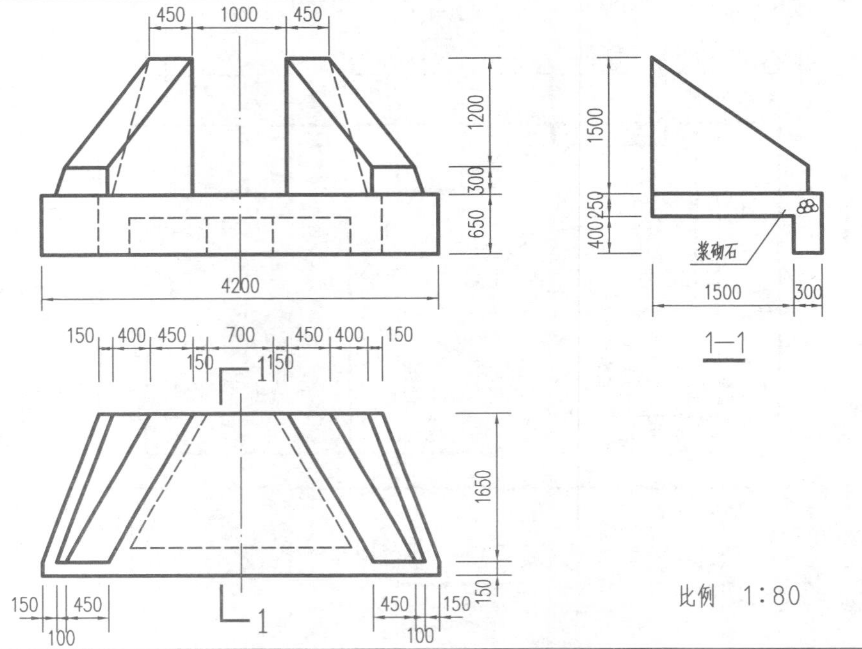

比例 1:80

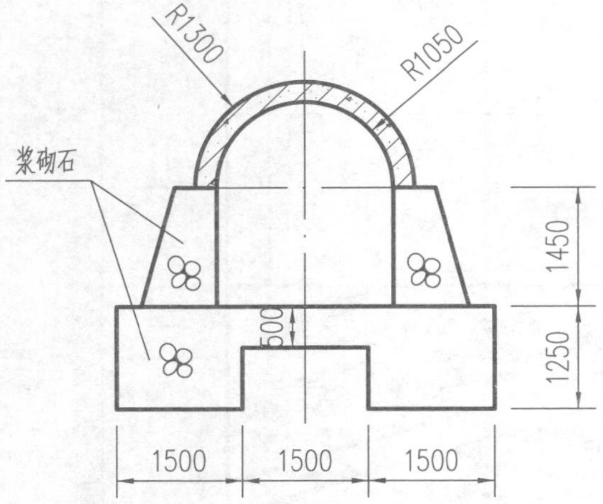

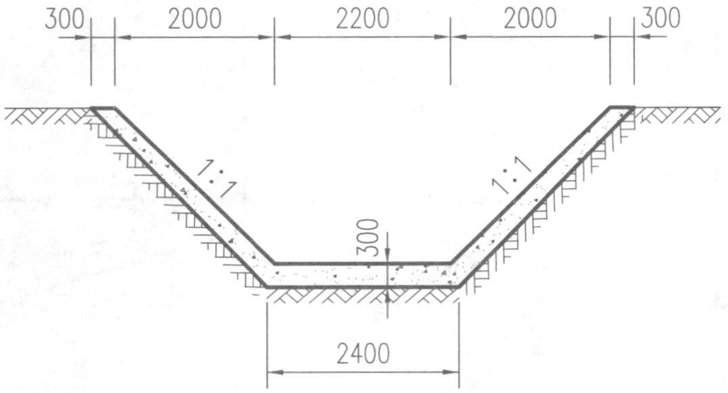

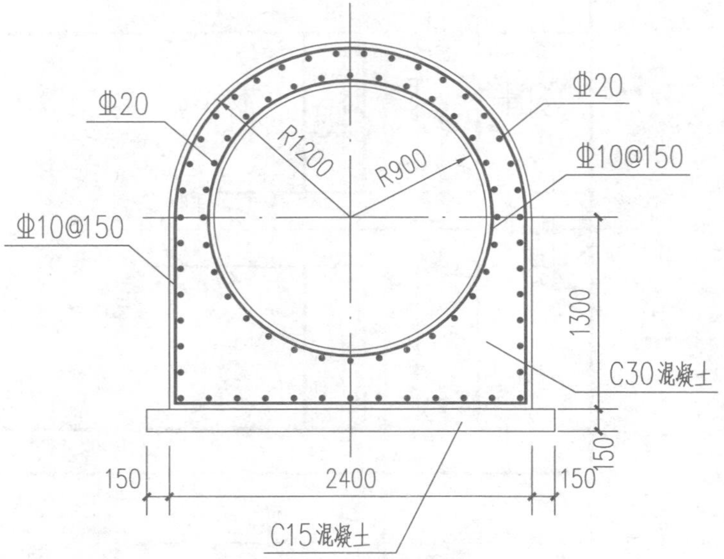

比例 1:50

本页主要练习水利工程构件画法，注意水利图尺寸标注符号和建筑图略有不同，用箭头而不是用斜短杠。

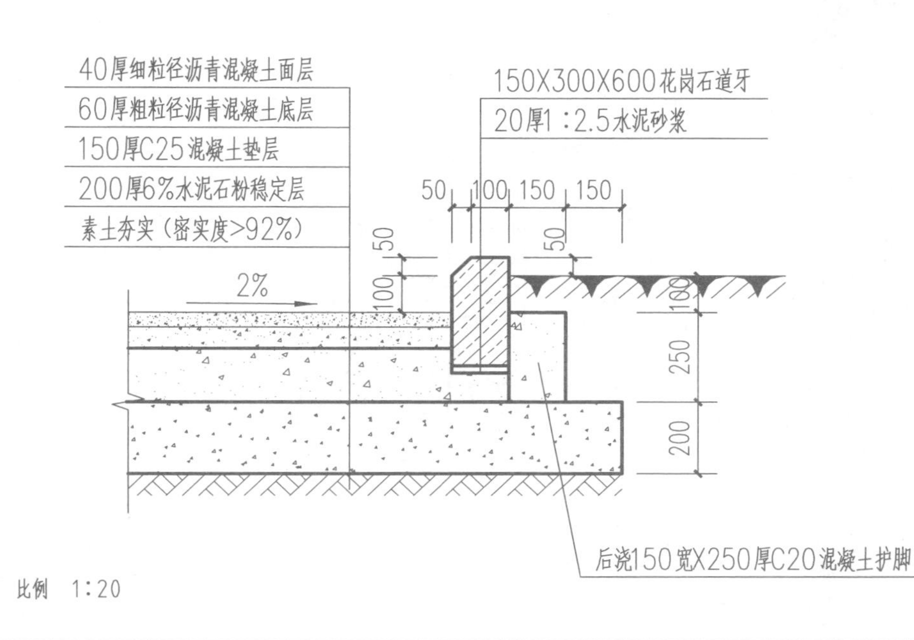
40厚细粒径沥青混凝土面层
60厚粗粒径沥青混凝土底层
150厚C25混凝土垫层
200厚6%水泥石粉稳定层
素土夯实（密实度>92%）
150X300X600花岗石道牙
20厚1：2.5水泥砂浆
2%
后浇150宽X250厚C20混凝土护脚
比例 1：20

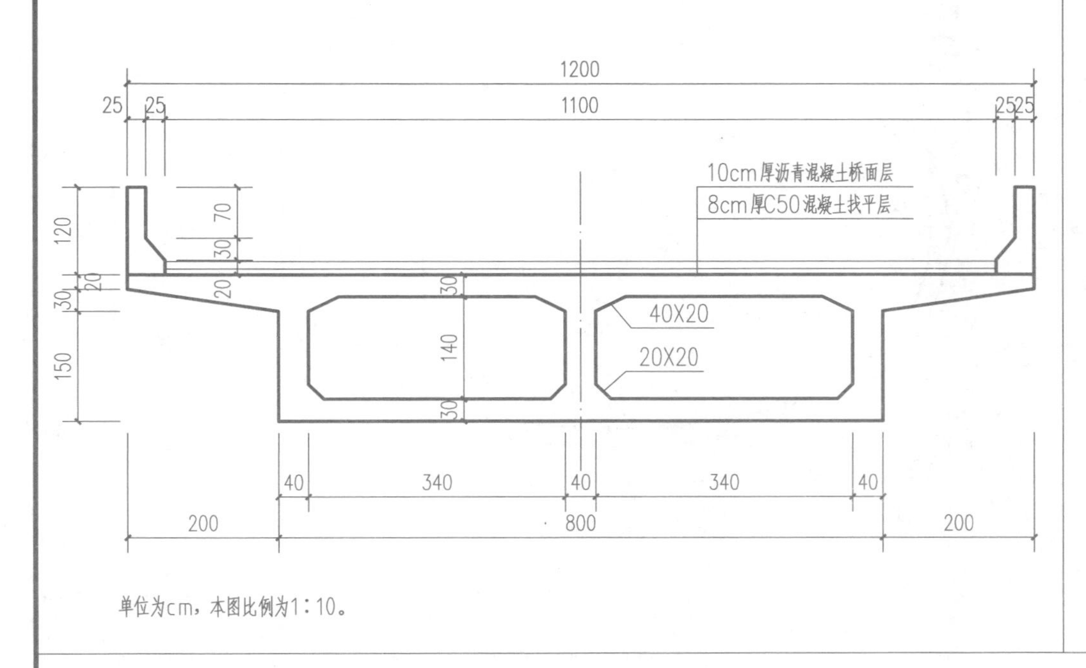
10cm厚沥青混凝土桥面层
8cm厚C50混凝土找平层
40X20
20X20
单位为cm，本图比例为1：10。

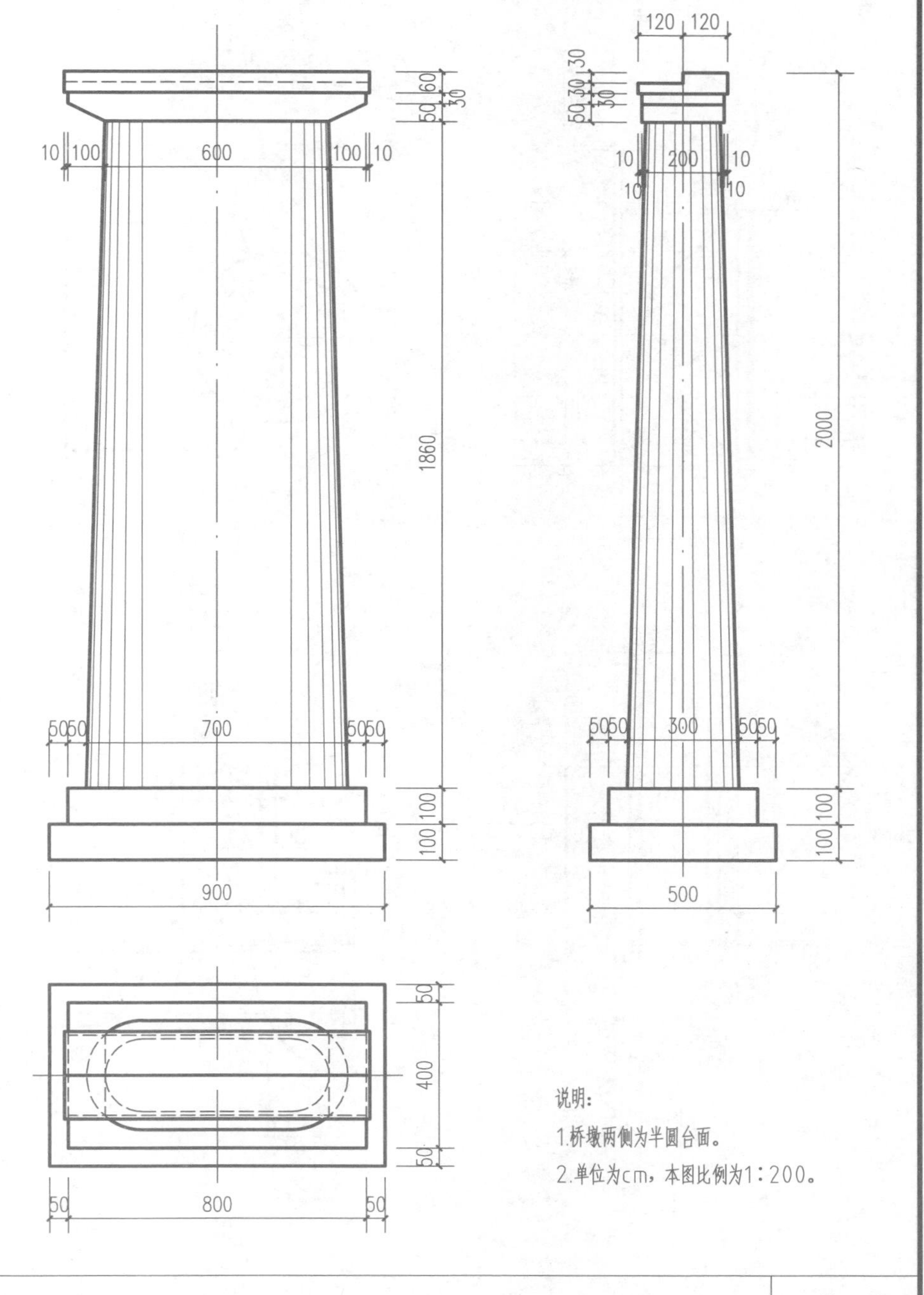
说明：
1.桥墩两侧为半圆台面。
2.单位为cm，本图比例为1：200。

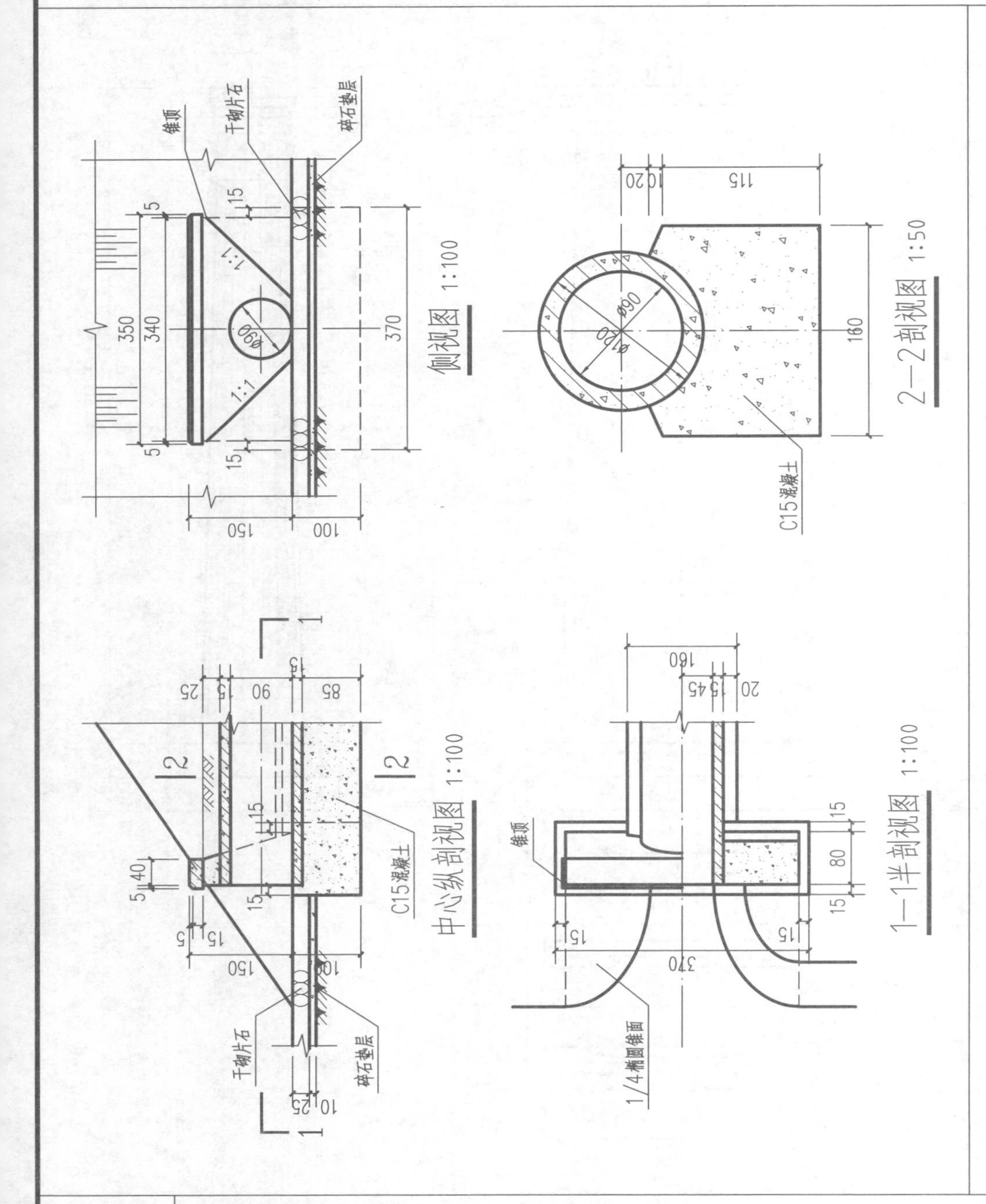

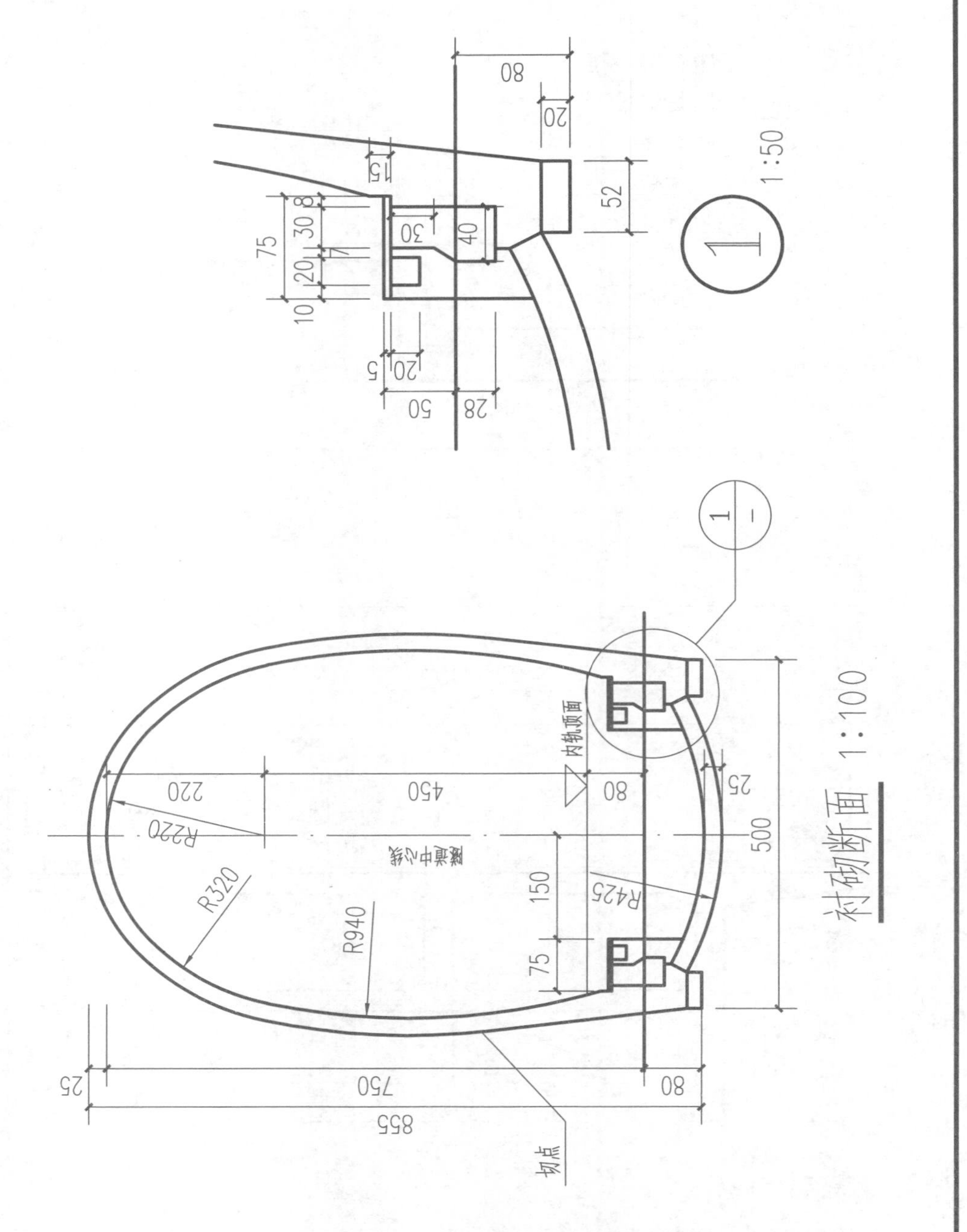

本页主要练习路桥相关构件的画法，图中尺寸单位均为cm。

1.请绘制下面电视背景墙立面图，比例1:40。

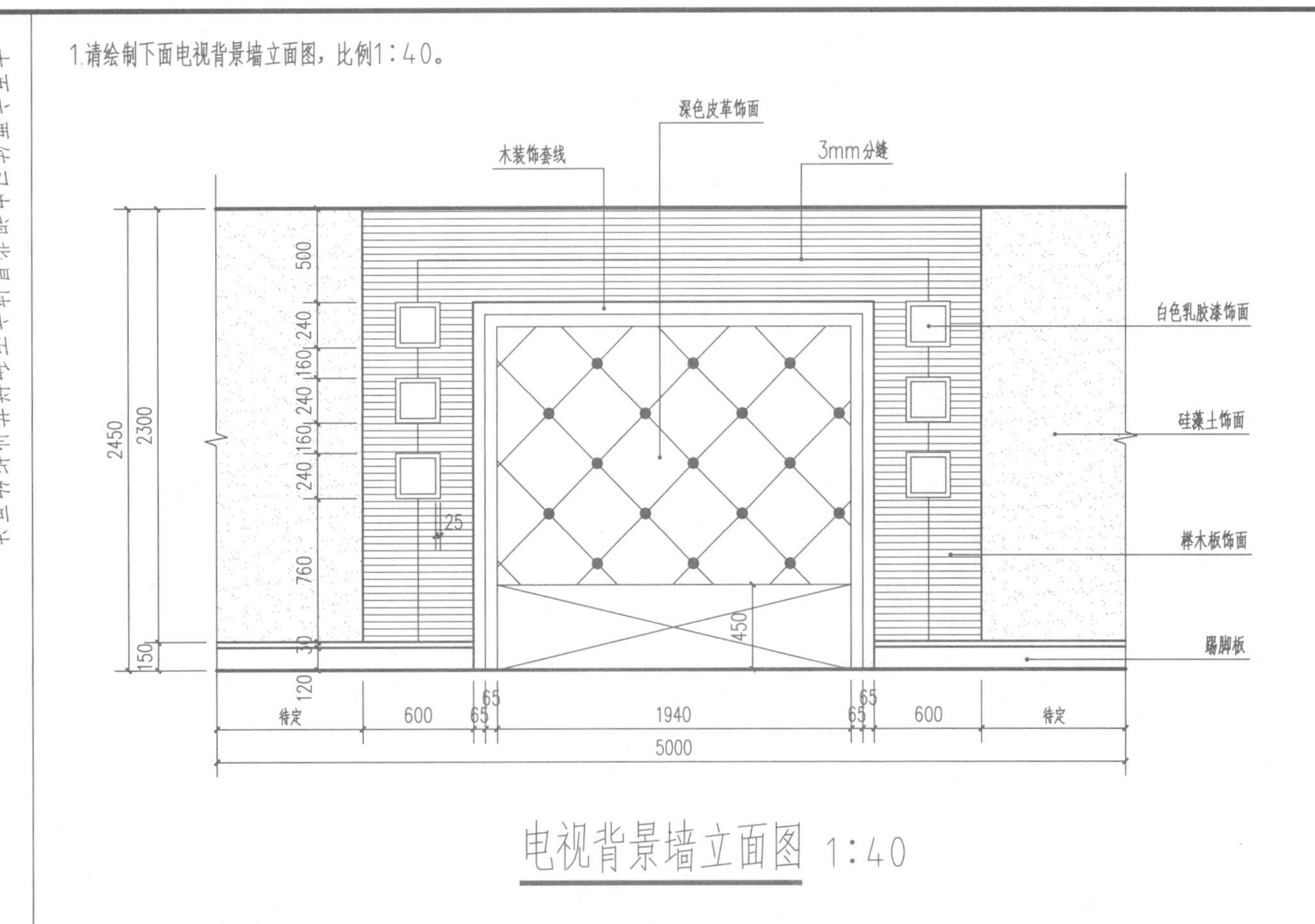

2.请绘制下面拼花地板，比例1:30。

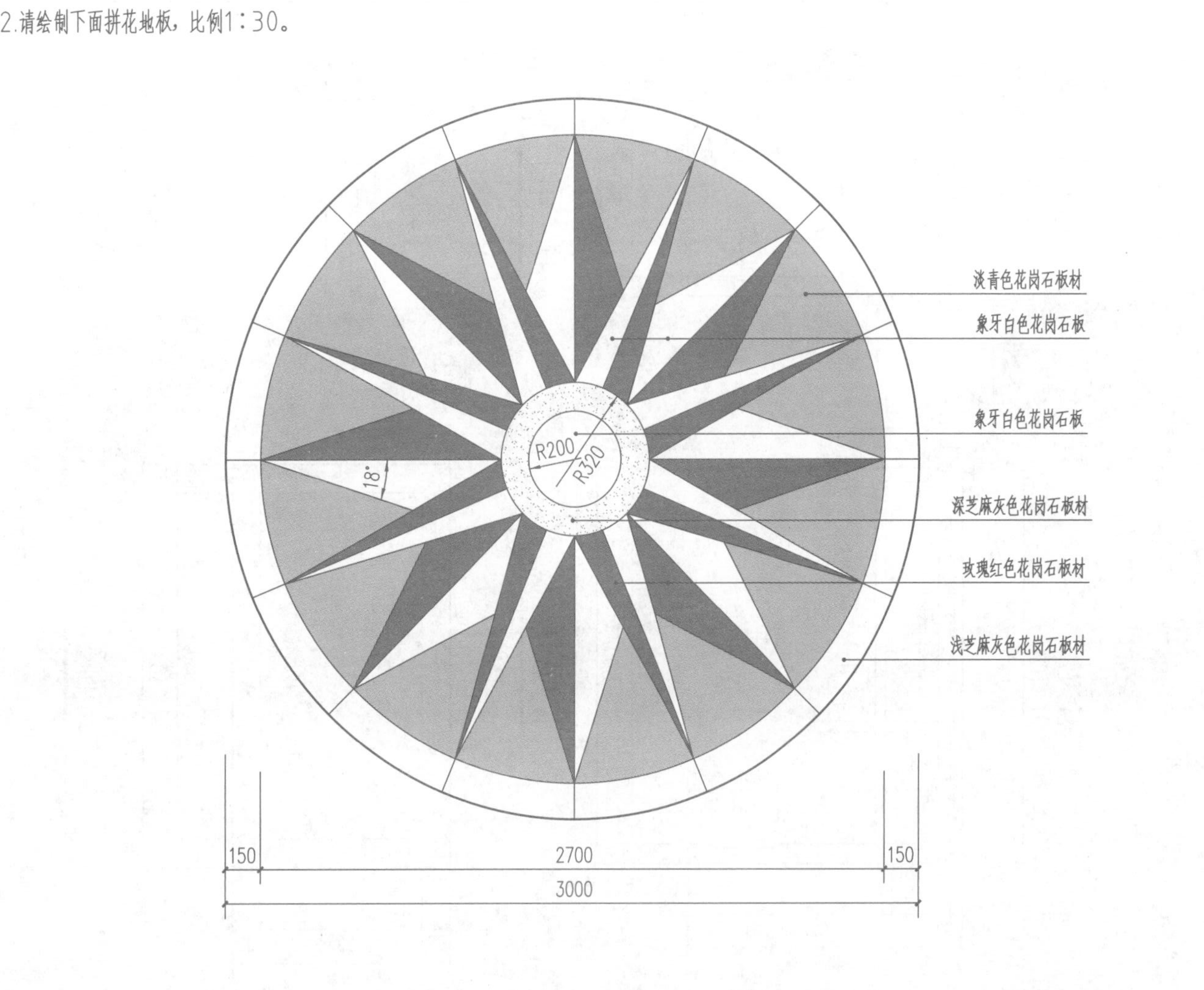

本页主要练习电视背景墙立面和拼花地板的画法。

1.请绘制下面桌子三视图，比例1:20。

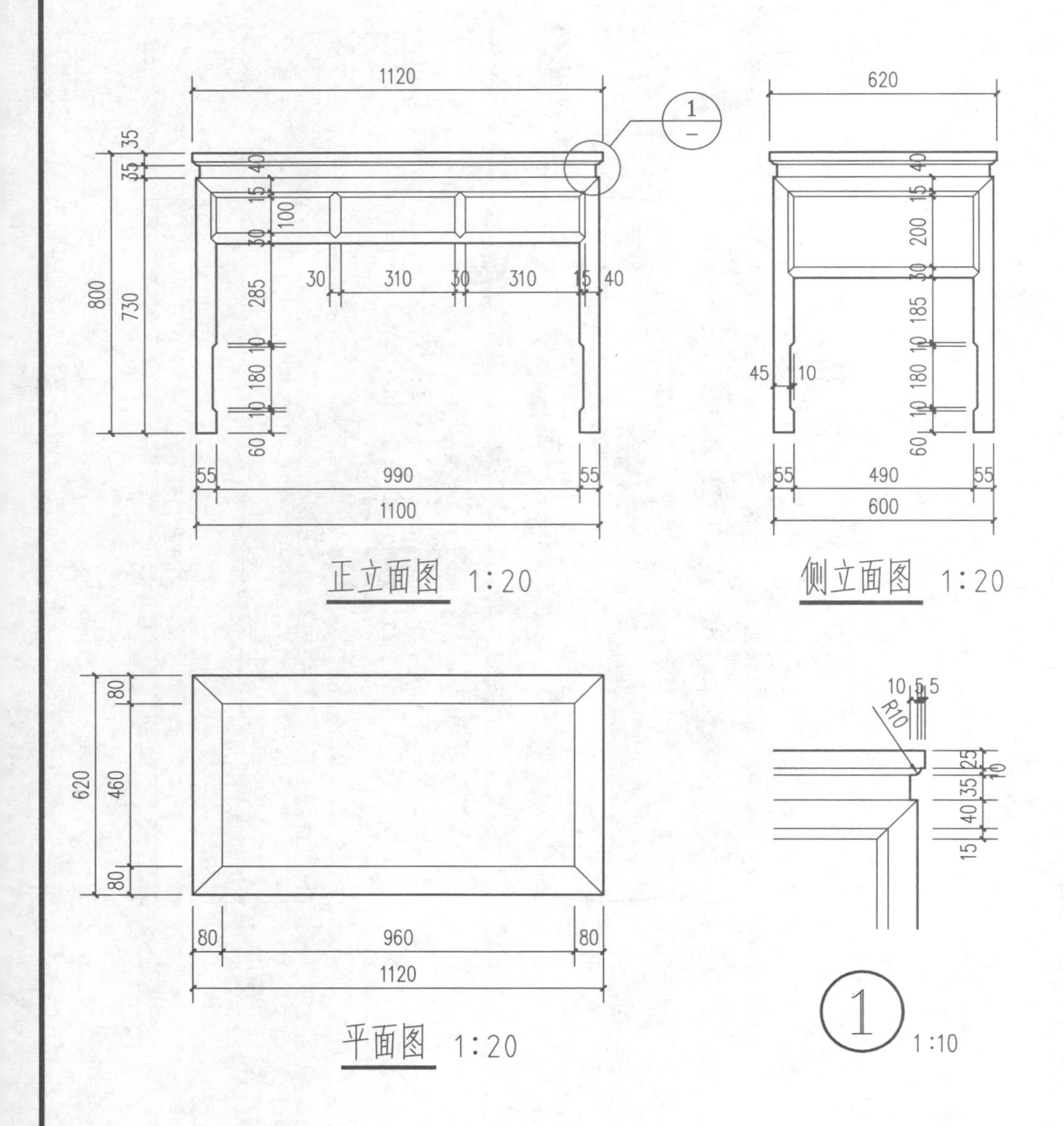

2.请绘制下面窗帘立面图，比例1:20。

窗框用直线或多段线命令画，窗帘用圆弧或样条曲线画，凡没有标注尺寸线条目测后自行绘制。

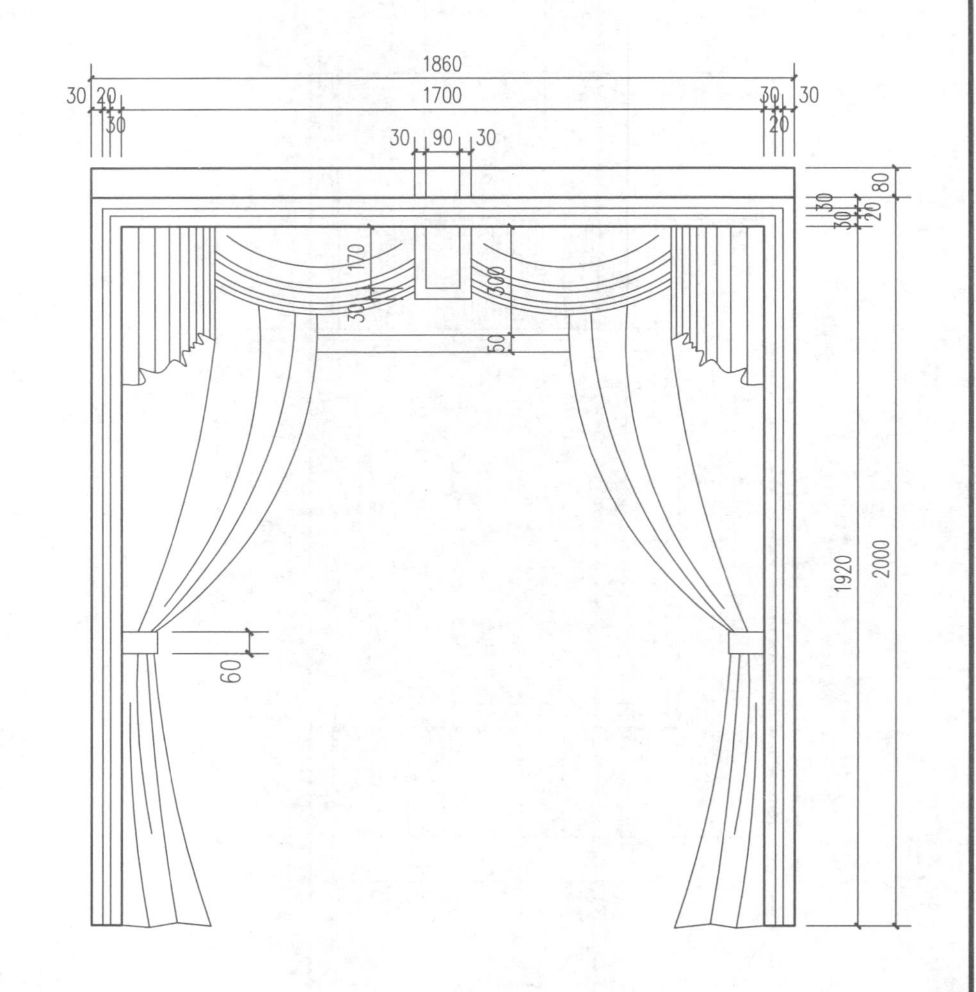

本页主要练习室内家具和窗帘的画法。

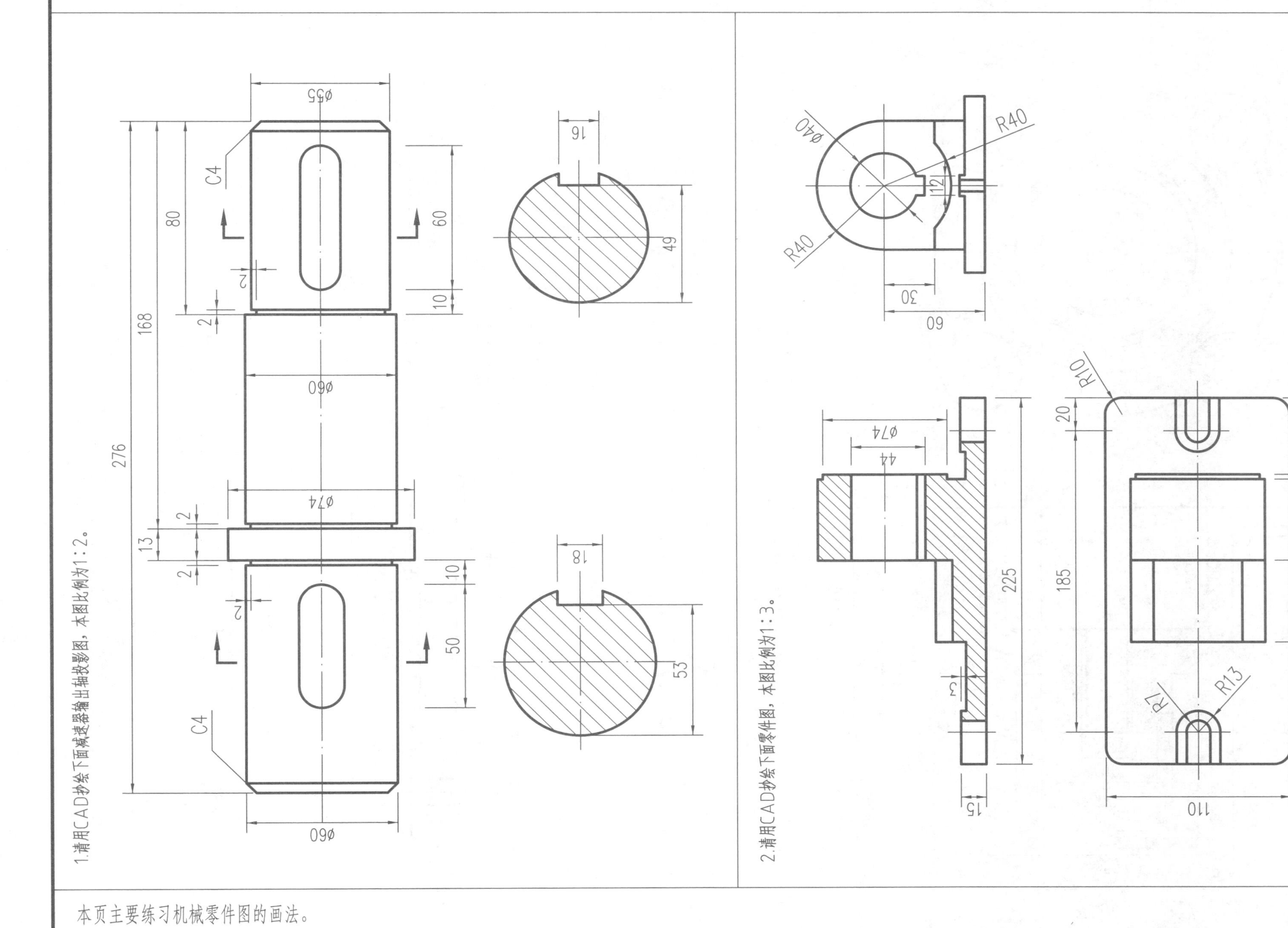

本页主要练习机械零件图的画法。

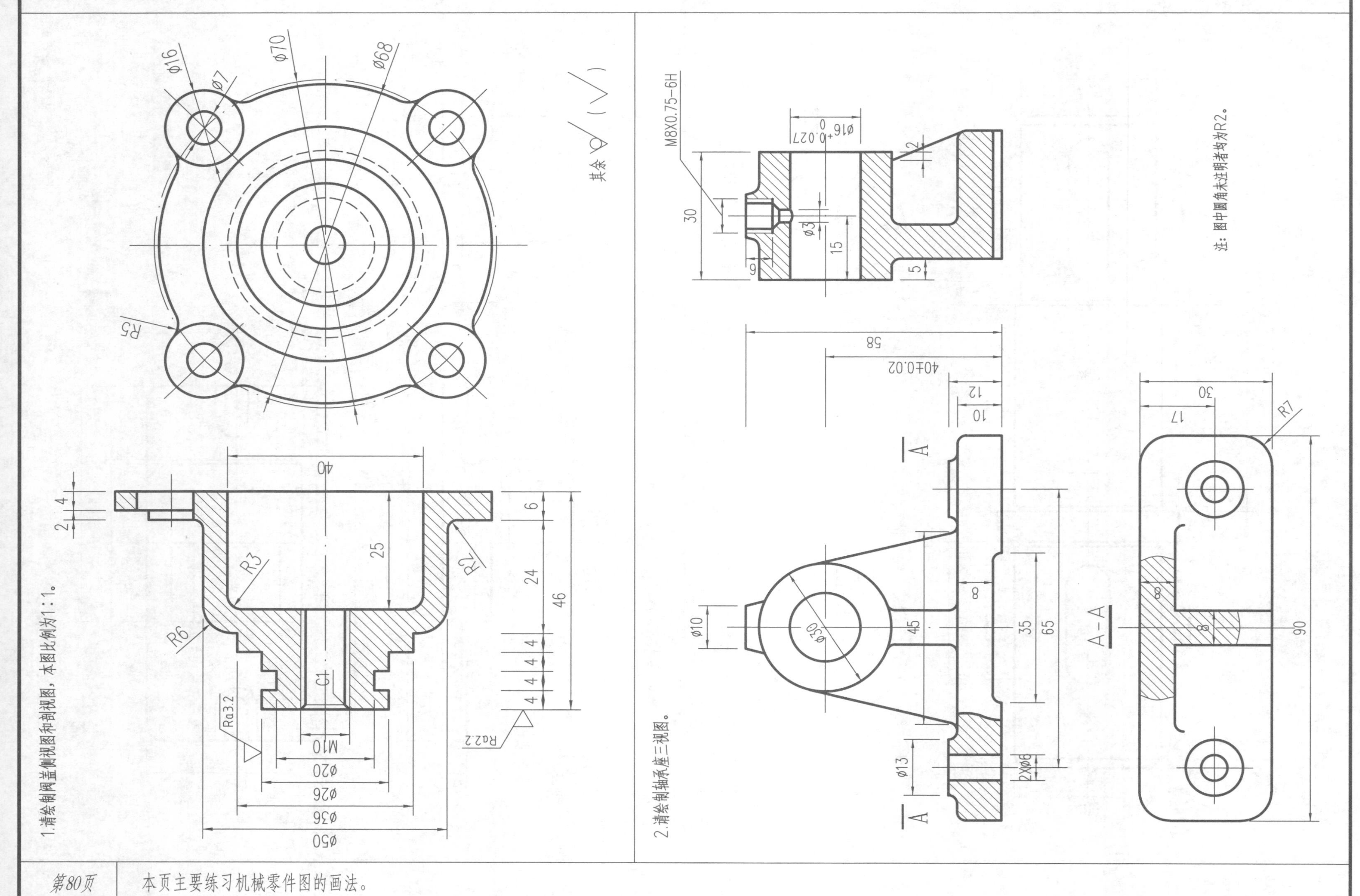

本页主要练习机械零件图的画法。

1.请用CAD抄绘下面支架投影图。

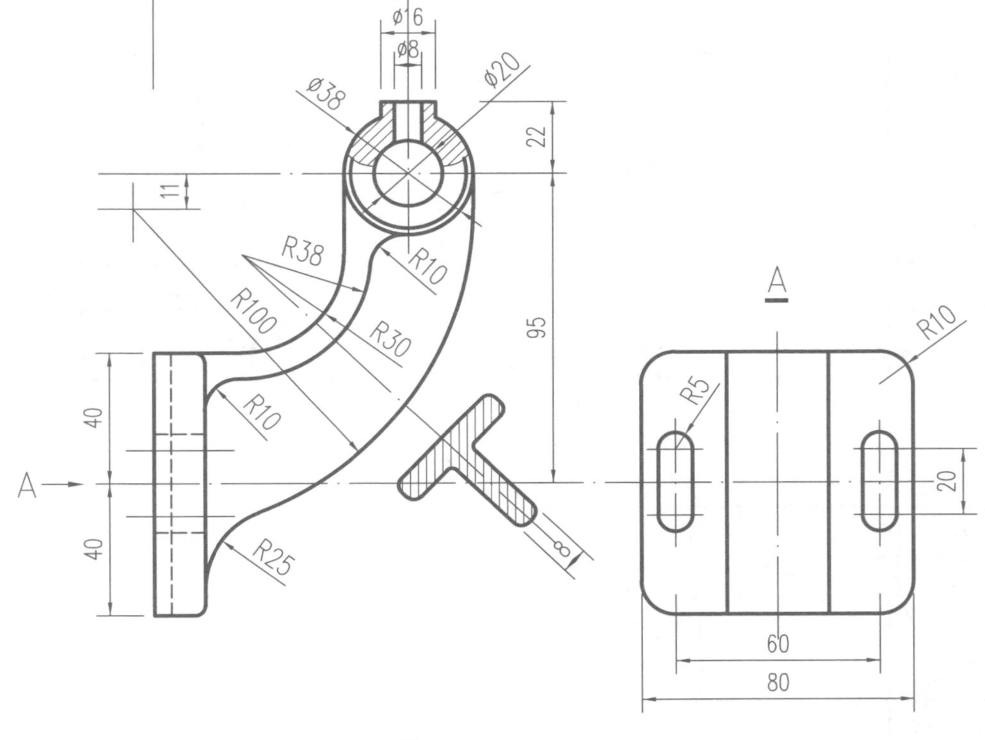

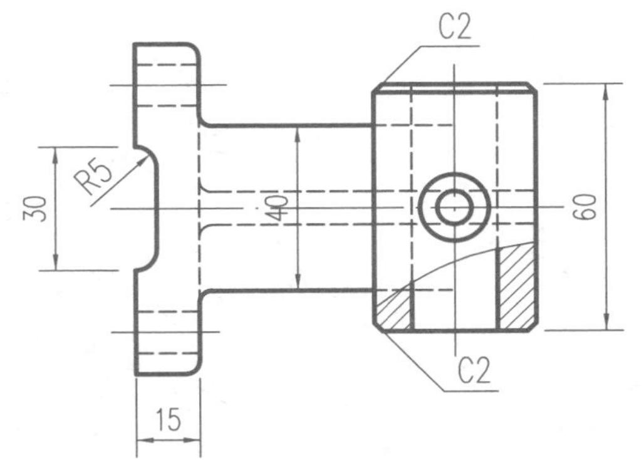

注：

1.图中圆角未注明者均为R3。

2.本图适合用A3图幅，以1：1比例绘制。

2.请用CAD抄绘下面支撑座，本图比例为1：1。

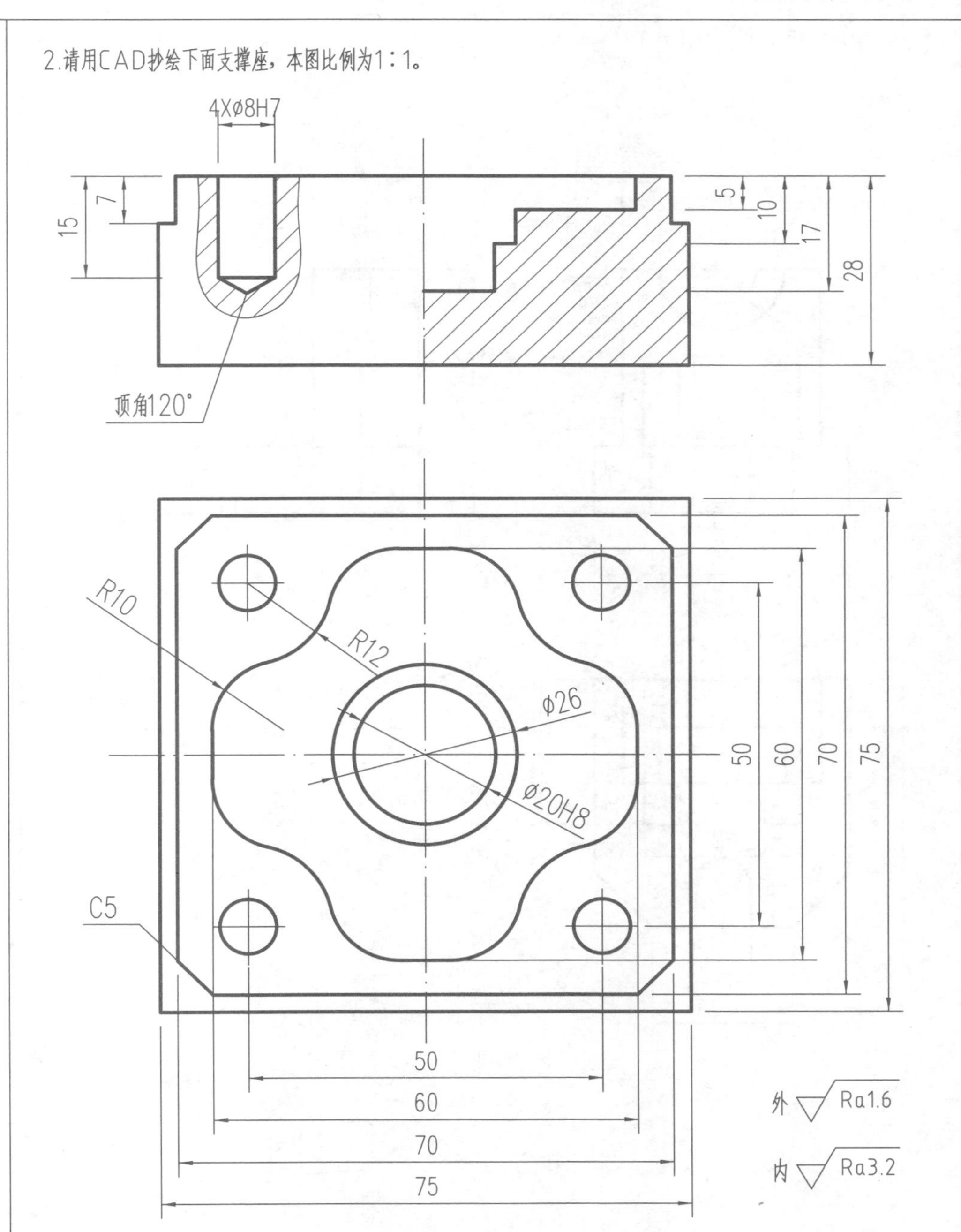

1.请绘制机械零件三视图，本图比例为1∶1。

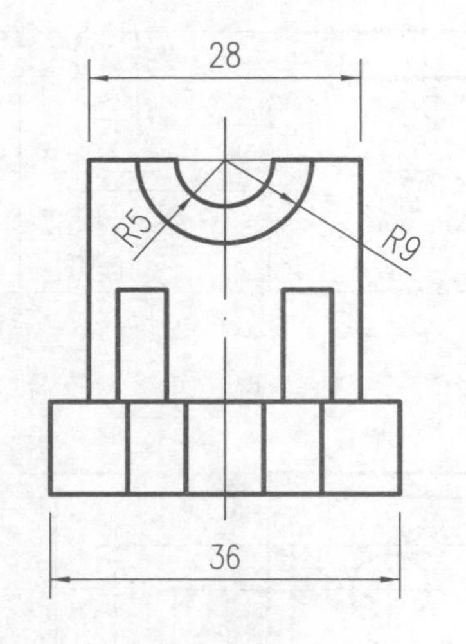

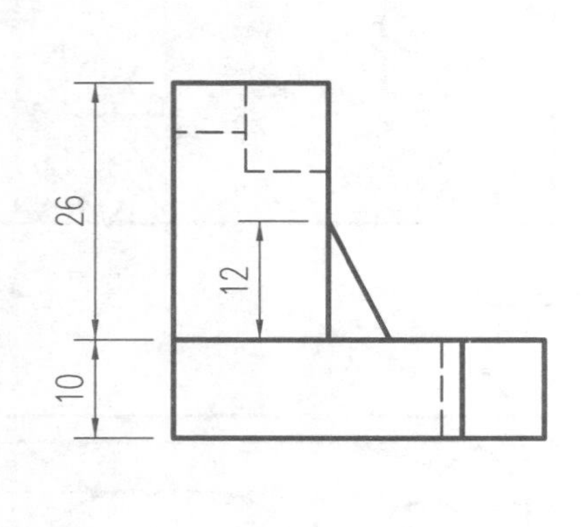

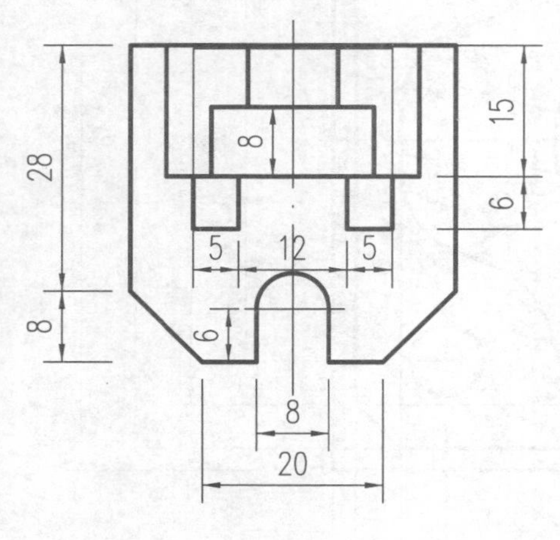

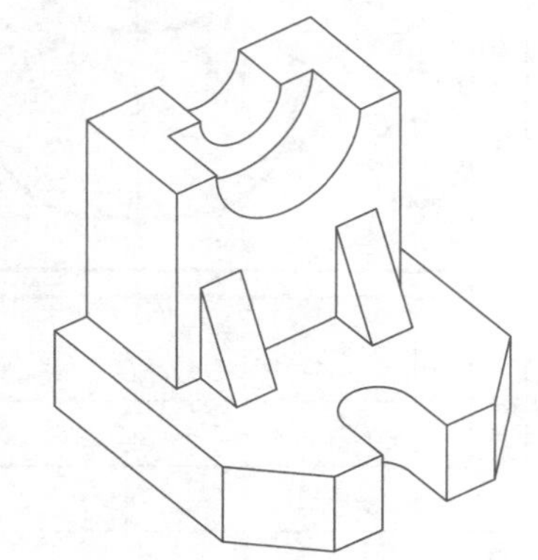

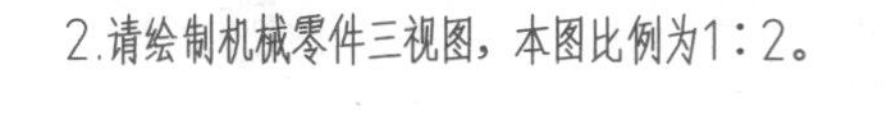
2.请绘制机械零件三视图，本图比例为1∶2。

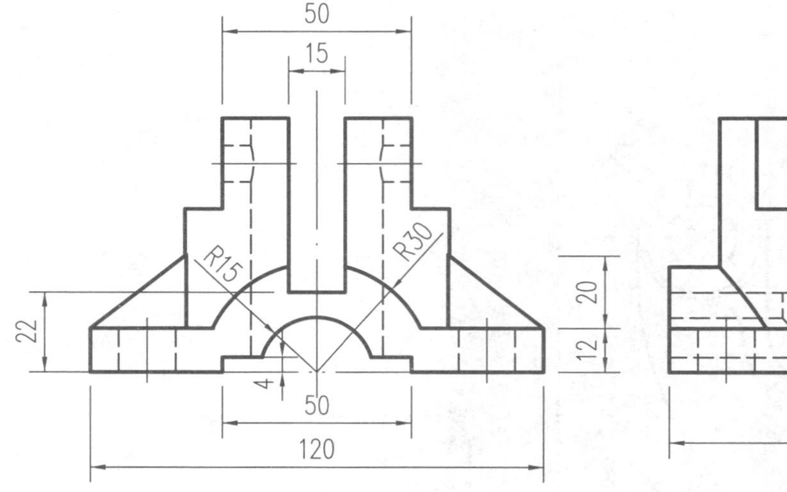

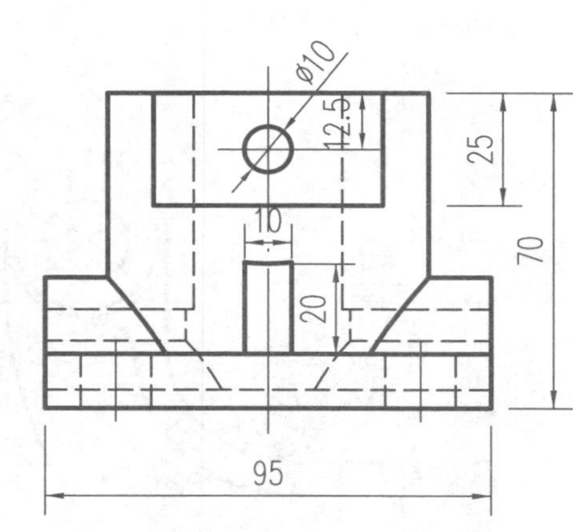

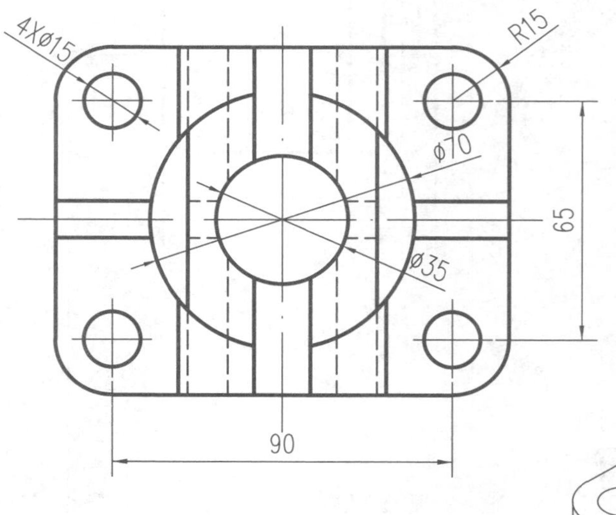

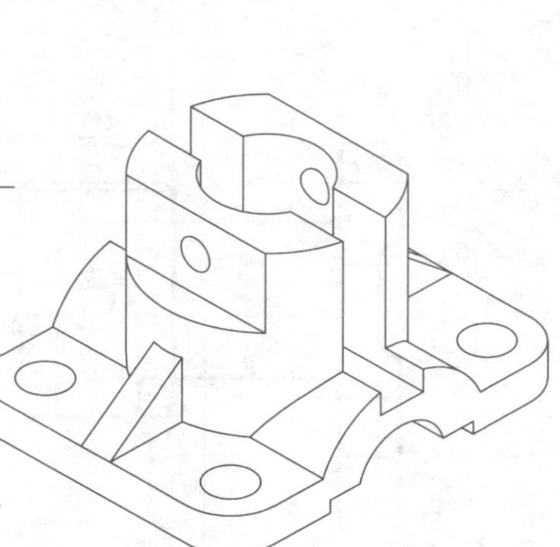

 本页主要练习机械零件图的画法。

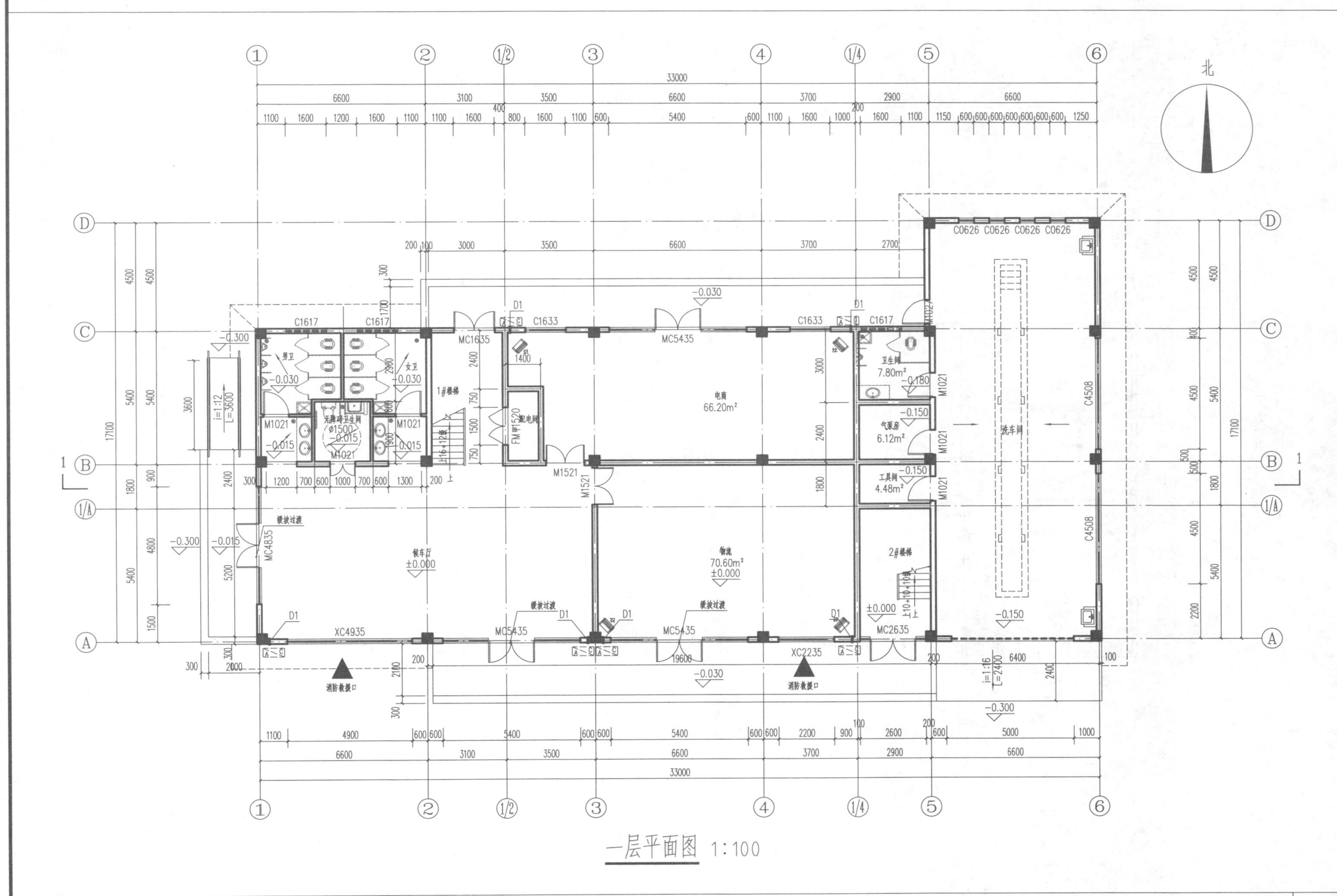
北
C1617
C1633
MC1635
MC5435
C0626
男卫
女卫
无障碍卫生间
1#楼梯
配电间
电商
66.20m²
卫生间
7.80m²
气泵房
6.12m²
工具间
4.48m²
洗车间
餐车厅
±0.000
物流
70.60m²
2#楼梯
XC4935
MC5435
MC2635
XC2235
消防救援口
33000

一层平面图 1:100

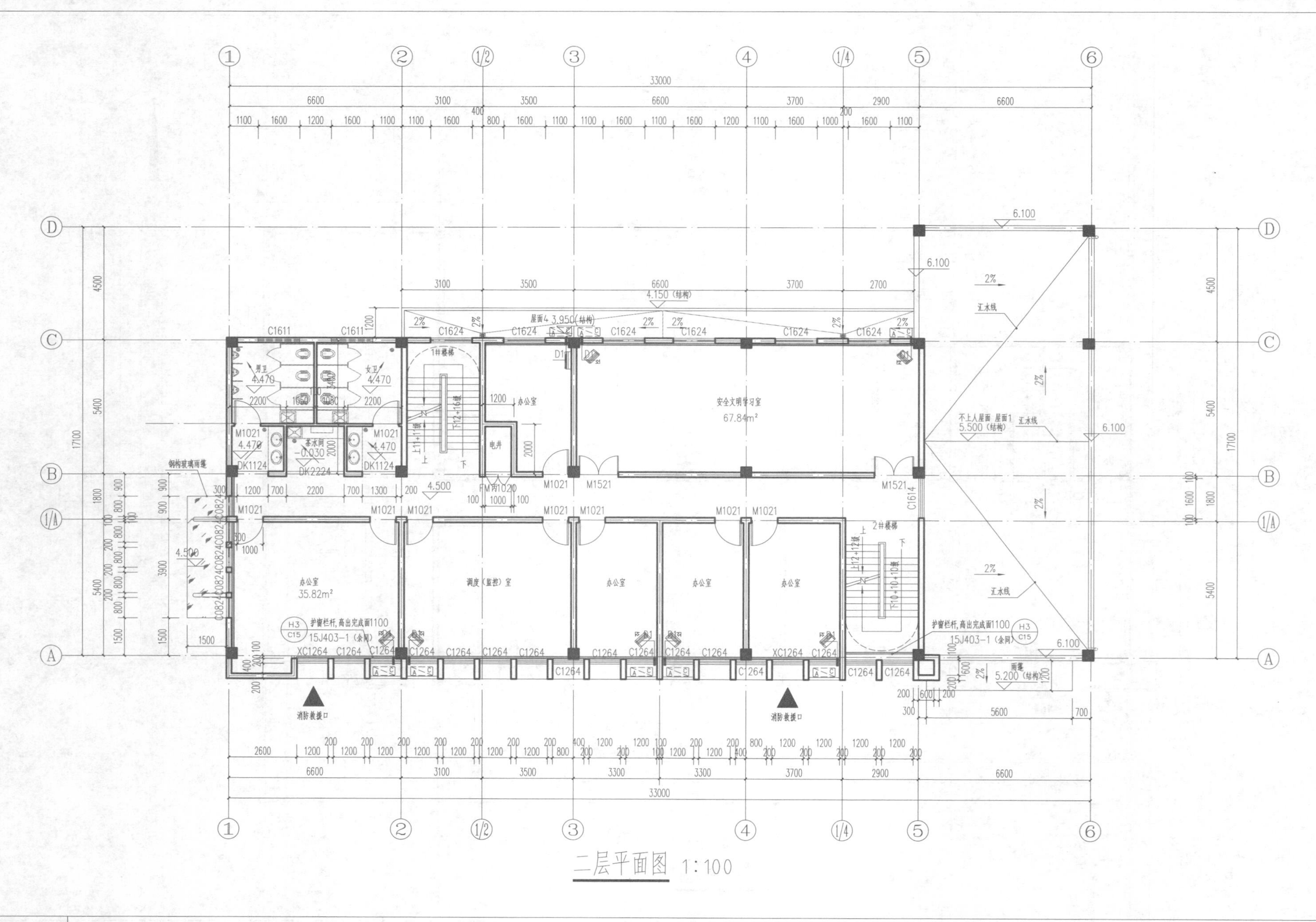

二层平面图 1:100

本页主要练习中间层平面图画法。

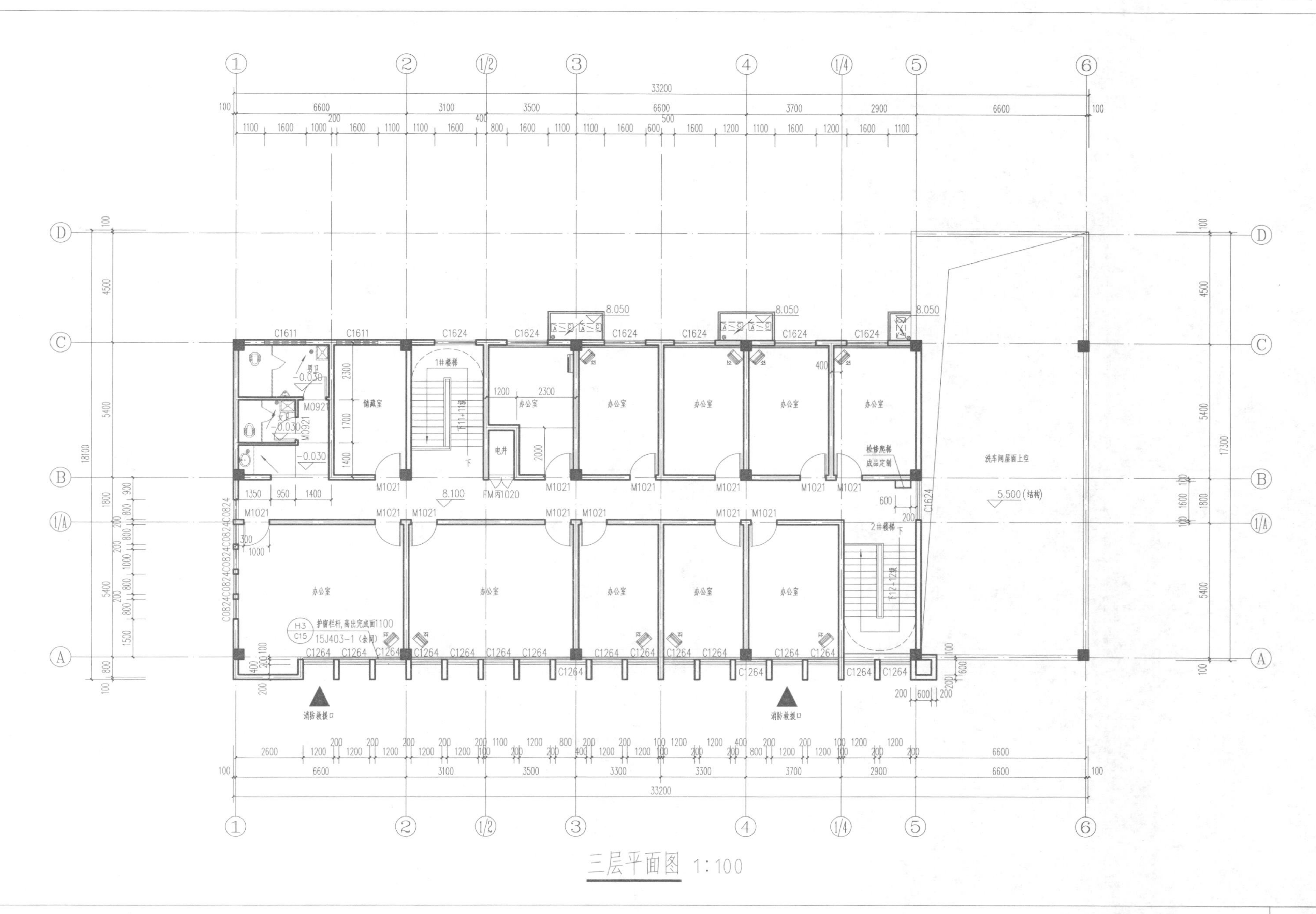

三层平面图 1:100

本页主要练习顶层平面图画法。

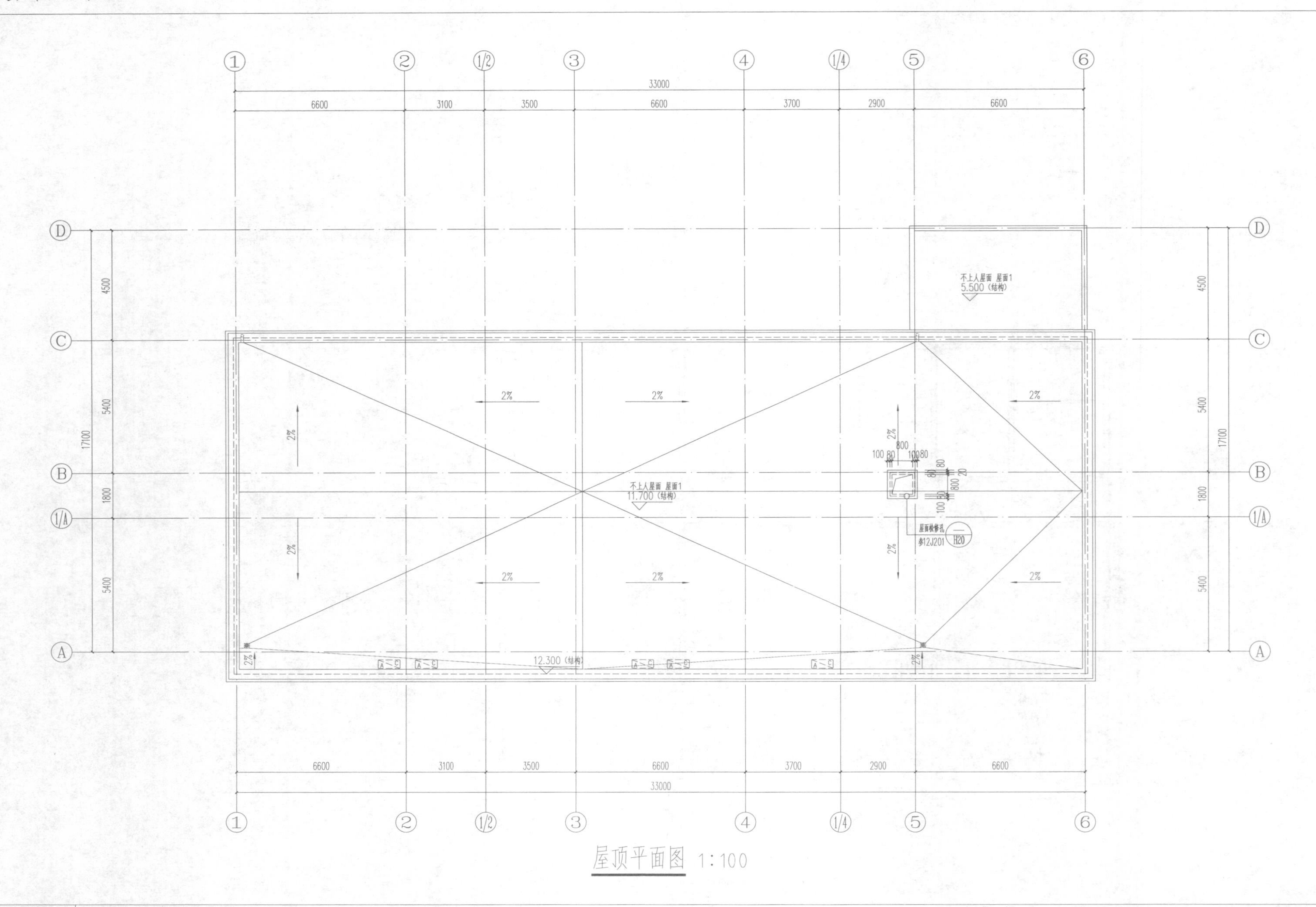

屋顶平面图 1:100

本页主要练习屋顶平面图画法。

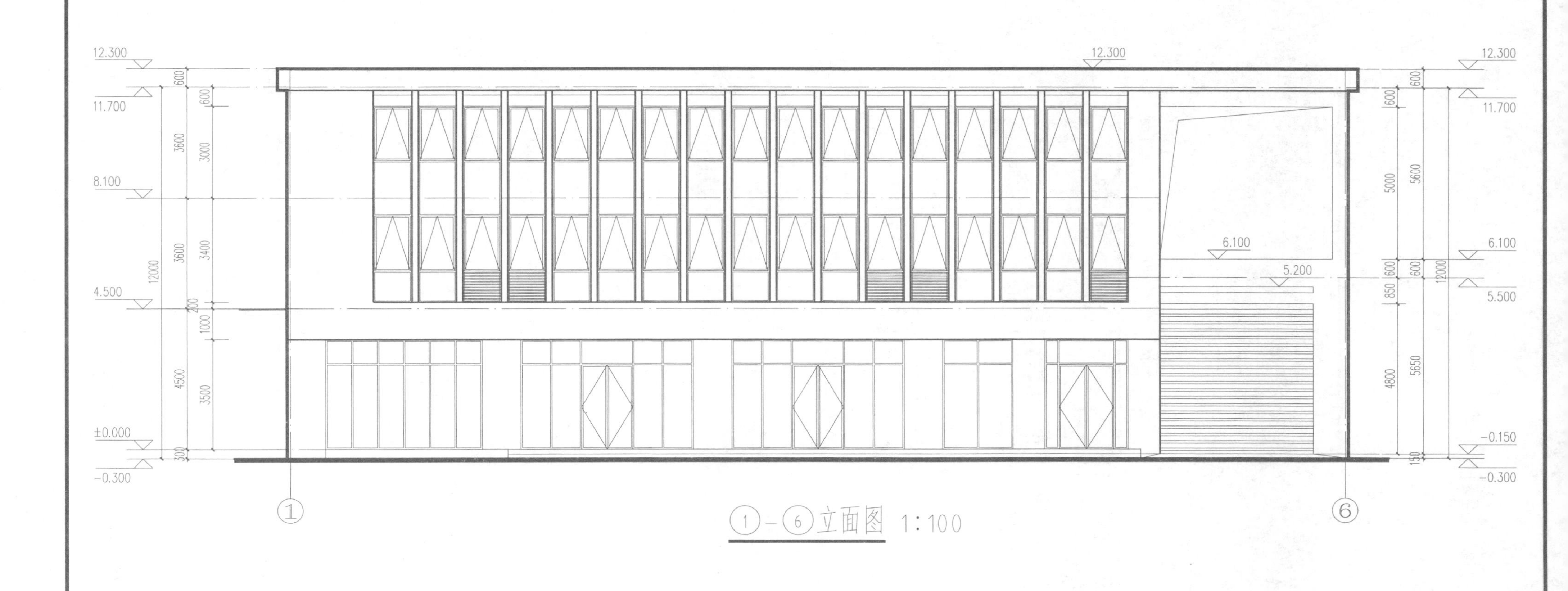

本页主要练习正立面图画法。

⑥-①立面图 1:100

本页主要练习背立面图画法。

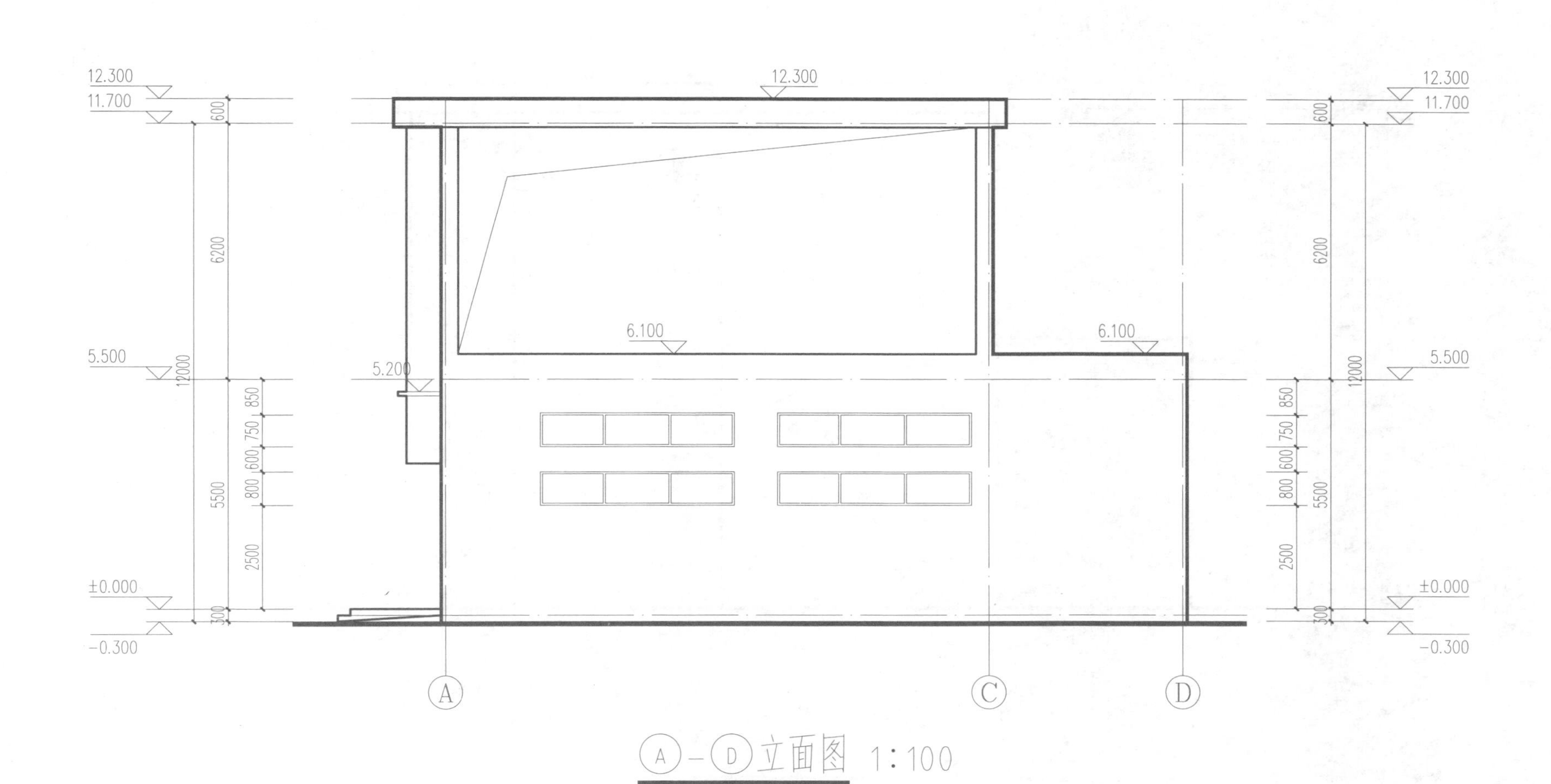
12.300
11.700
600
6200
5.500
12000
850
750
600
800
5500
2500
±0.000
300
-0.300
12.300
6.100
5.200
6.100
A
C
D

Ⓐ–Ⓓ立面图 1:100

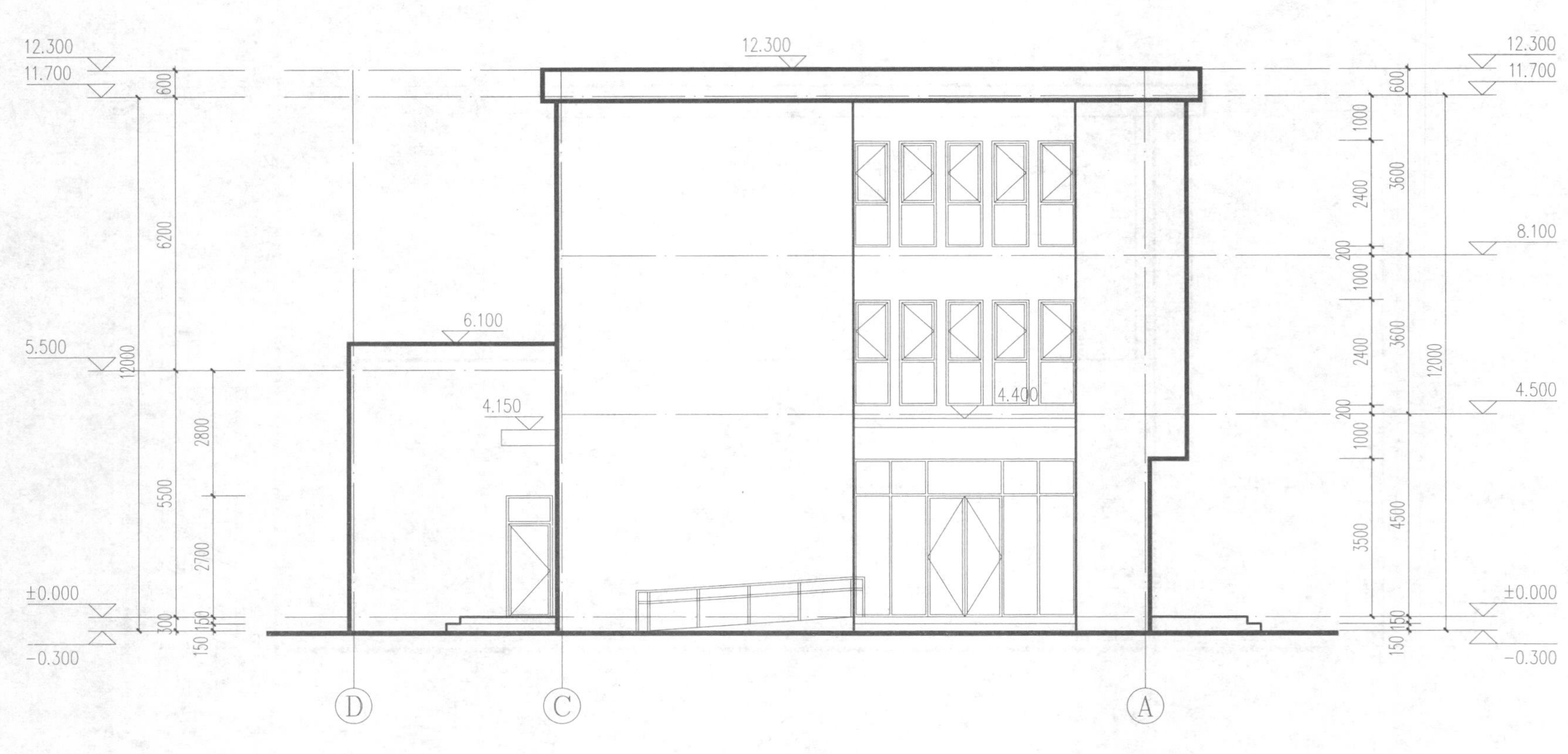

Ⓓ—Ⓐ立面图 1:100

本页主要练习侧立面图画法。

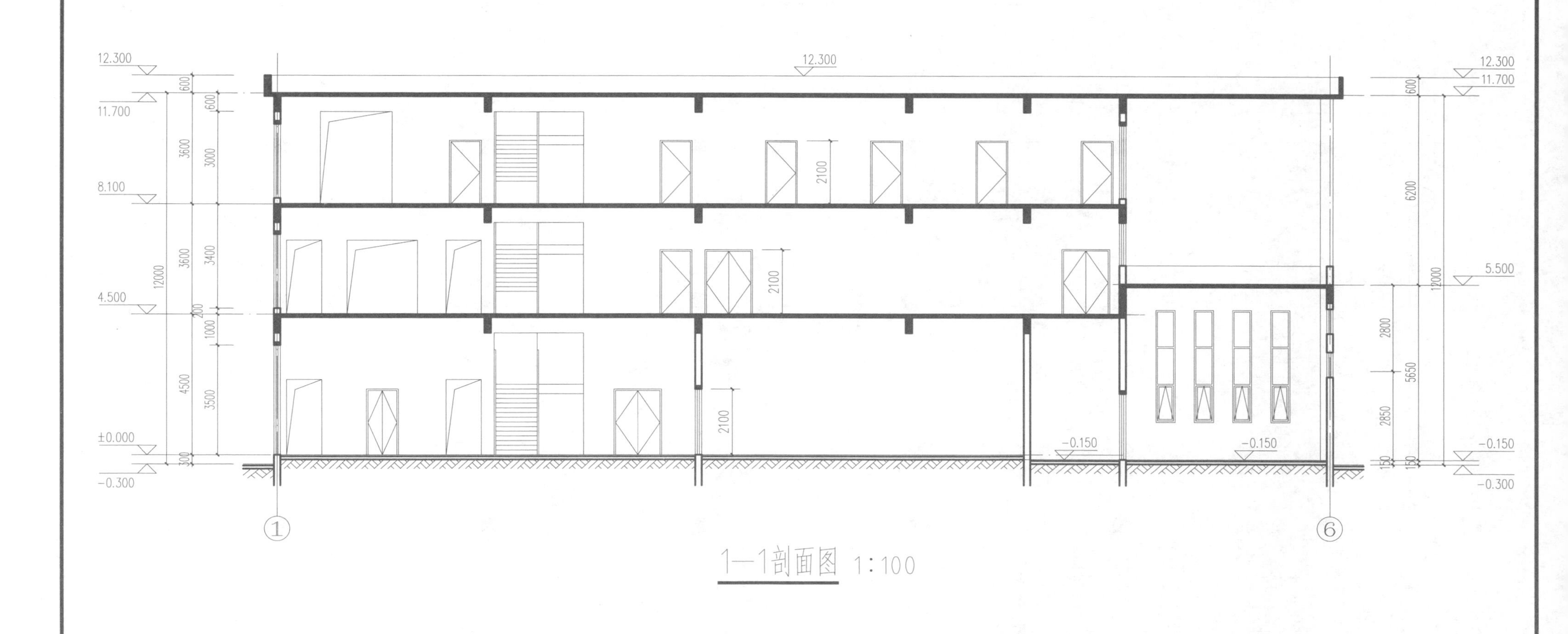

1—1剖面图 1:100

本页主要练习建筑剖面图画法。

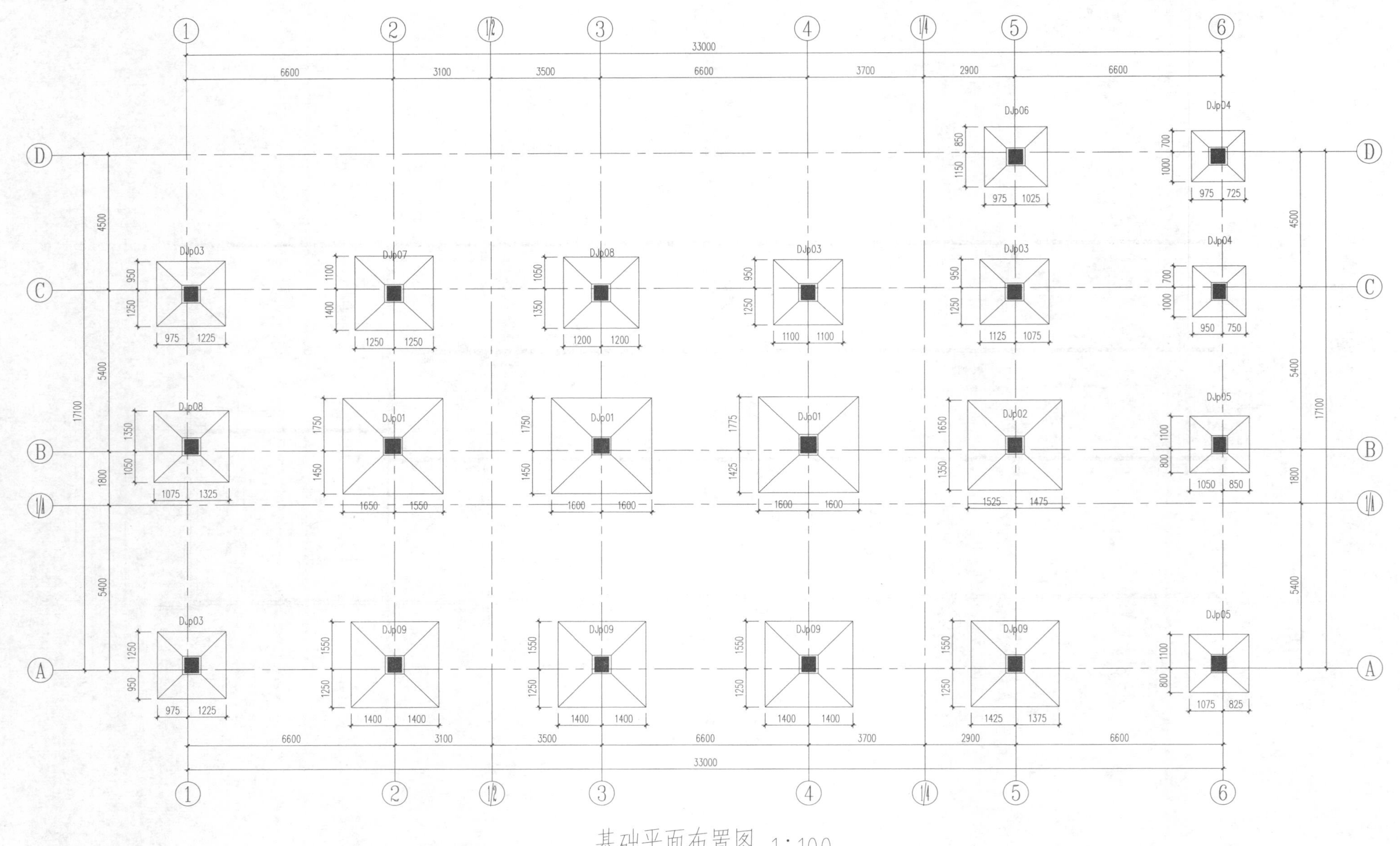

基础平面布置图 1:100

 本页主要练习基础平面图画法。

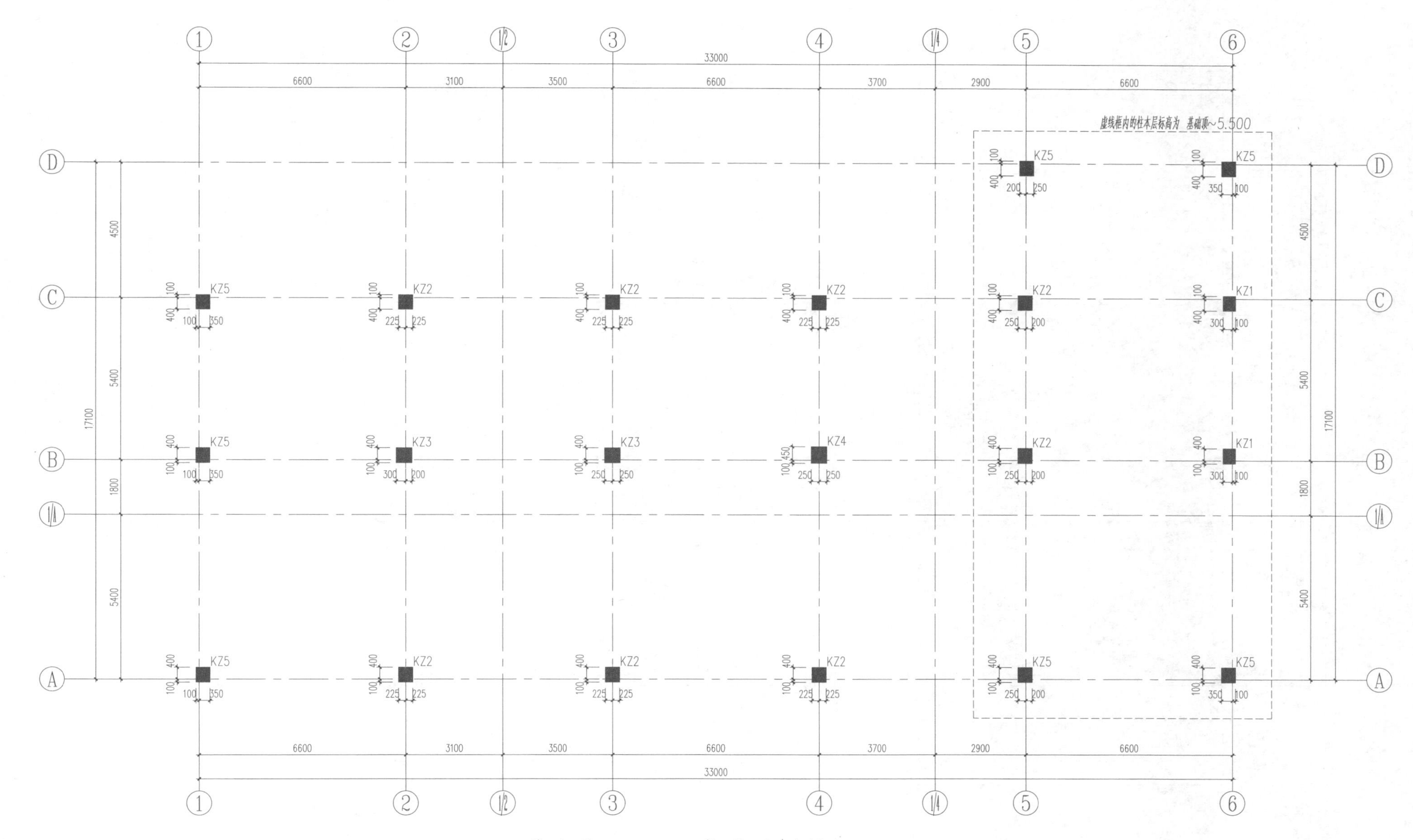

基础顶~4.415柱平面布置图 1:100

本页主要练习柱平面图画法。

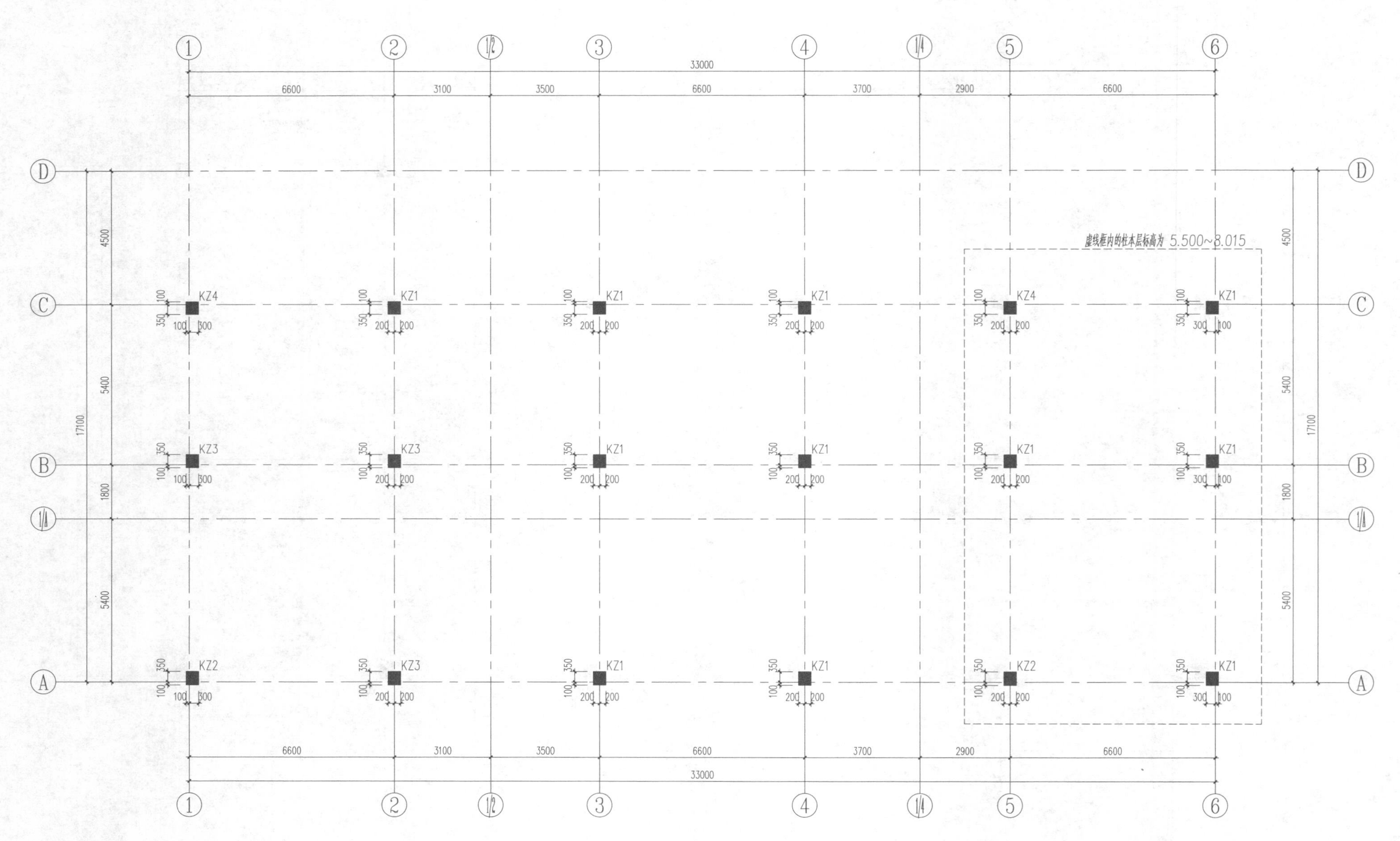

4.415~8.015柱平面布置图 1:100

本页主要练习柱平面图画法。

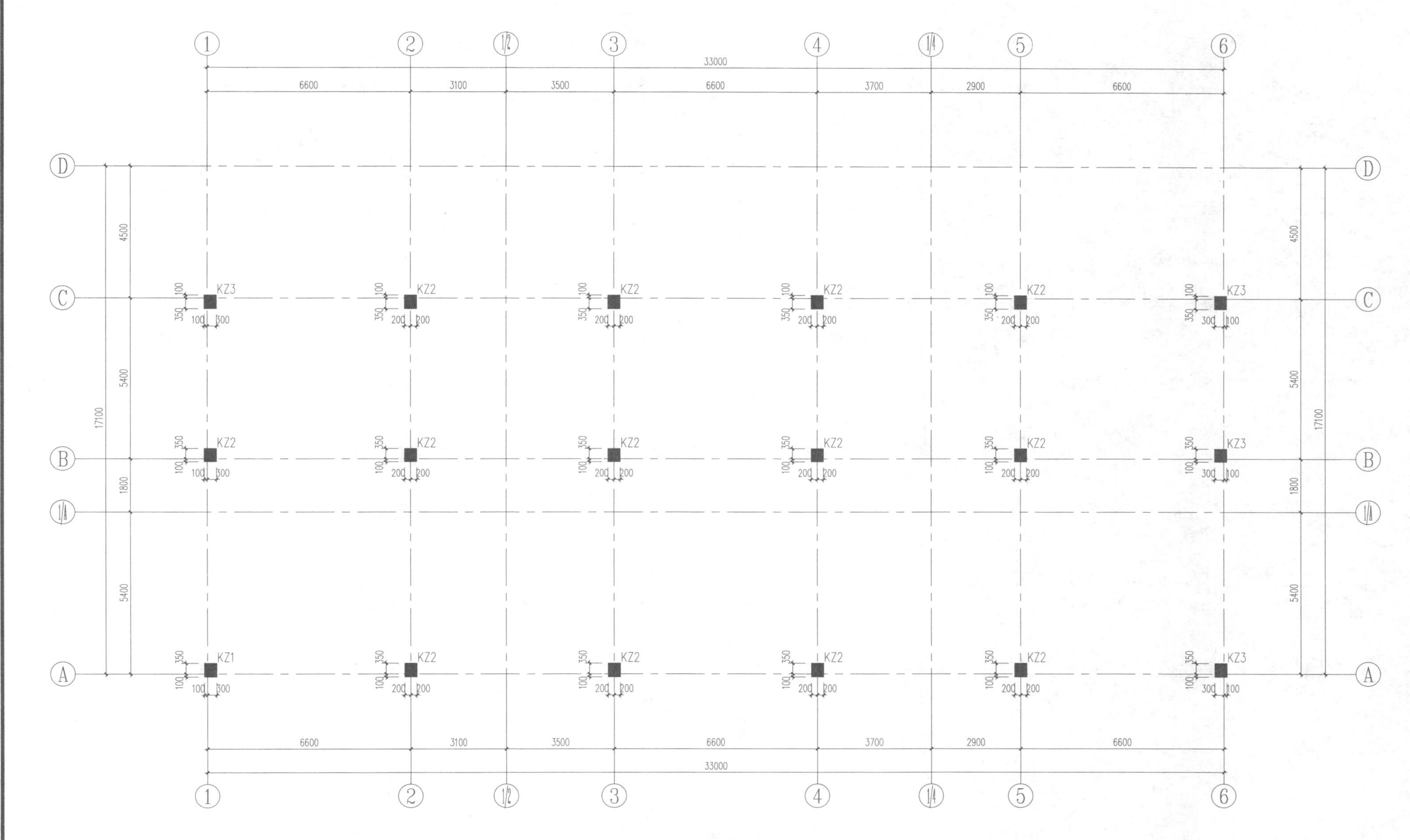

本页主要练习柱平面图画法。

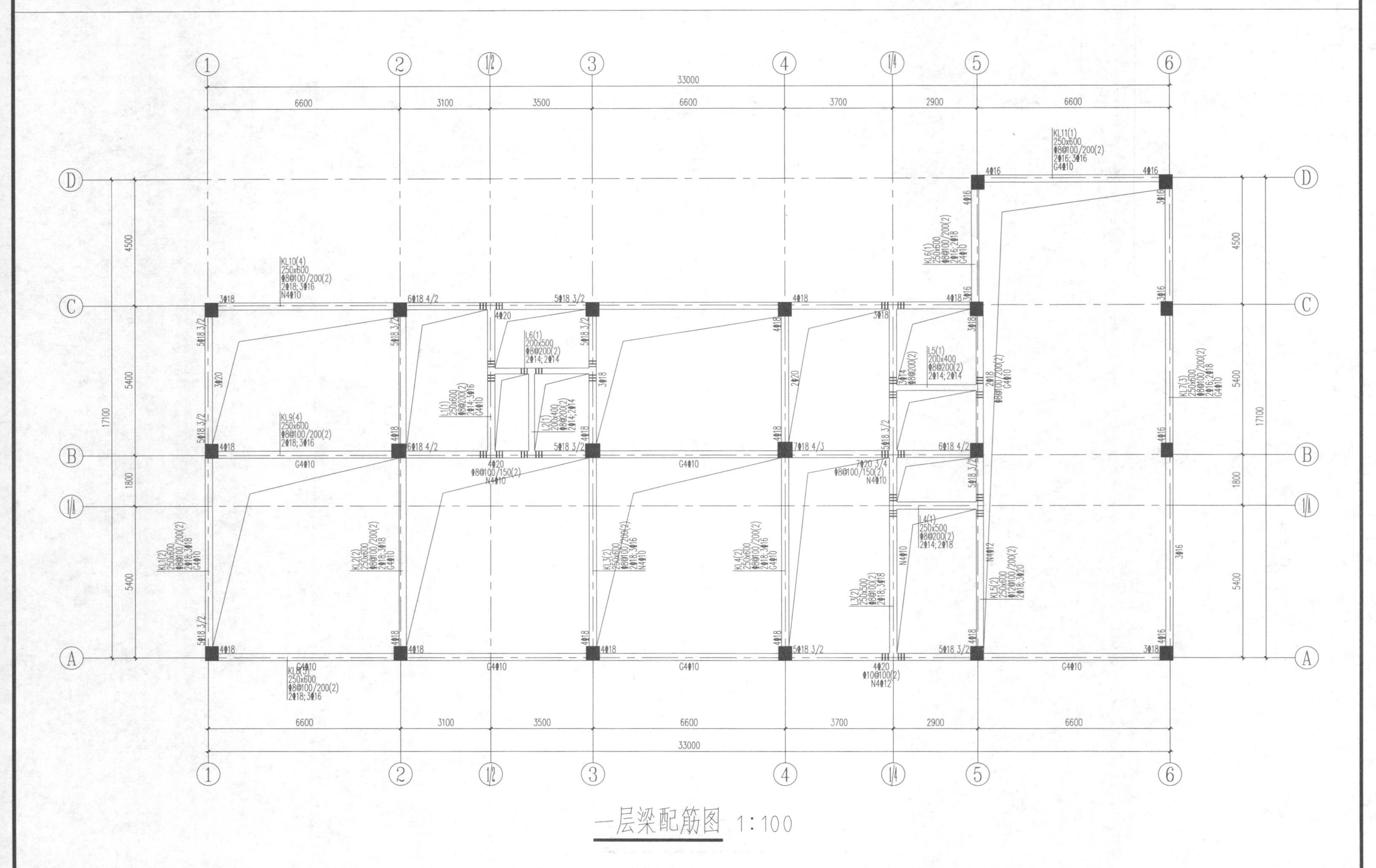

本页主要练习梁平面图画法。

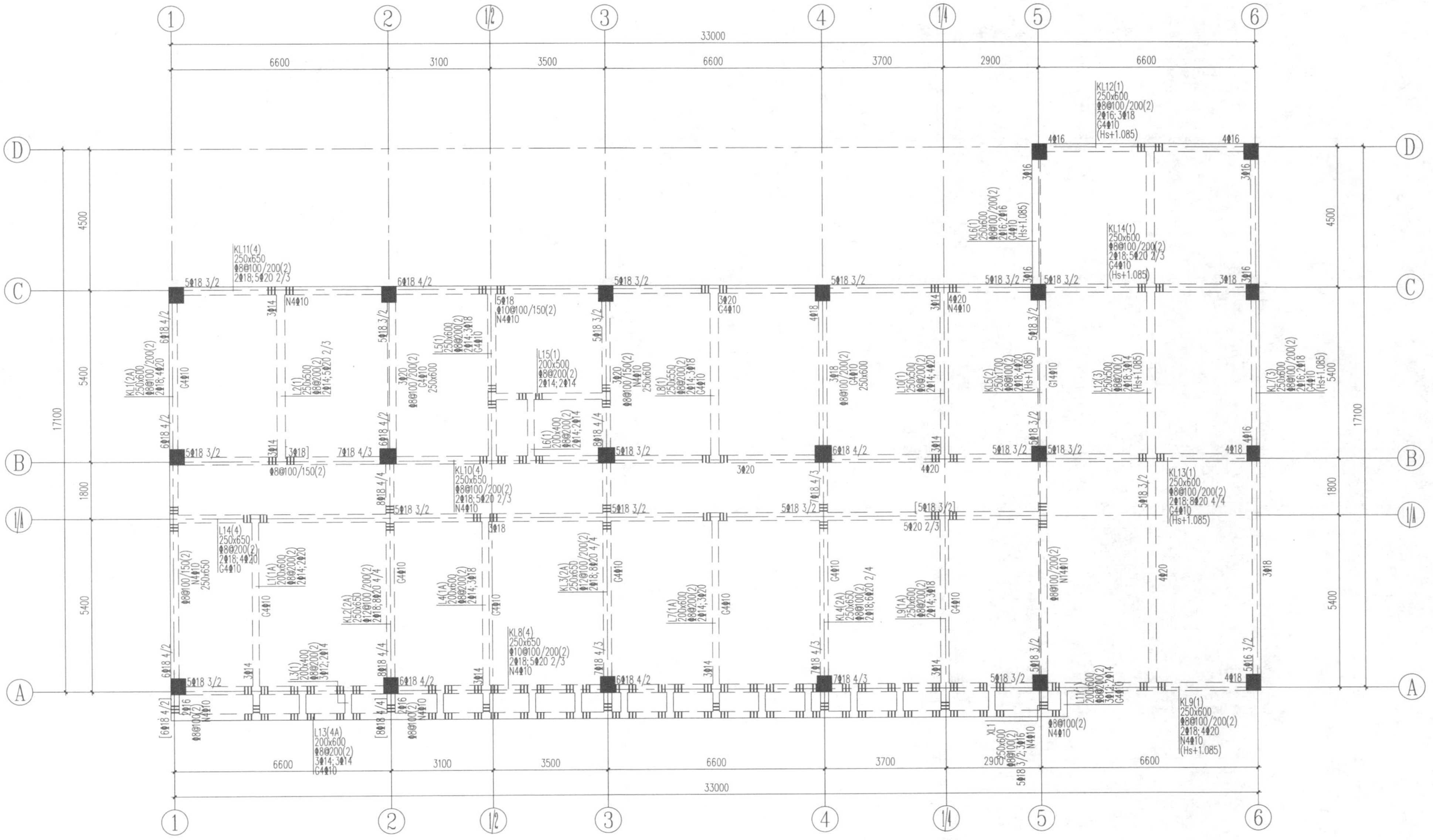

二层梁配筋图 1:100

本页主要练习梁平面图画法。

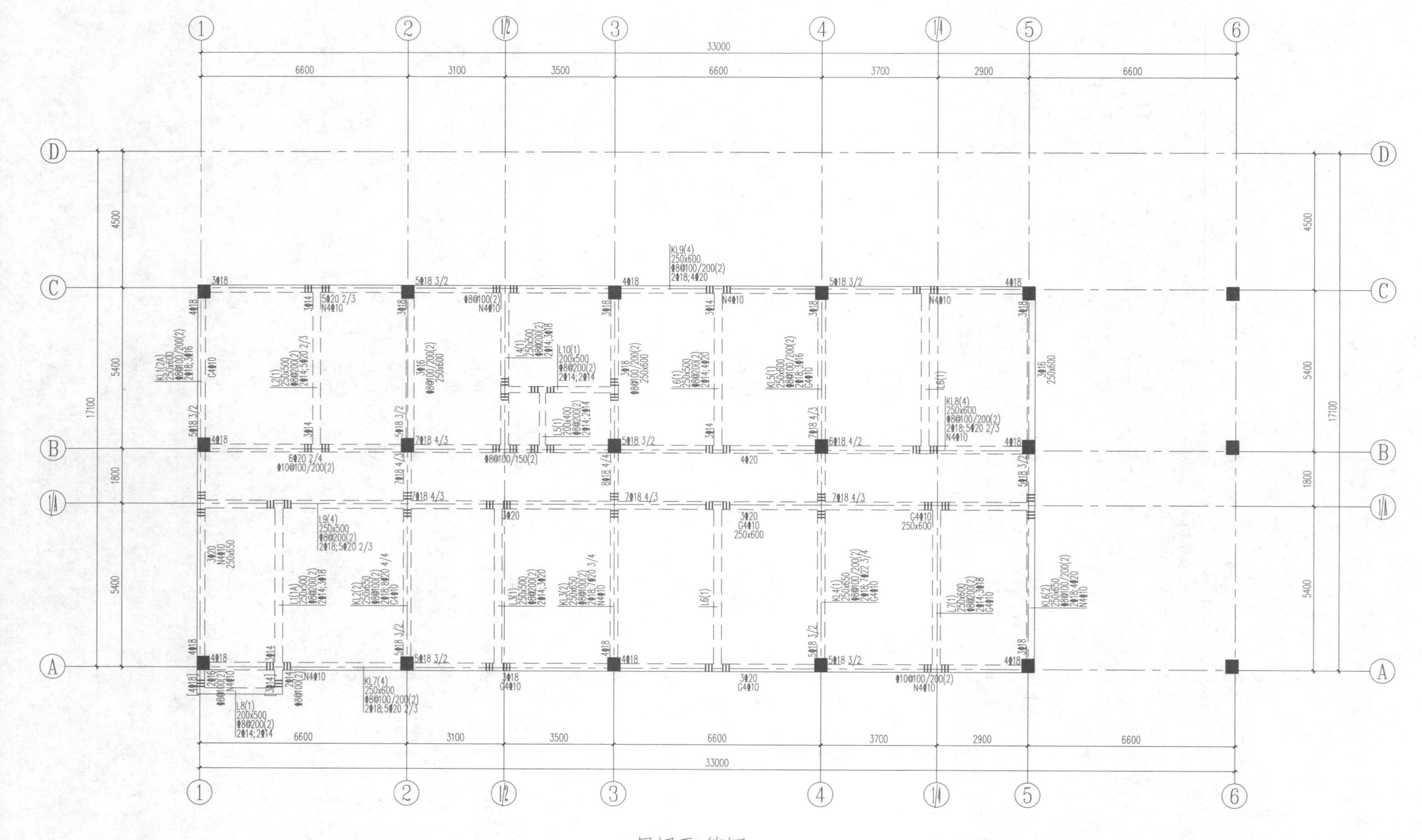

三层梁配筋图 1:100

本页主要练习梁平面图画法。

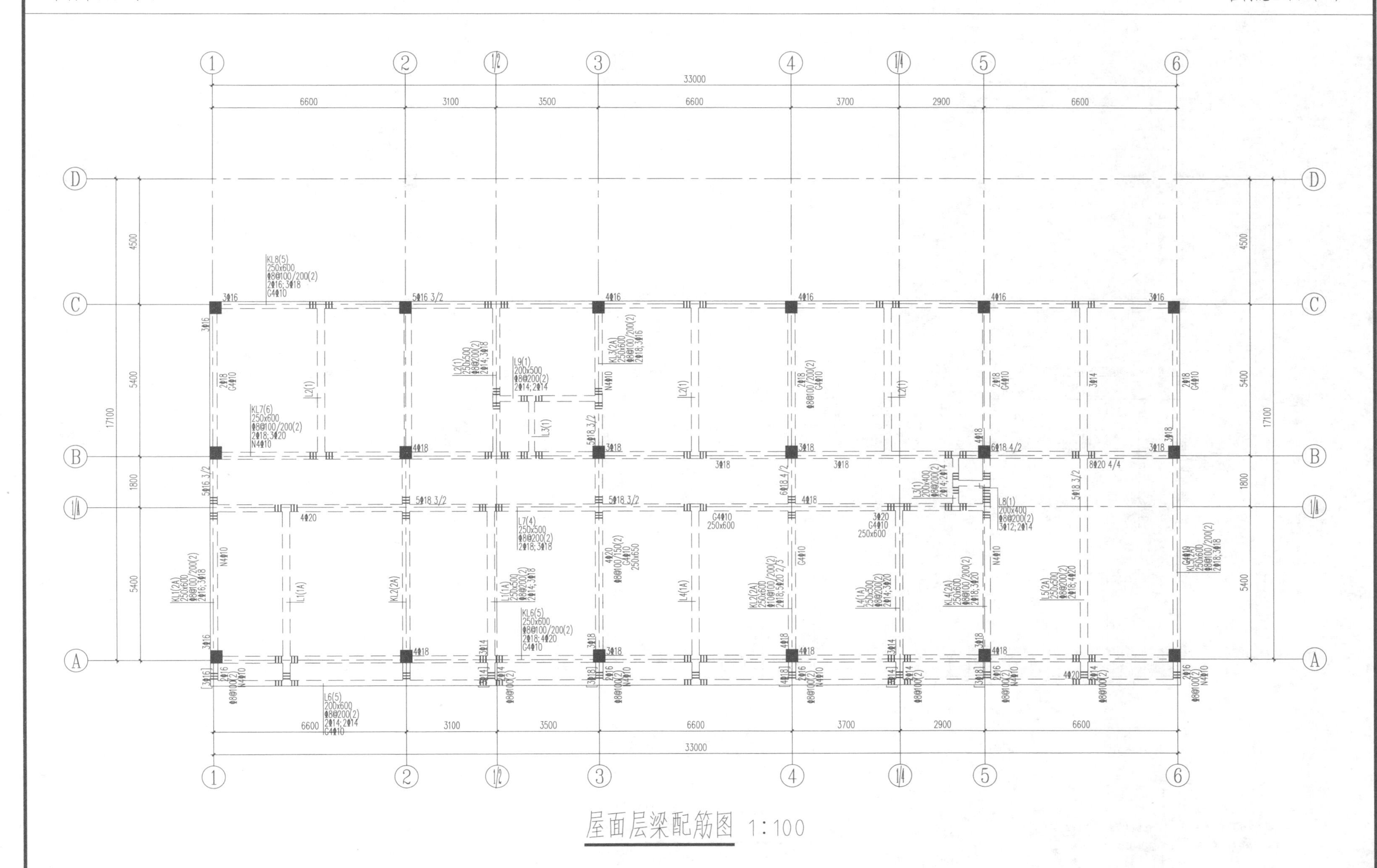

屋面层梁配筋图 1:100

本页主要练习梁平面图画法。

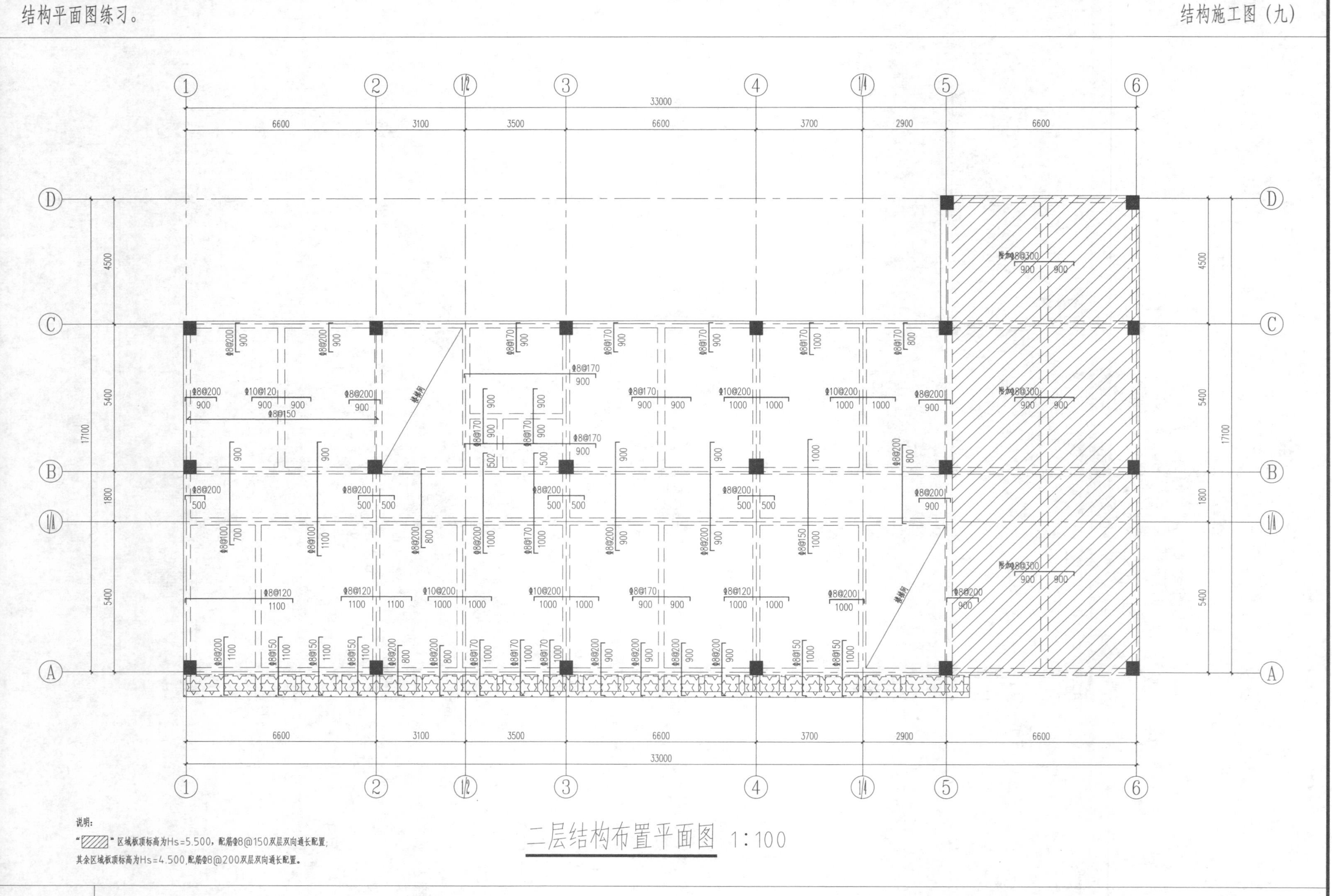

本页主要练习板平面布置图画法。

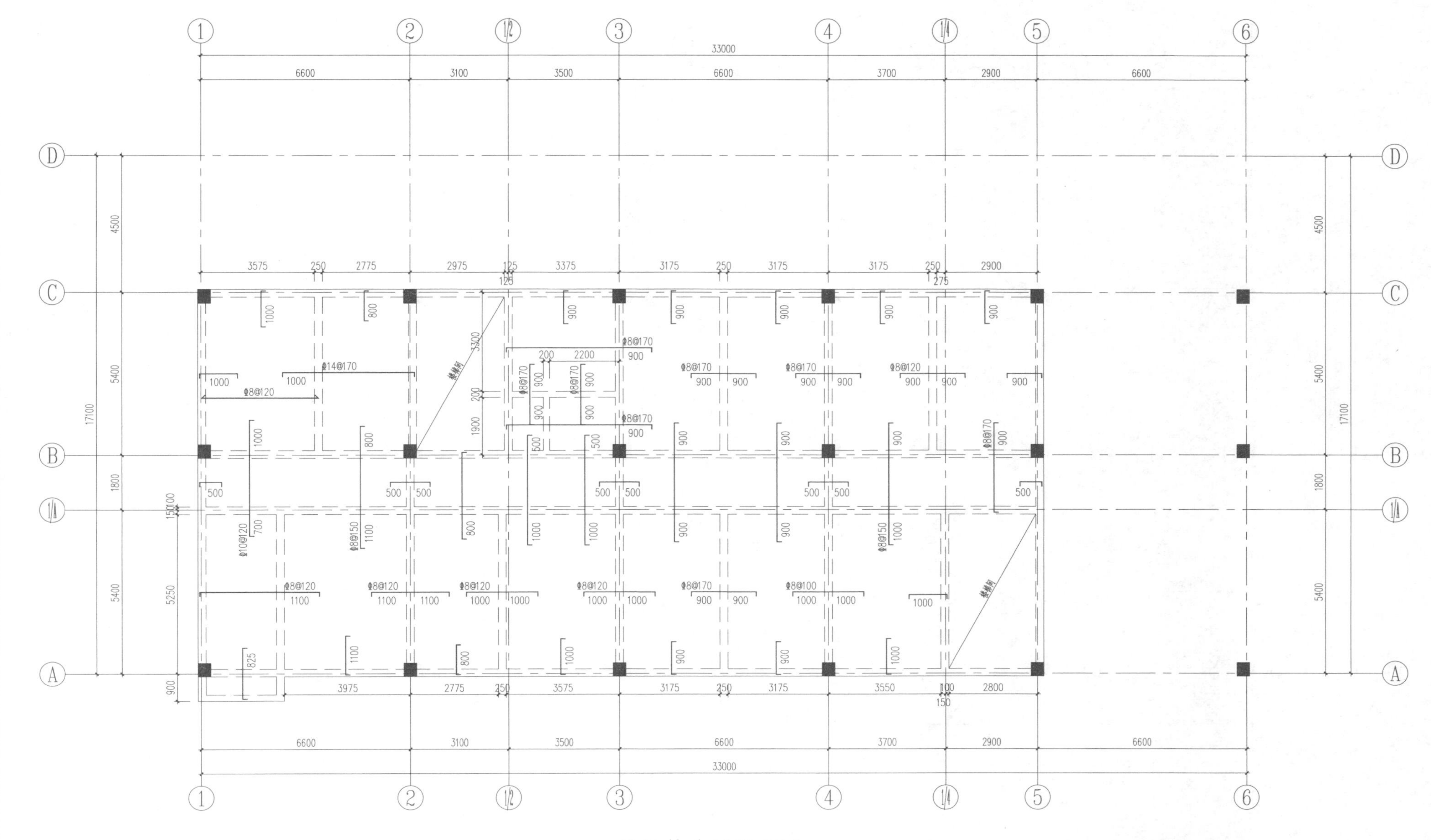

本页主要练习板平面布置图画法。

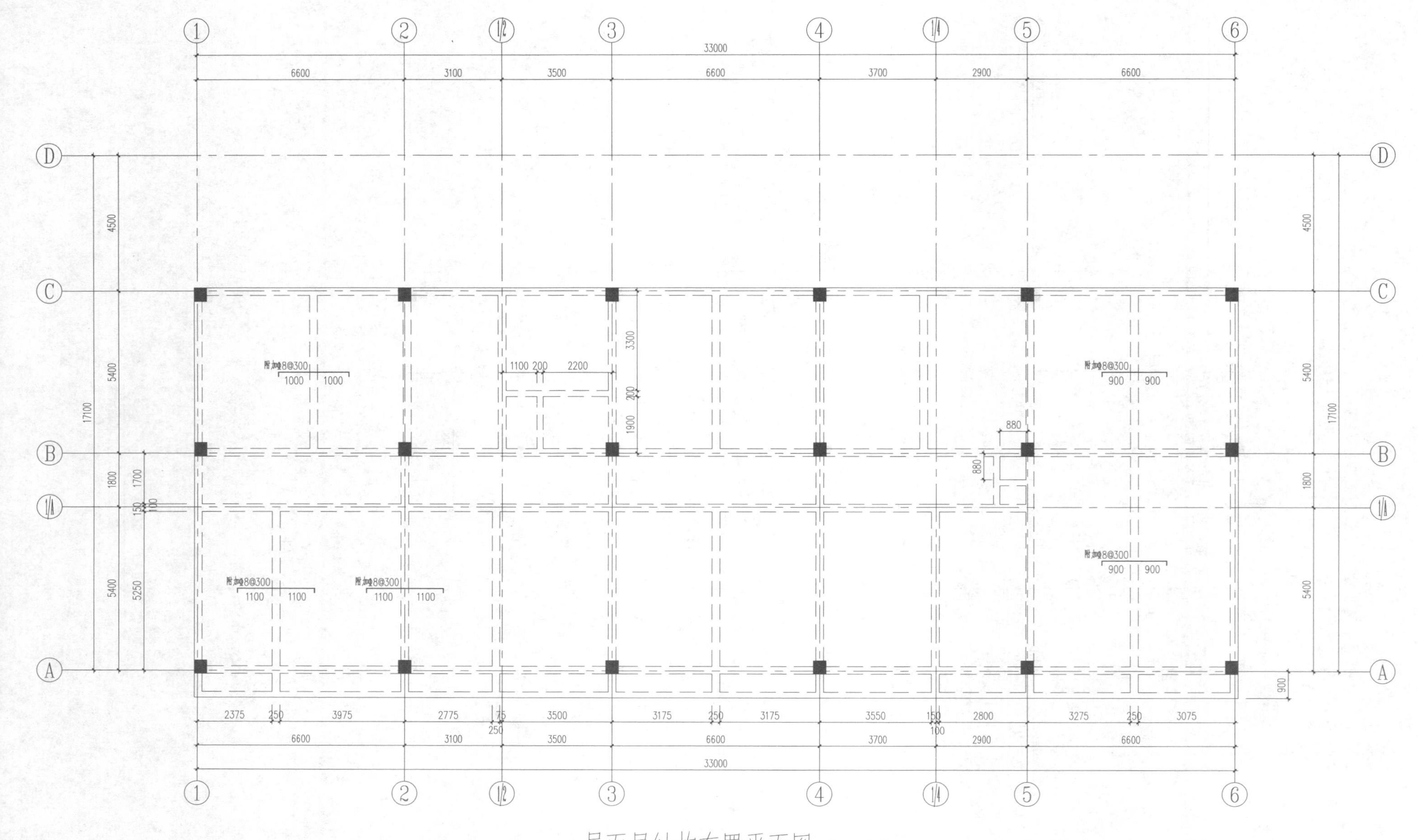

 本页主要练习板平面布置图画法。

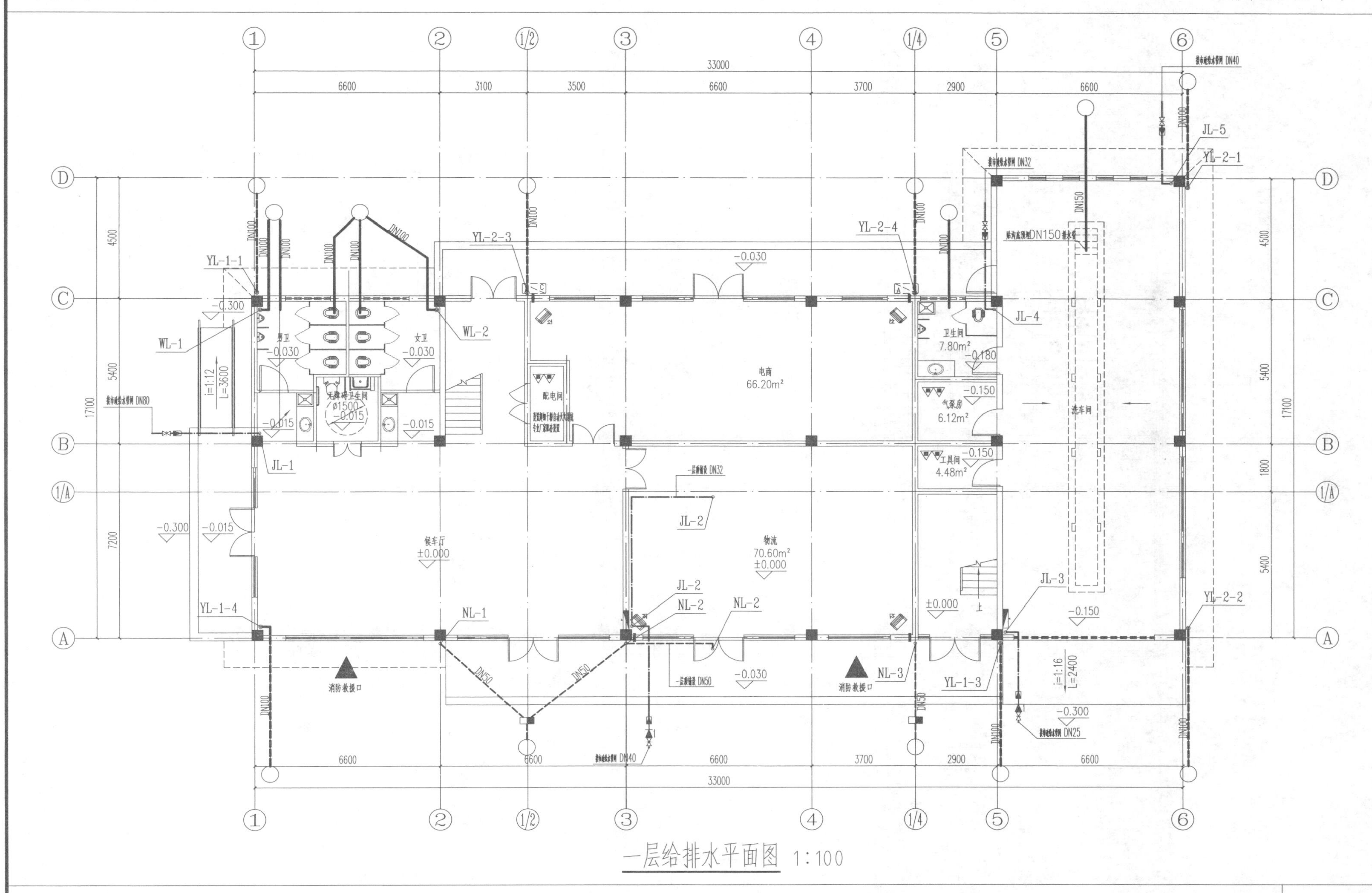
一层给排水平面图 1:100
33000
6600
3100
3500
3700
2900
4500
5400
7200
17100
1800
JL-1
JL-2
JL-3
JL-4
JL-5
YL-1-1
YL-1-3
YL-1-4
YL-2-1
YL-2-2
YL-2-3
YL-2-4
WL-1
WL-2
NL-1
NL-2
NL-3
DN100
DN150
DN50
DN40
DN32
DN25
DN80
男卫
女卫
电商
66.20m²
物流
70.60m²
候车厅
配电间
卫生间
7.80m²
气泵房
6.12m²
工具间
4.48m²
洗车间
消防救援口
-0.300
-0.030
-0.015
-0.150
-0.180
±0.000
i=1:12
L=3600
i=1:16
L=2400

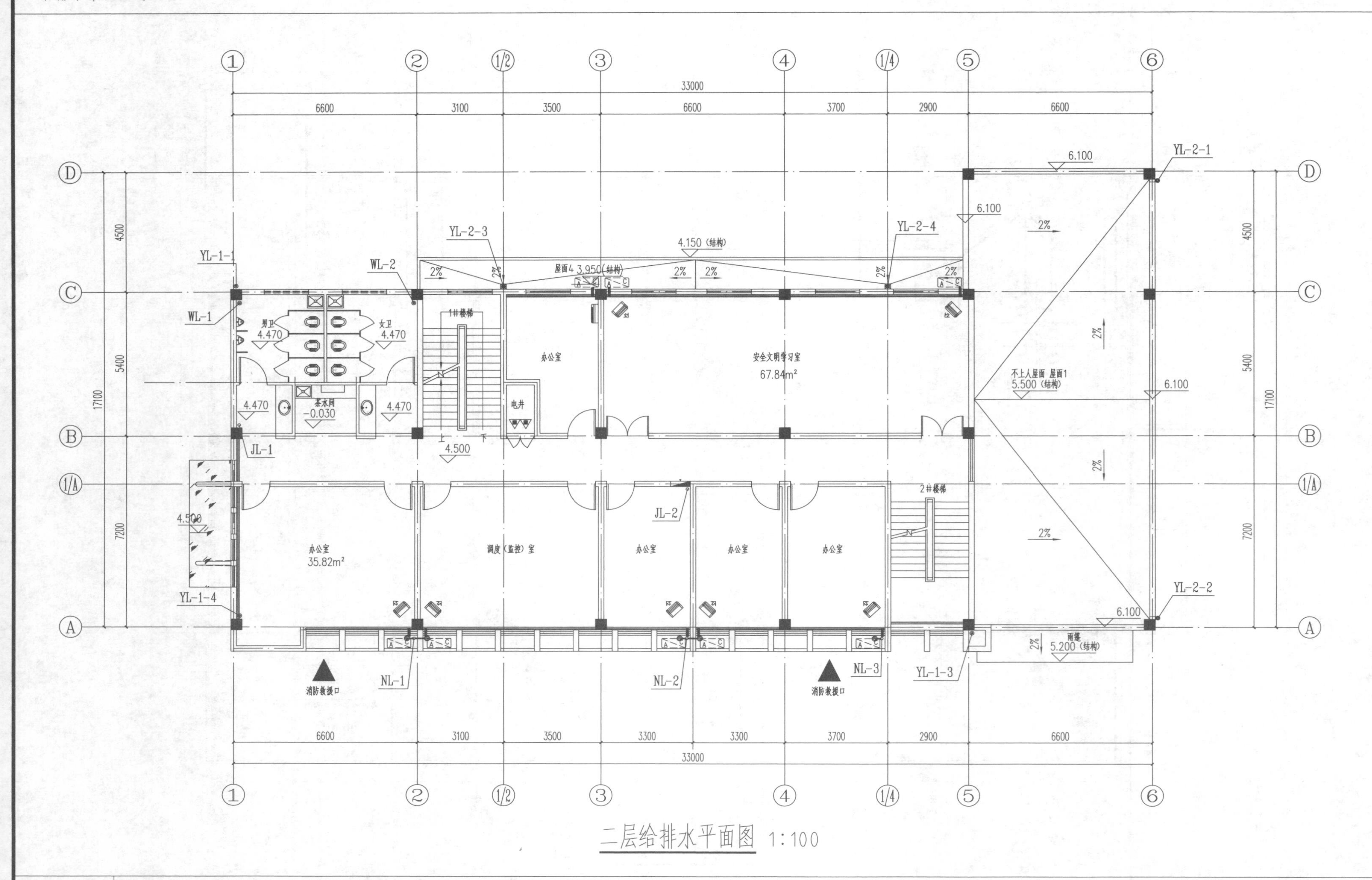

二层给排水平面图 1:100

本页主要练习中间层给排水平面图画法。

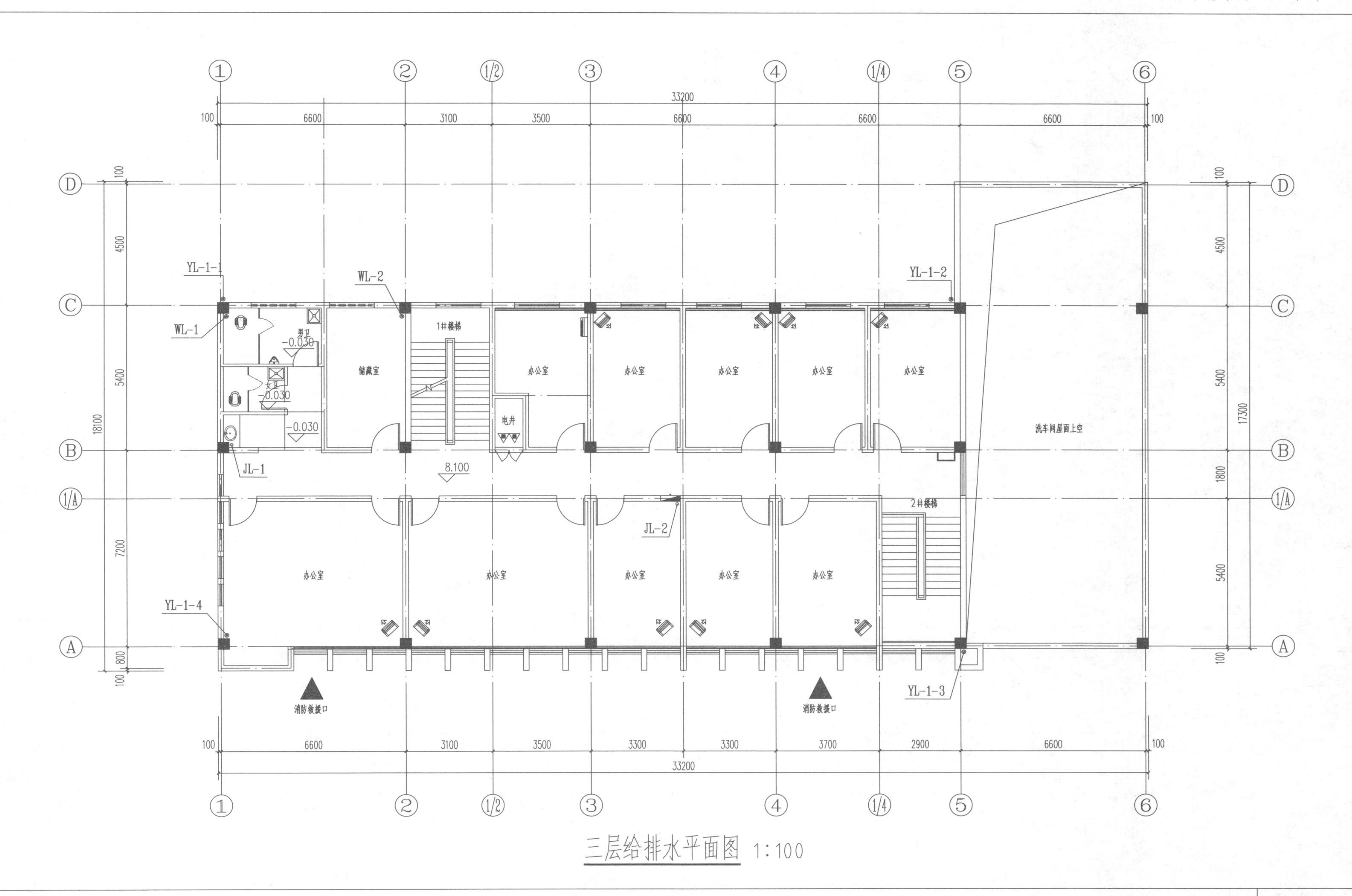

三层给排水平面图 1:100

本页主要练习中间层给排水平面图画法。

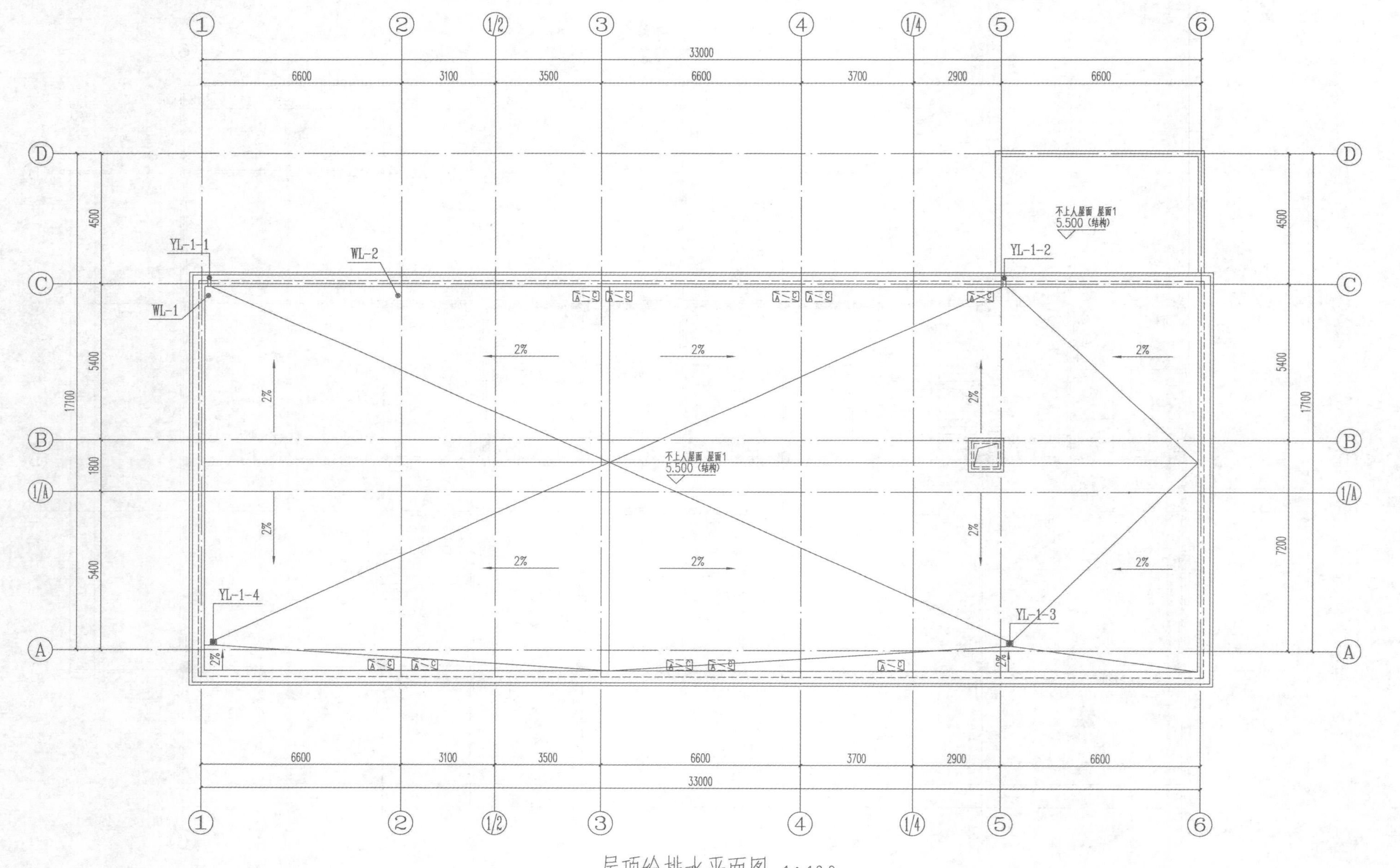

屋顶给排水平面图 1:100

本页主要练习屋顶层给排水平面图画法。

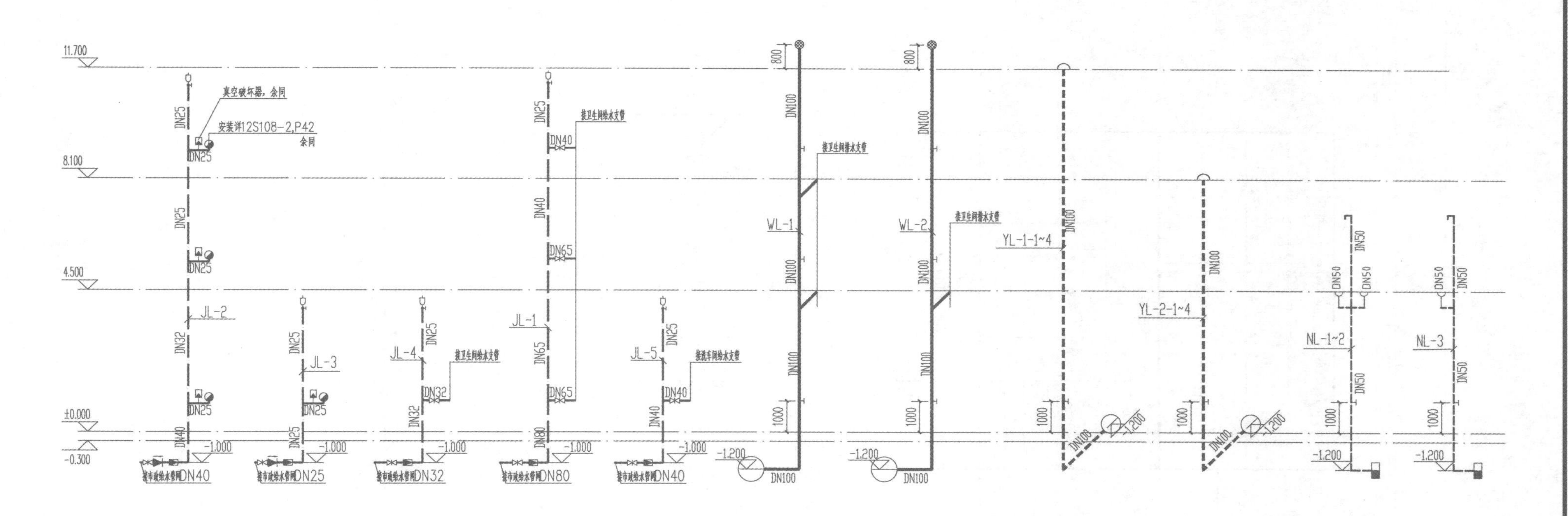

给排水系统原理图 1:100

注：管道贴梁底布置（阀门布置见平面图）。
图中管道标高给水管、排水管分别为管道中心、管道内底标高。

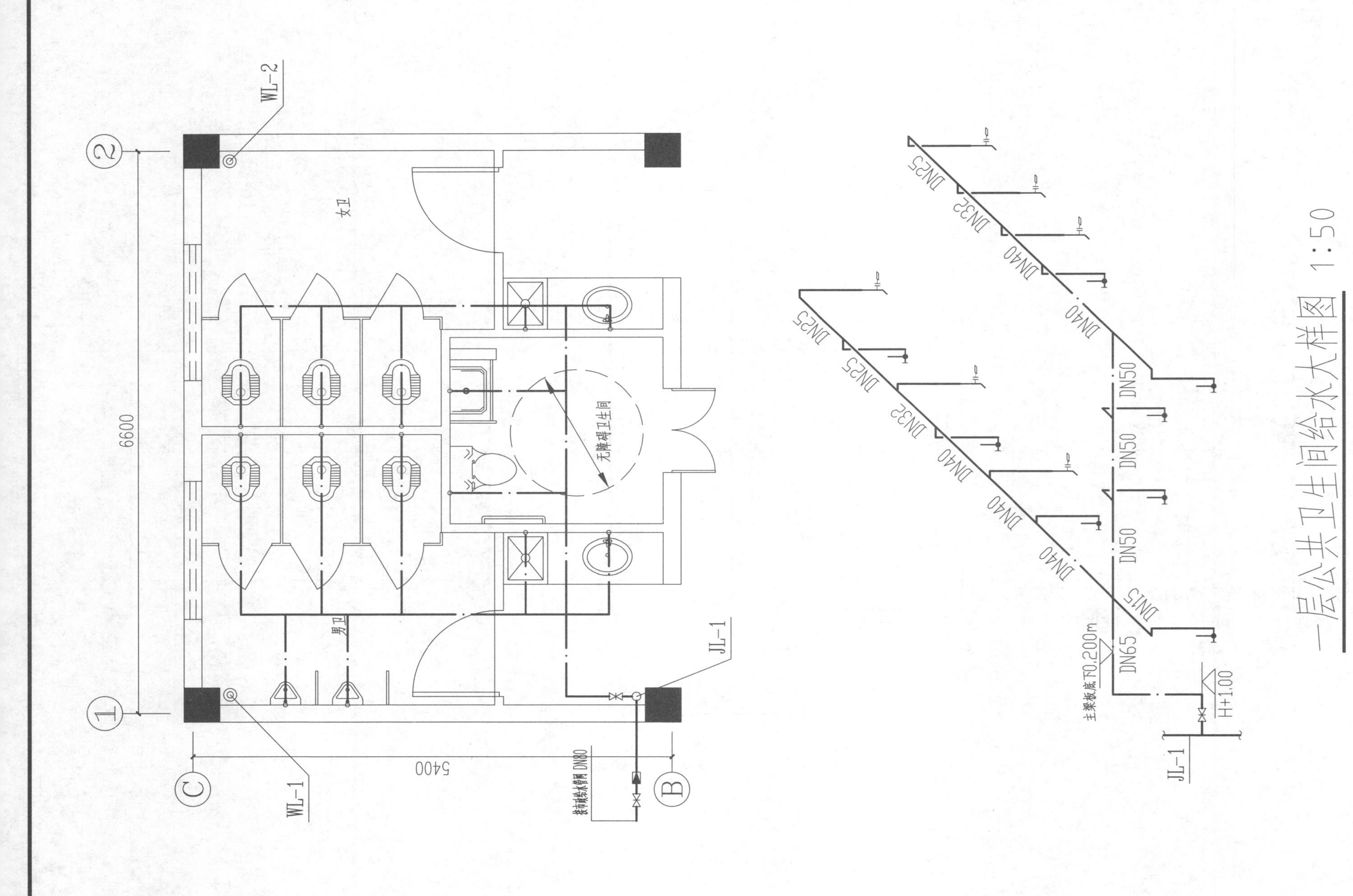

 本页主要练习一层给排水大样图画法。

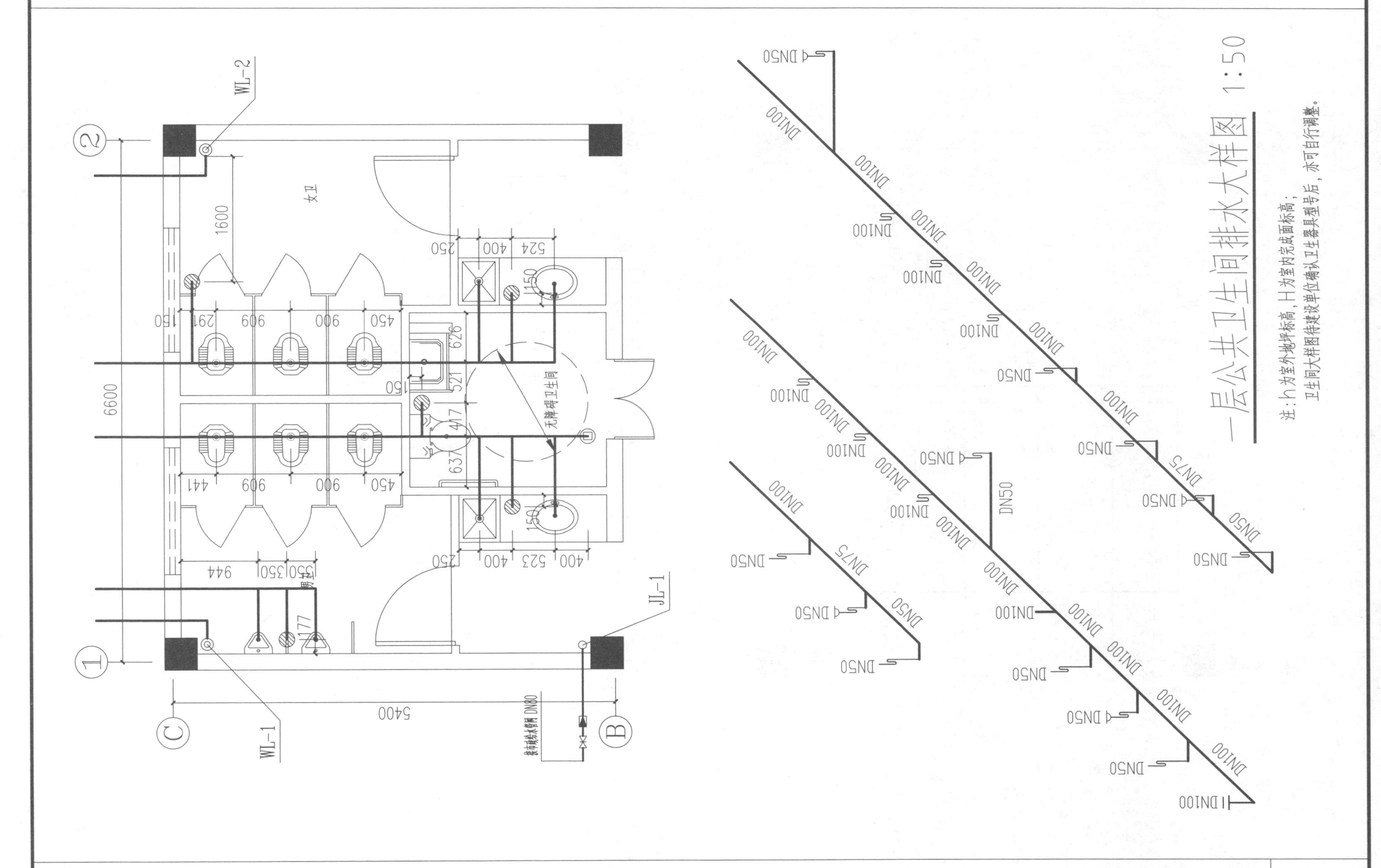

本页主要练习一层给排水大样图画法。

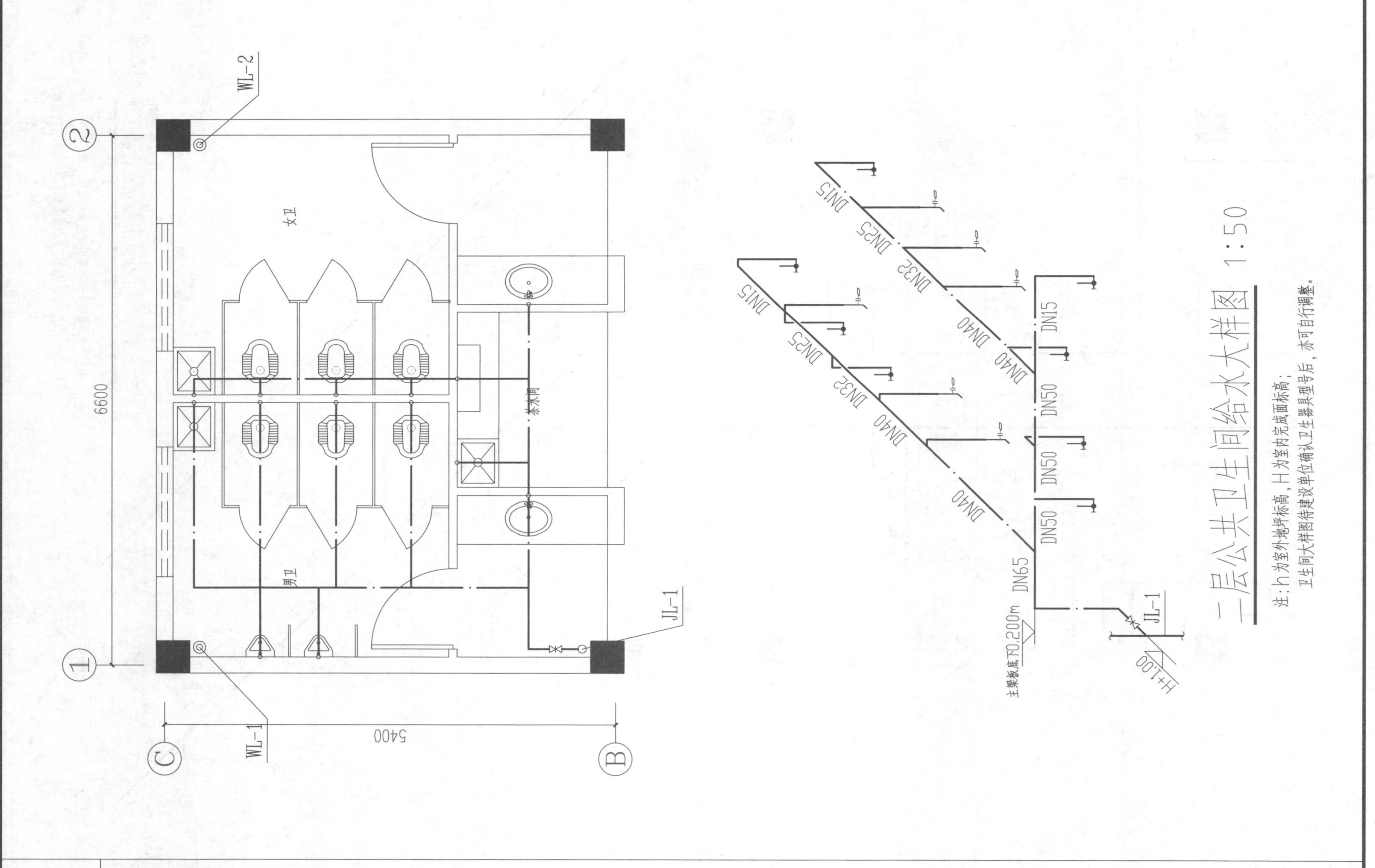

本页主要练习二层给水大样图画法。

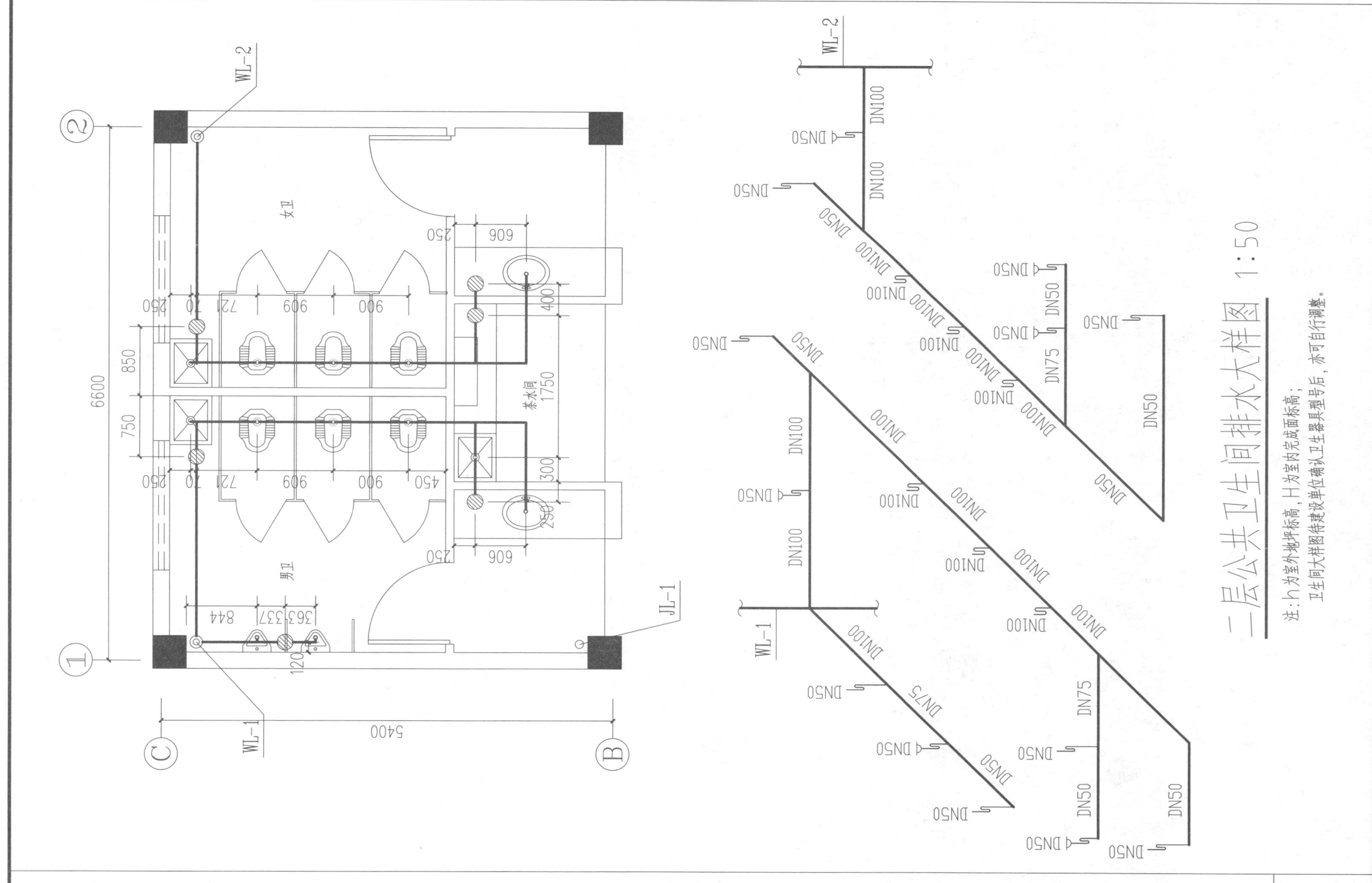

本页主要练习二层排水大样图画法。

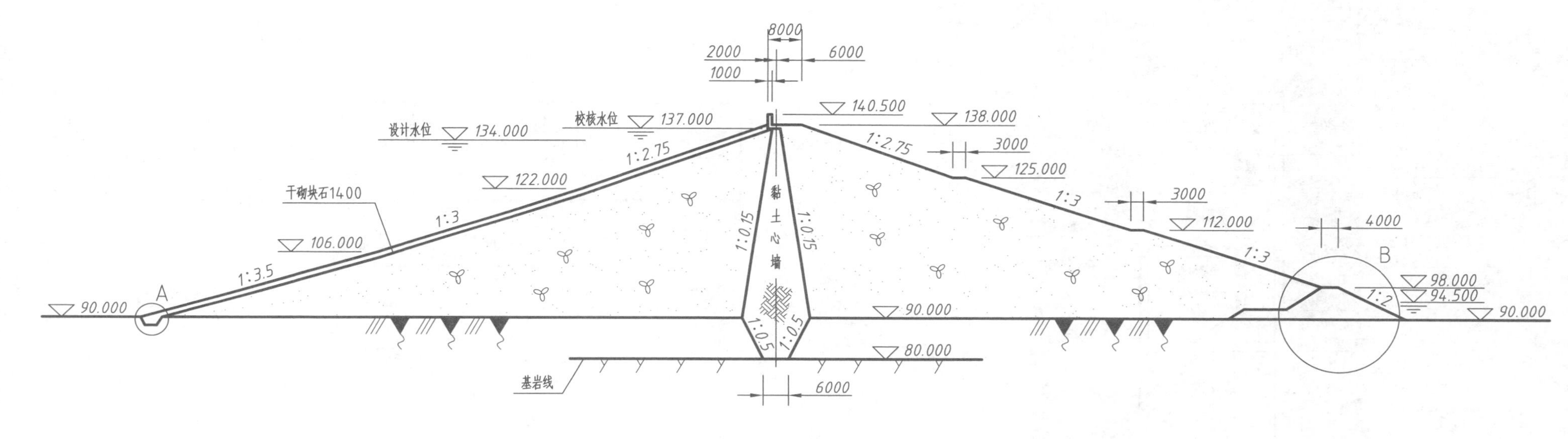

最大横断面 1:1000

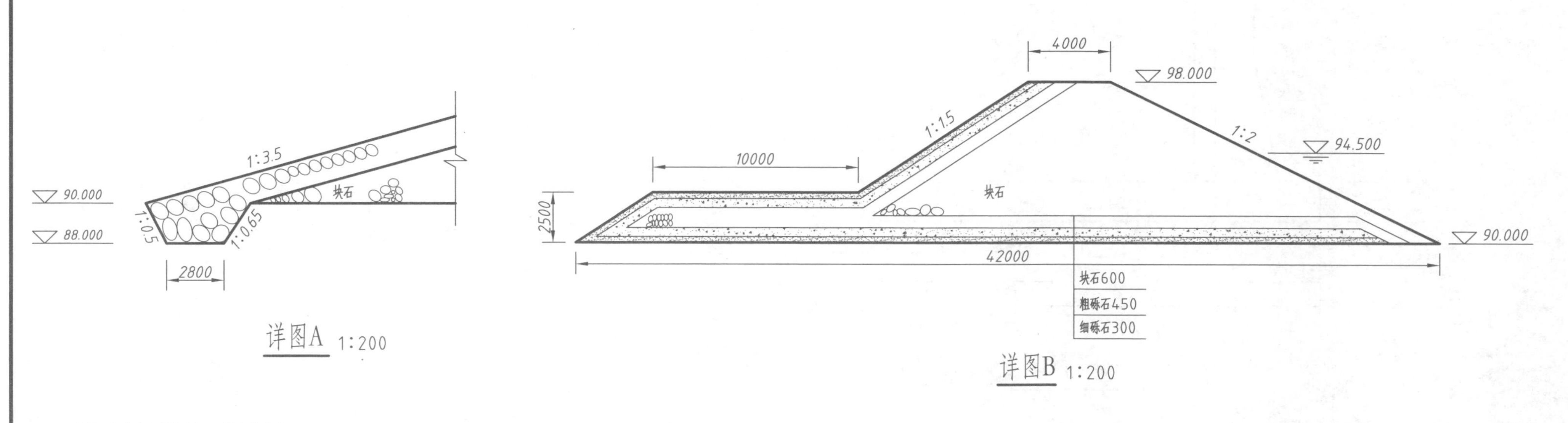

详图A 1:200

详图B 1:200

说明：图中高程单位为m，其余单位采用mm。

请抄绘下面水利工程图。

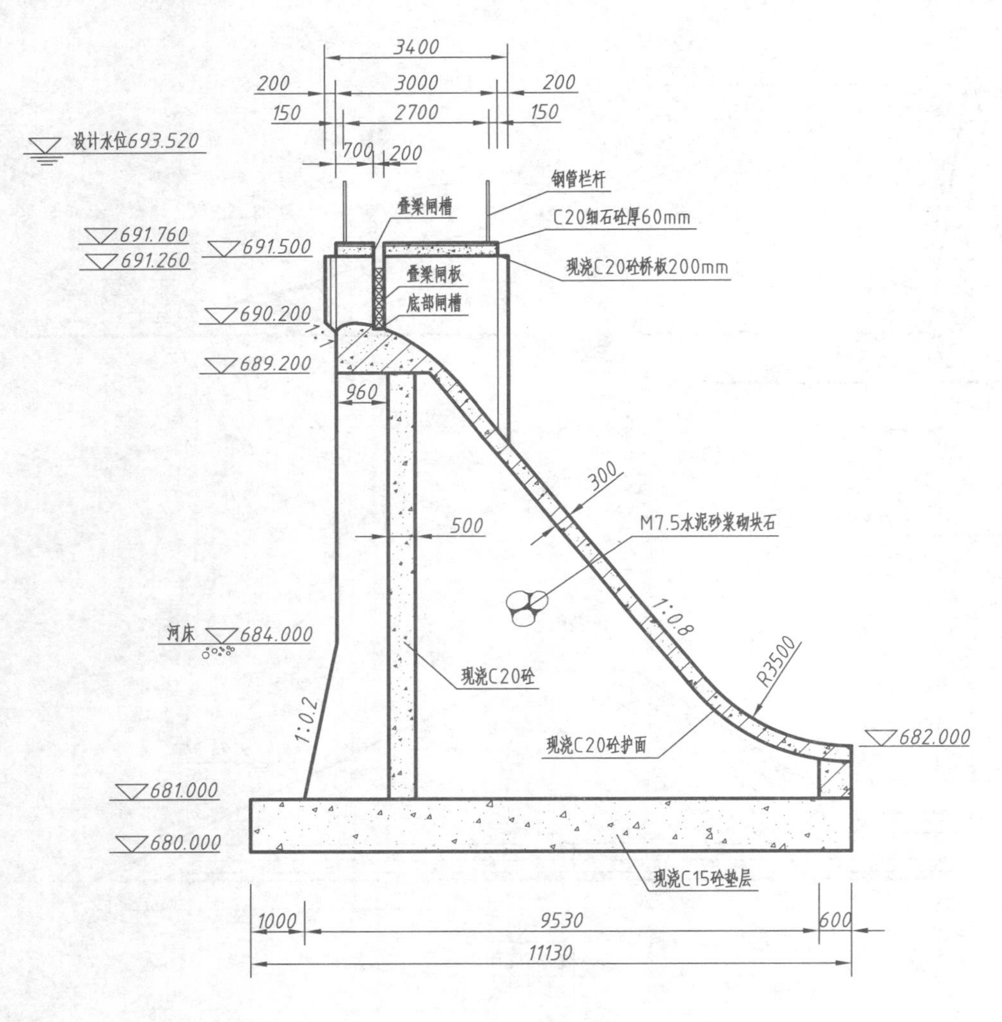

溢流坝段剖面图 1:100

X	0	200	400	600	800	1000	1200	1400	1600	1800	2000	R1	R2	R3
Y	0	20	70	150	250	380	530	700	900	1110	1350	700	280	56
计算公式：$Y=0.7(X/1.4)^{1.85}$														

溢流坝剖面曲线外形坐标

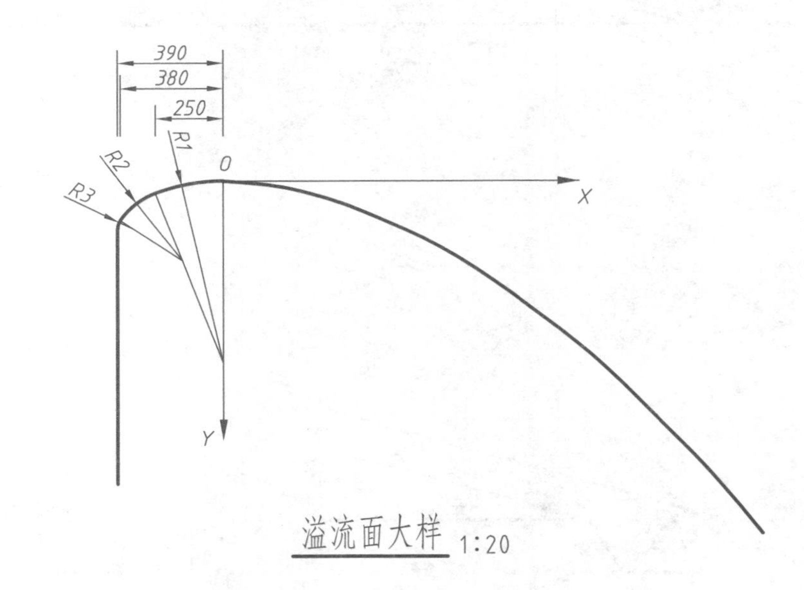

溢流面大样 1:20

说明：图中高程单位为m，其余单位采用mm。

本页主要练习挡水建筑物——溢流坝的画法。

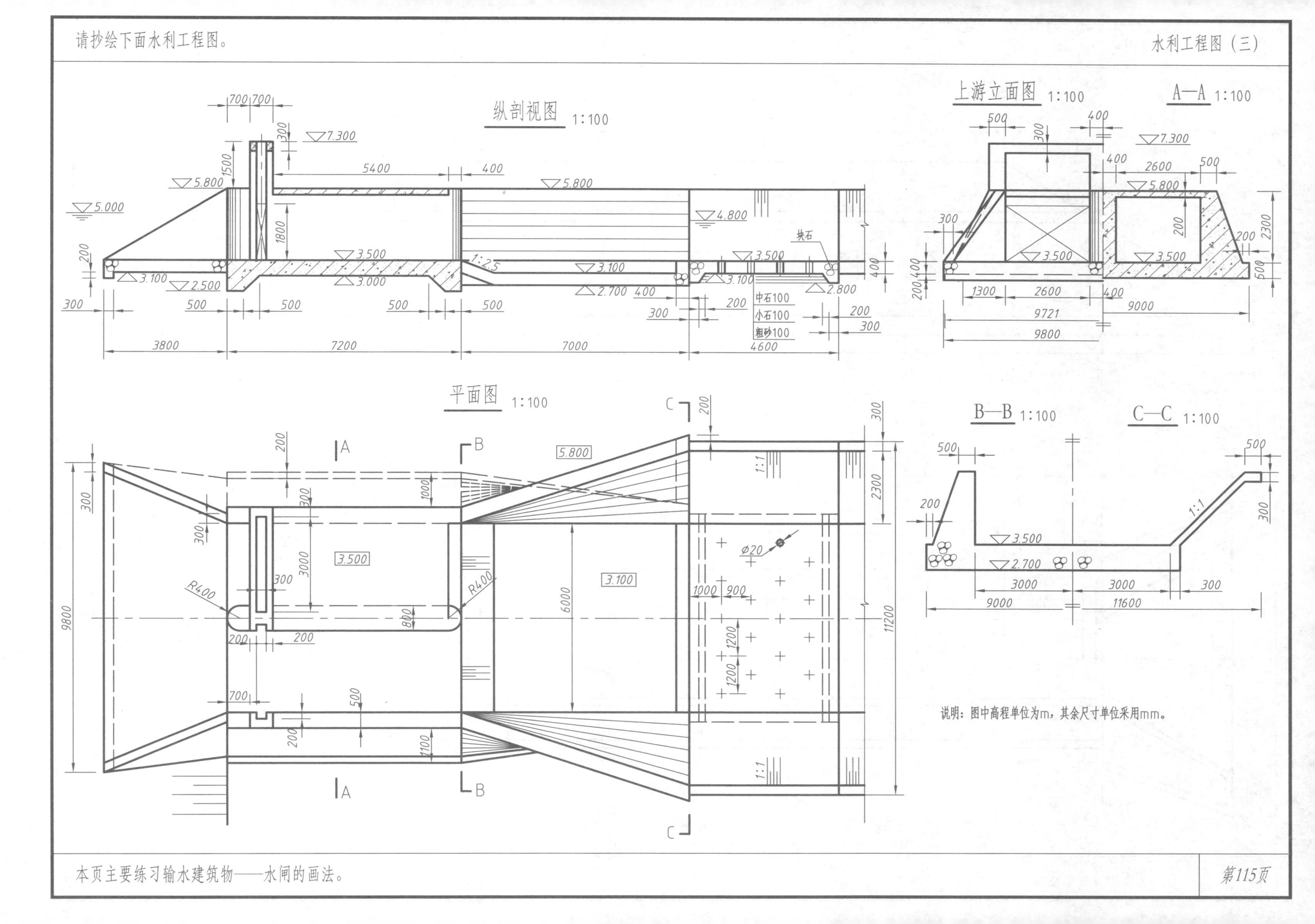
请抄绘下面水利工程图。
水利工程图（三）
纵剖视图 1:100
上游立面图 1:100
A—A 1:100
平面图 1:100
B—B 1:100
C—C 1:100
块石
中石100
小石100
粗砂100
说明：图中高程单位为m，其余尺寸单位采用mm。
本页主要练习输水建筑物——水闸的画法。
第115页

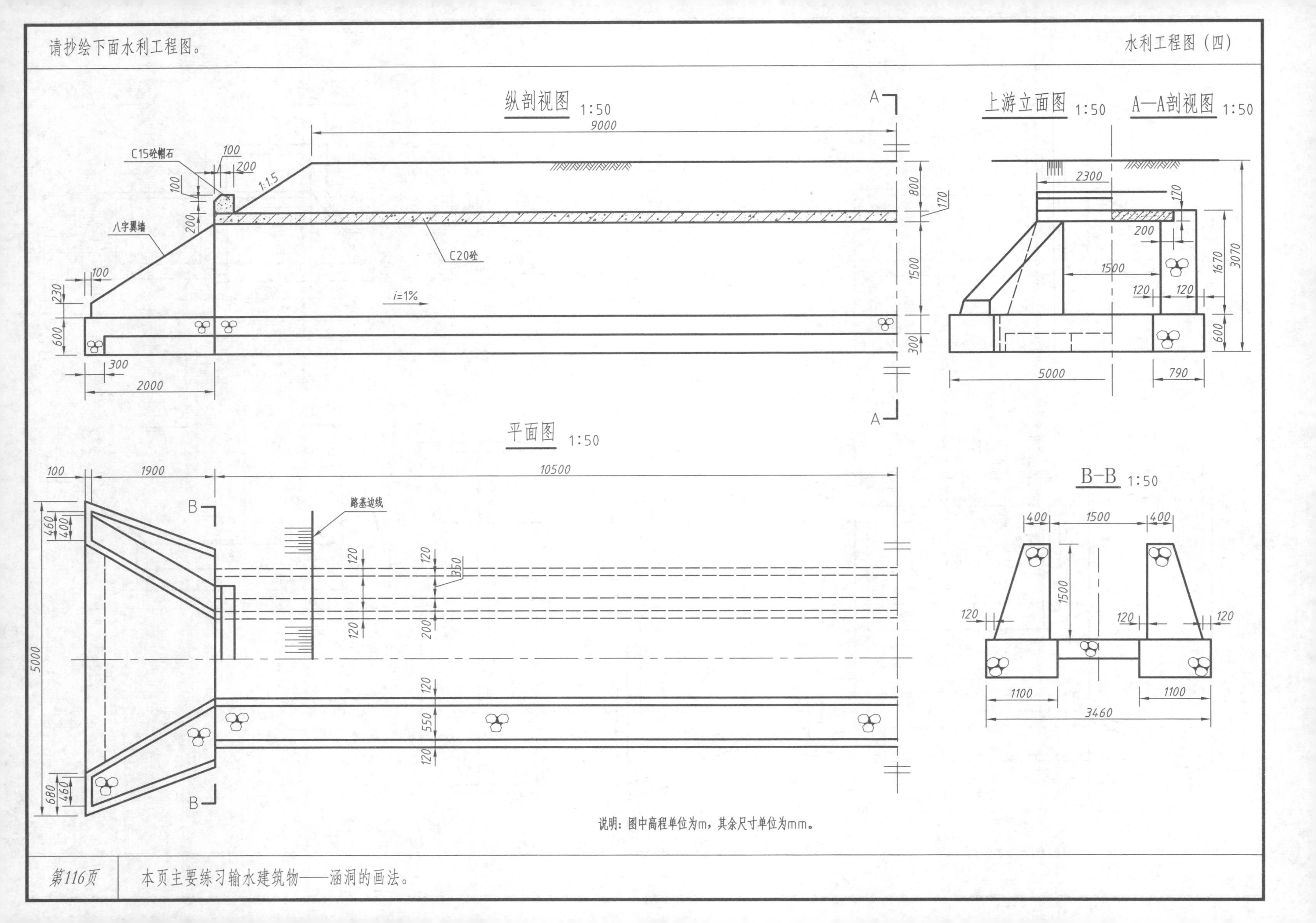

 本页主要练习输水建筑物——涵洞的画法。

请抄绘下面涵洞工程图。

路桥工程图（一）

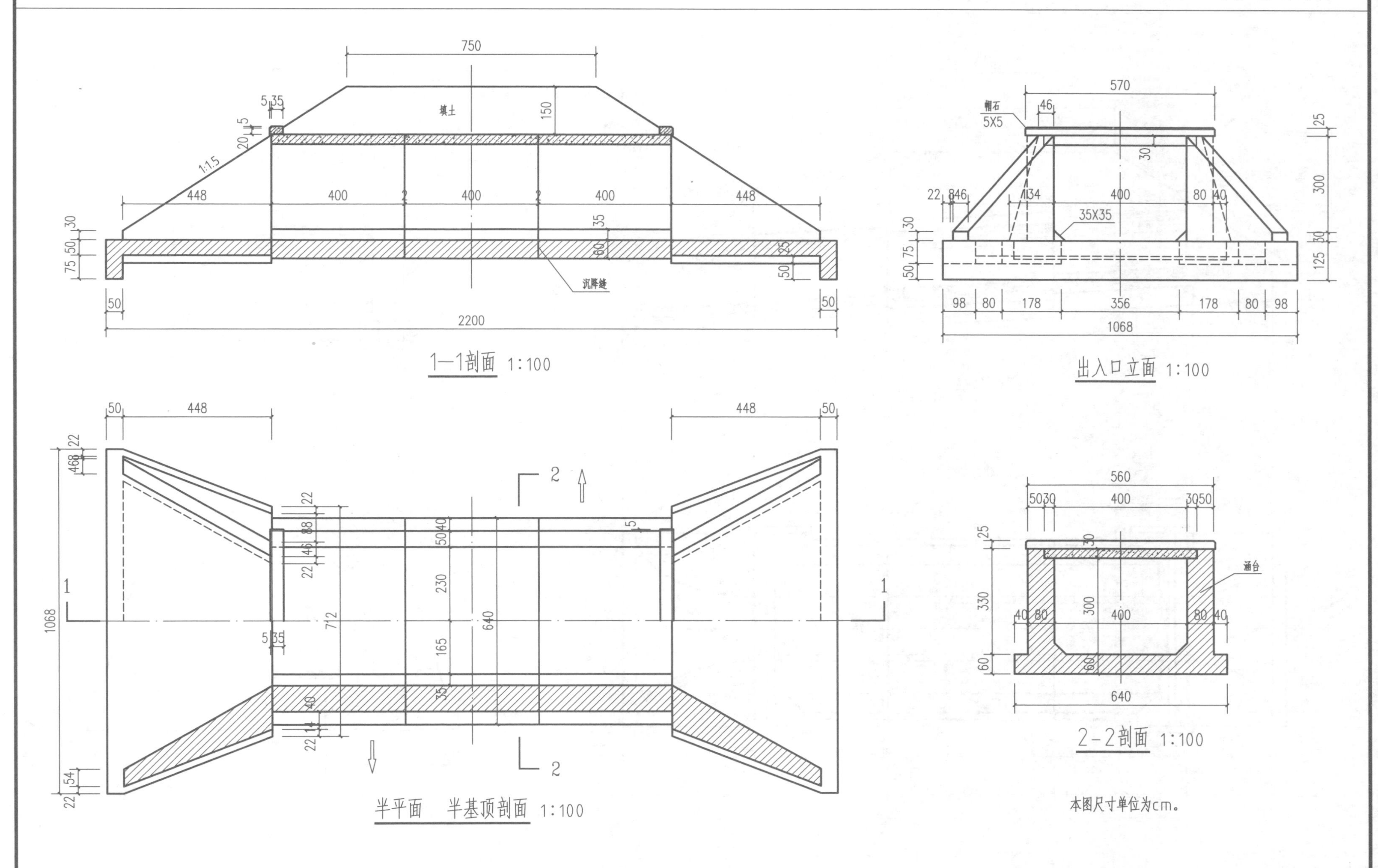

本页主要练习涵洞工程图的画法。本图所标比例是用A3图幅绘制时的比例。

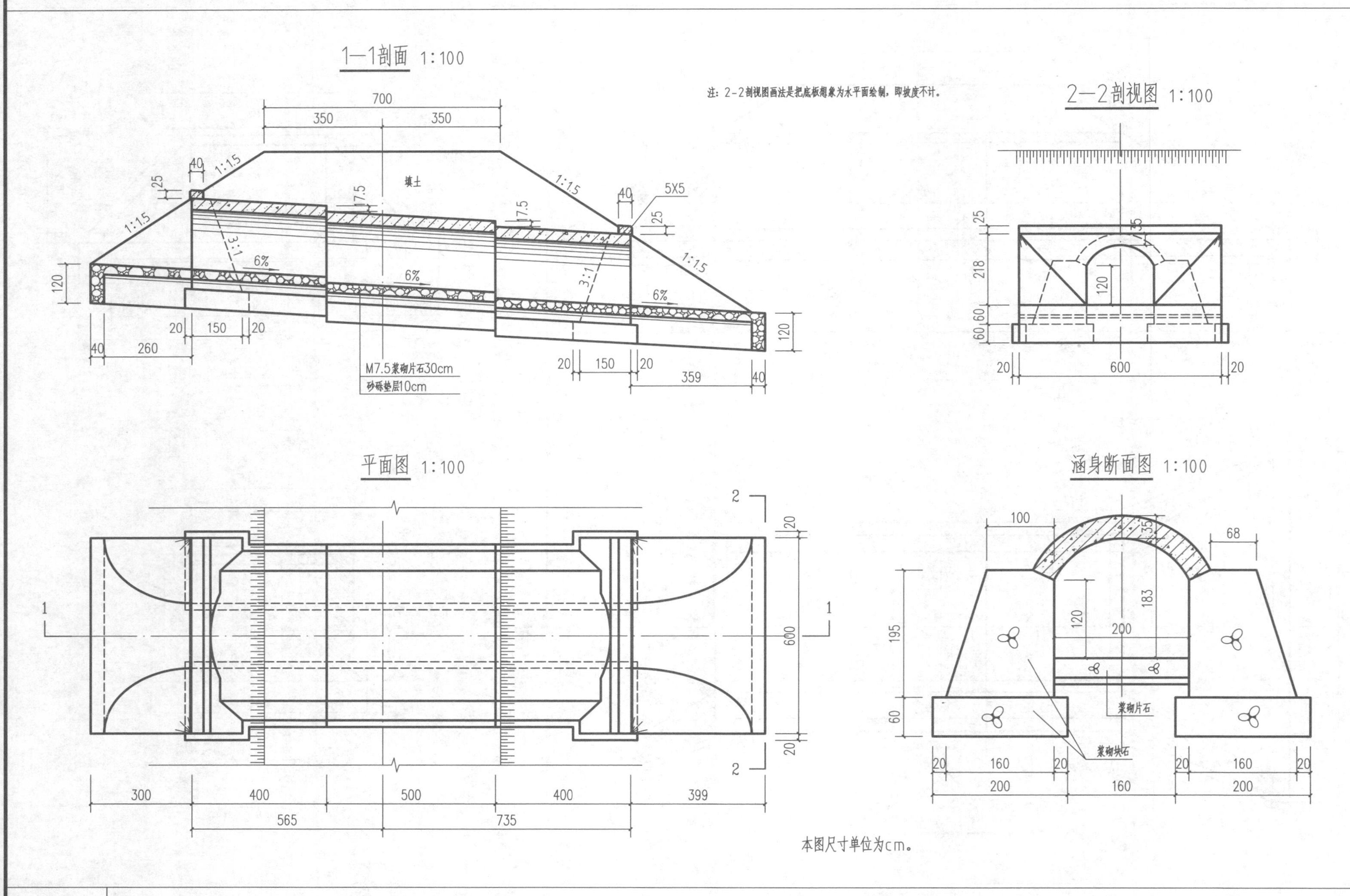

本页主要练习涵洞工程图的画法。本图所标比例是用A3图幅绘制时的比例。

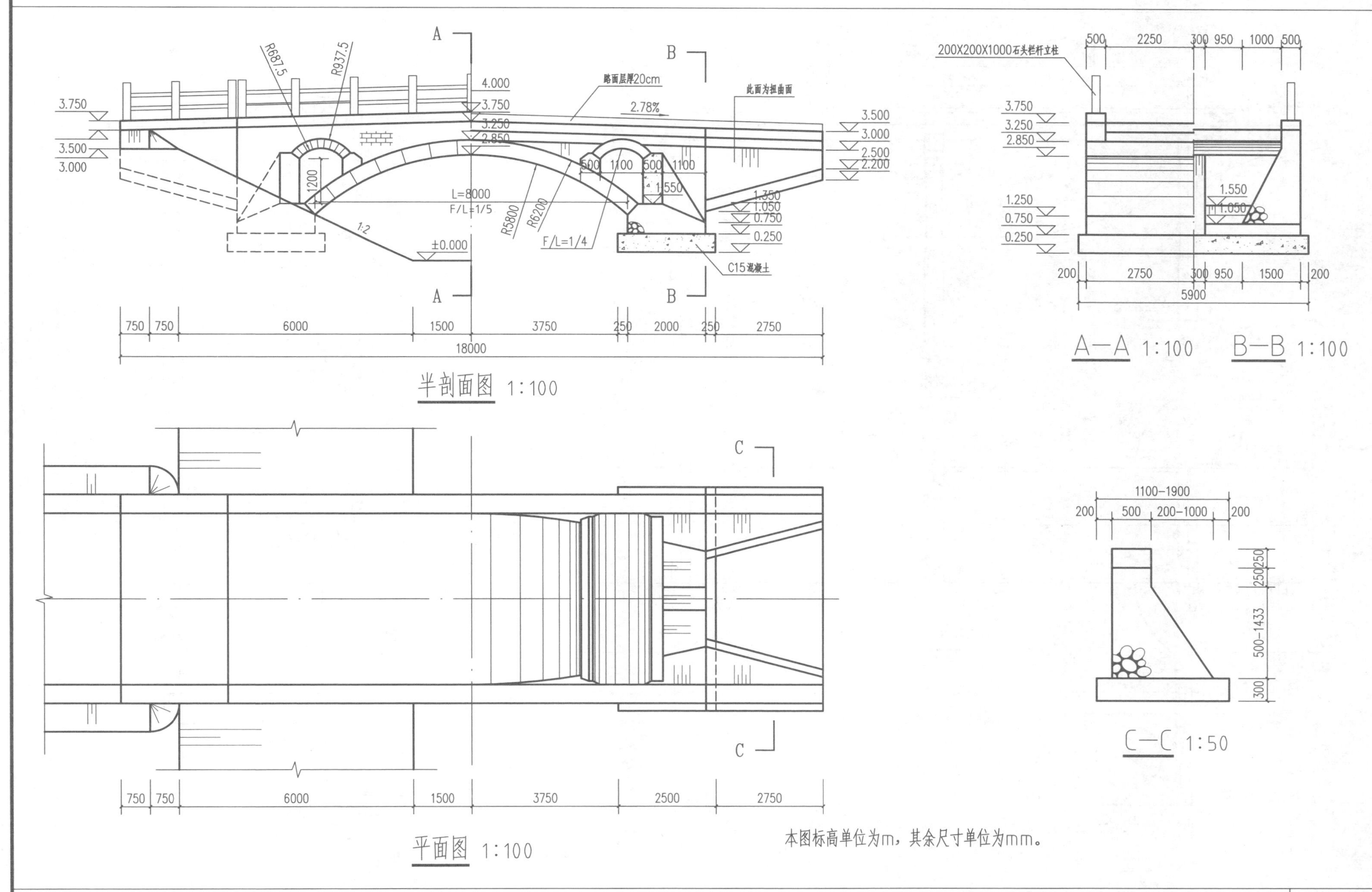

本页主要练习桥梁工程图的画法。本图所标比例是用A3图幅绘制时的比例。

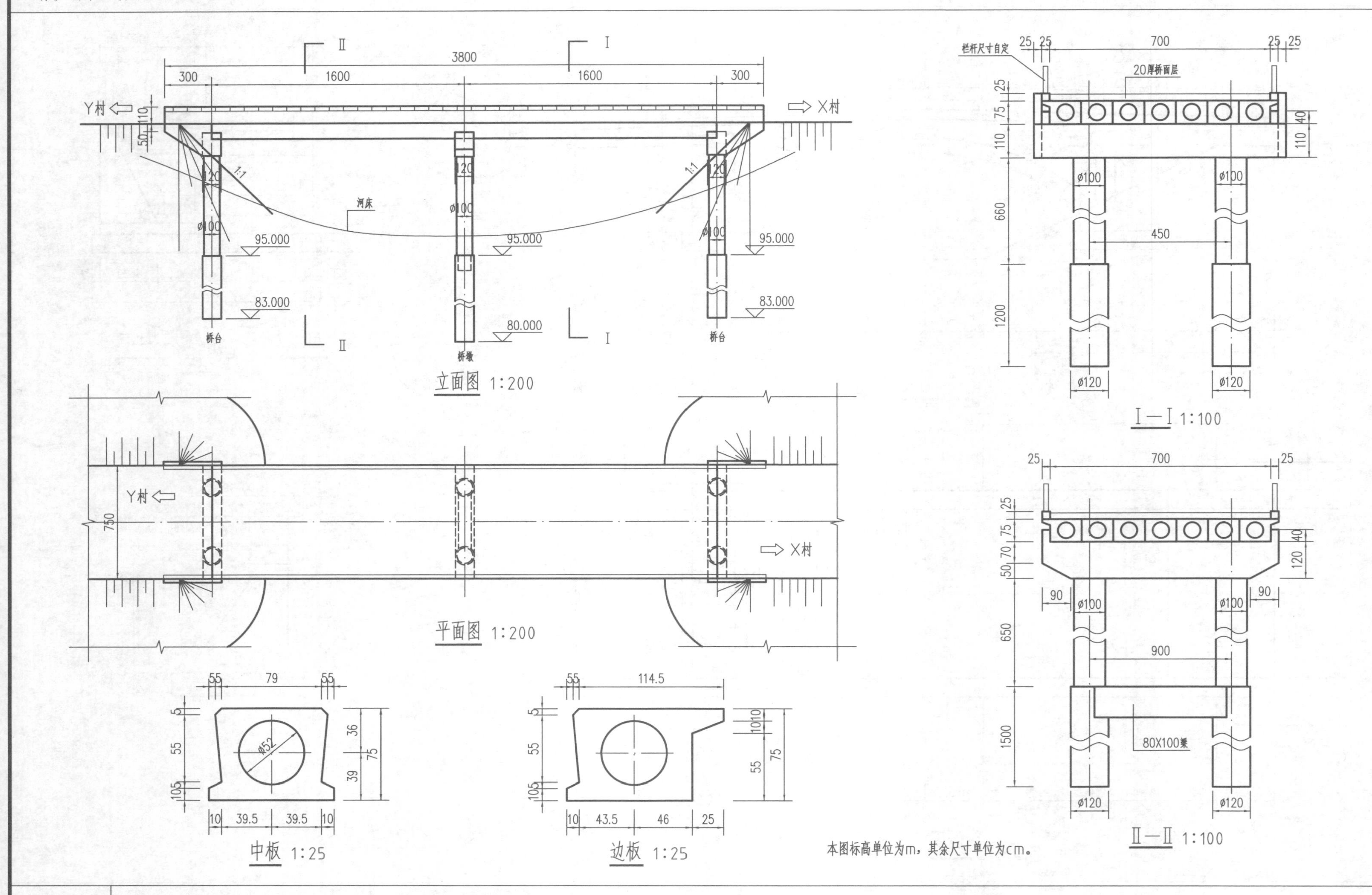

本页主要练习桥梁工程图的画法。本图所标比例是用A3图幅绘制时的比例。

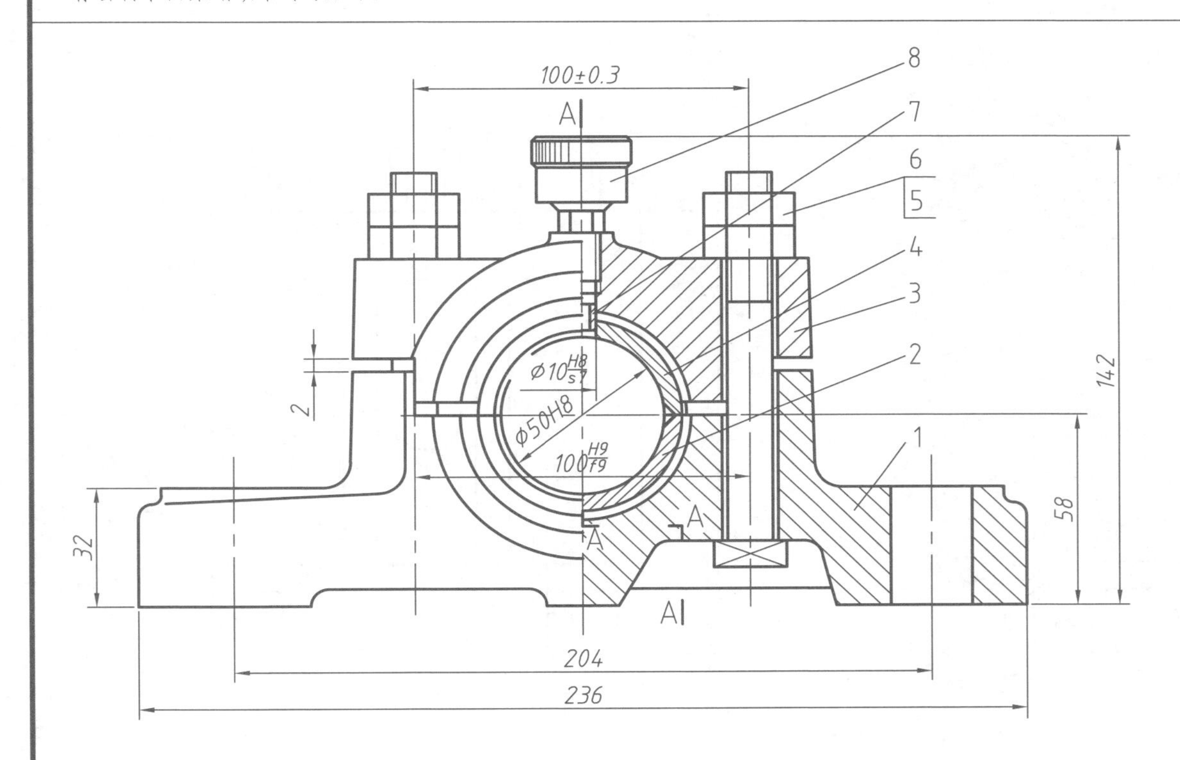

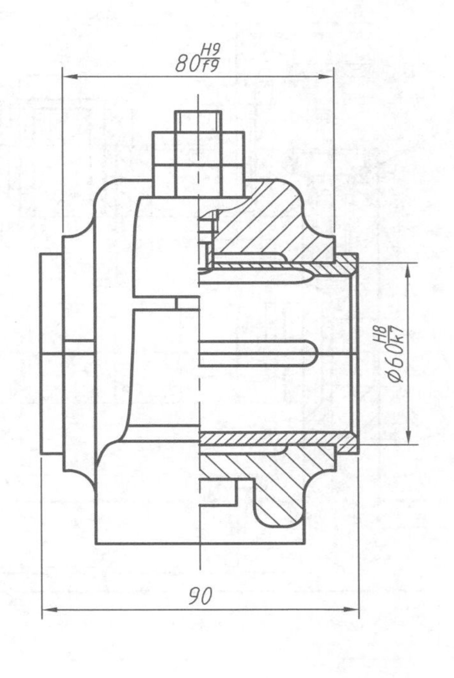

拆去轴承盖等

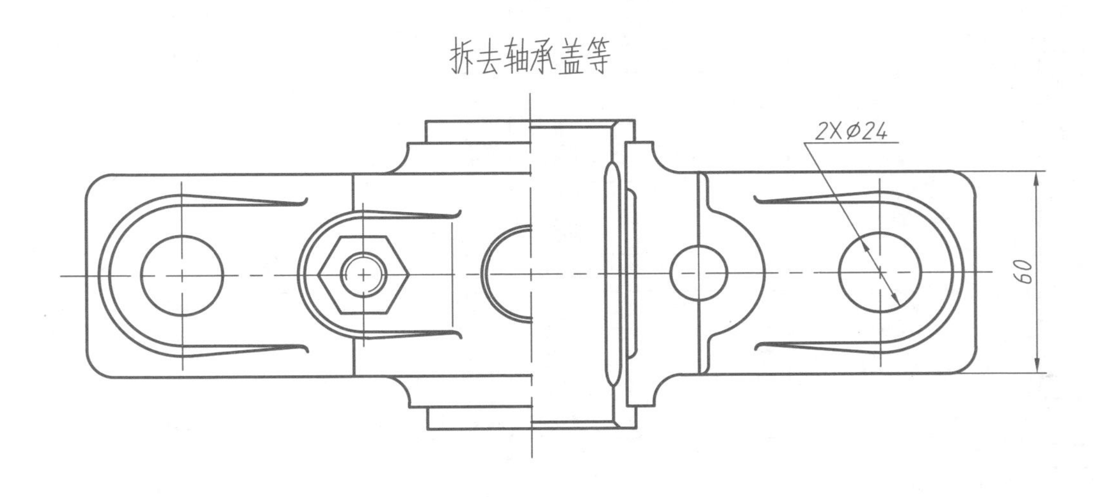

序号	代号	名称	数量	材料	单件	总计	备注
					质量		
8	JB/T7940.3-1995	油杯A-12	1				
7		轴衬固定套	1	Q215			
6	GB/T6171-2000	螺母M12	4				
5	GB/T8-1988	螺栓M12X120	2				
4		上轴衬	1	ZCuAl10Fe3			
3		轴承盖	1	HT150			
2		下轴衬	1	ZCuAl10Fe3			
1		轴承座	1	HT150			

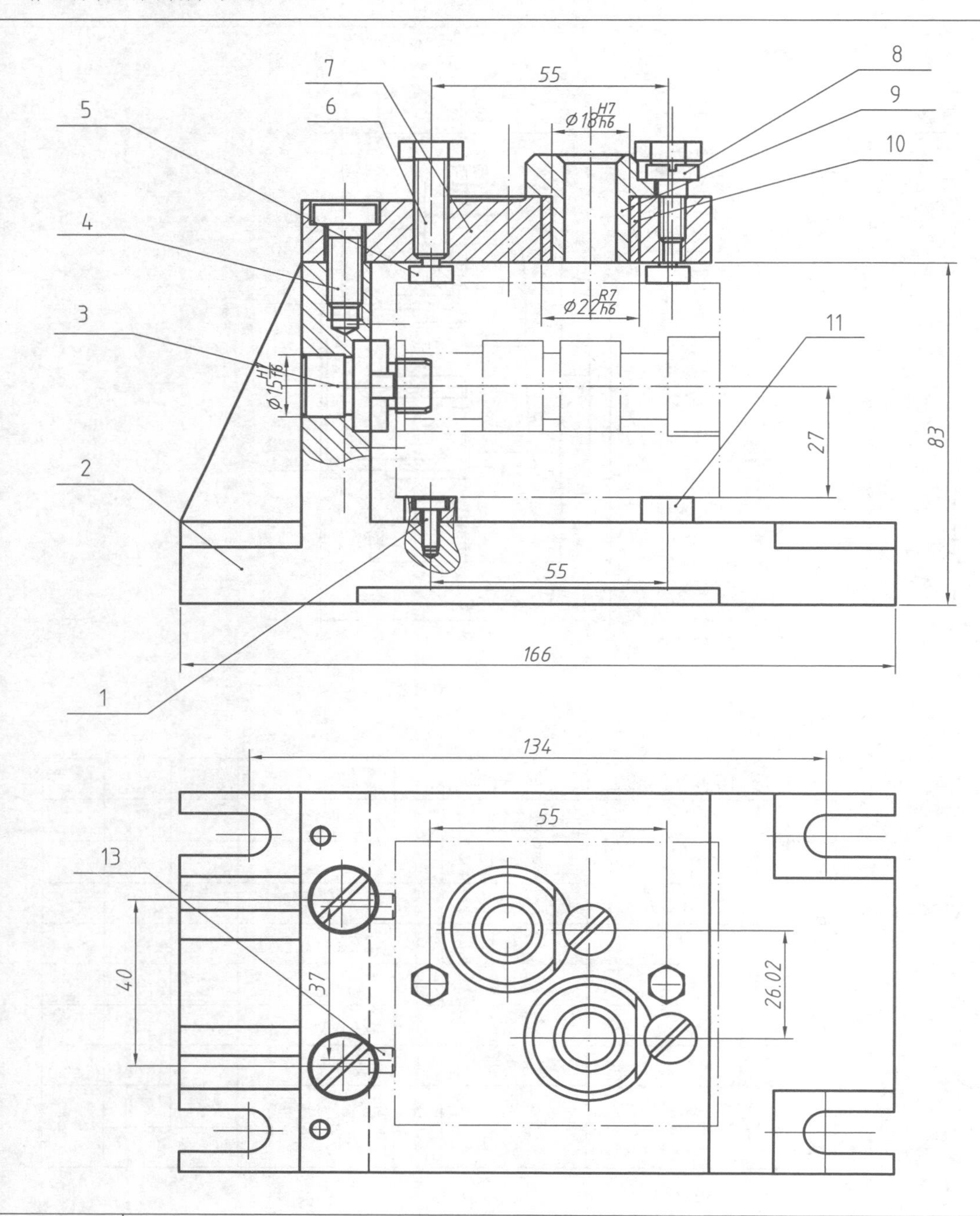

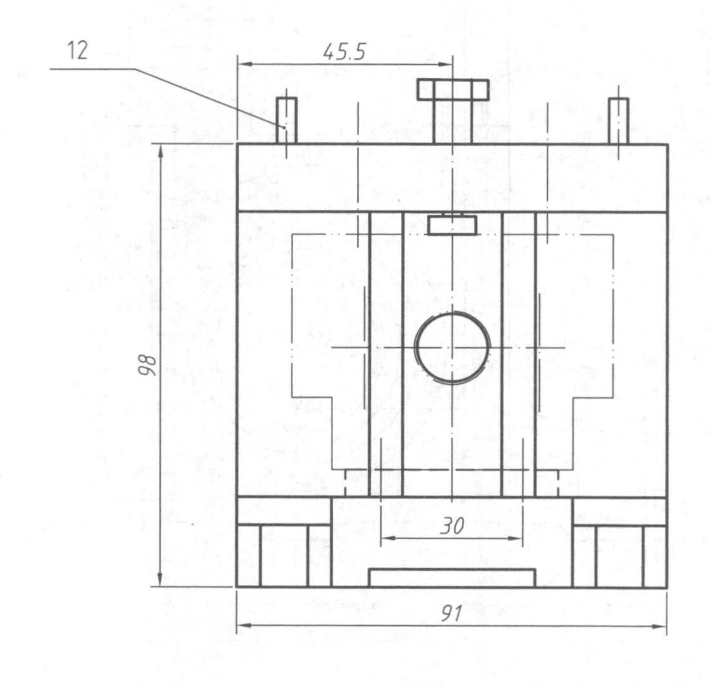

13		支撑钉	2		
12	M4	定位销	2	20钢	GB/T119-1986
11		支撑板	4	T8	A6X45GB2236-1991
10		衬套	2	GrMn	JB/T 8045.4-1999
9		钻套	2	T10	12F7GB2264-1991
8	M6	钻套螺钉	2	45钢	M6X8GB2268-1991
7		模板	1	45钢	
6	M8	压紧螺钉	2	45钢	AM8X30GB2161-1991
5	M5	光面压块	2	45钢	JB/T 8009.1-1999
4	M8	螺钉	2	45钢	GB/T67-2000
3		定位销	1	20钢	A15f7GB2203-1991
2		夹具体	1	HT200	
1	M4	螺钉	6	45钢	GB/T67-2000
序号	图号/规格	名 称	数 量	材 料	备 注

本页主要练习机械装配图的画法。

请绘制下面虎钳装配图。

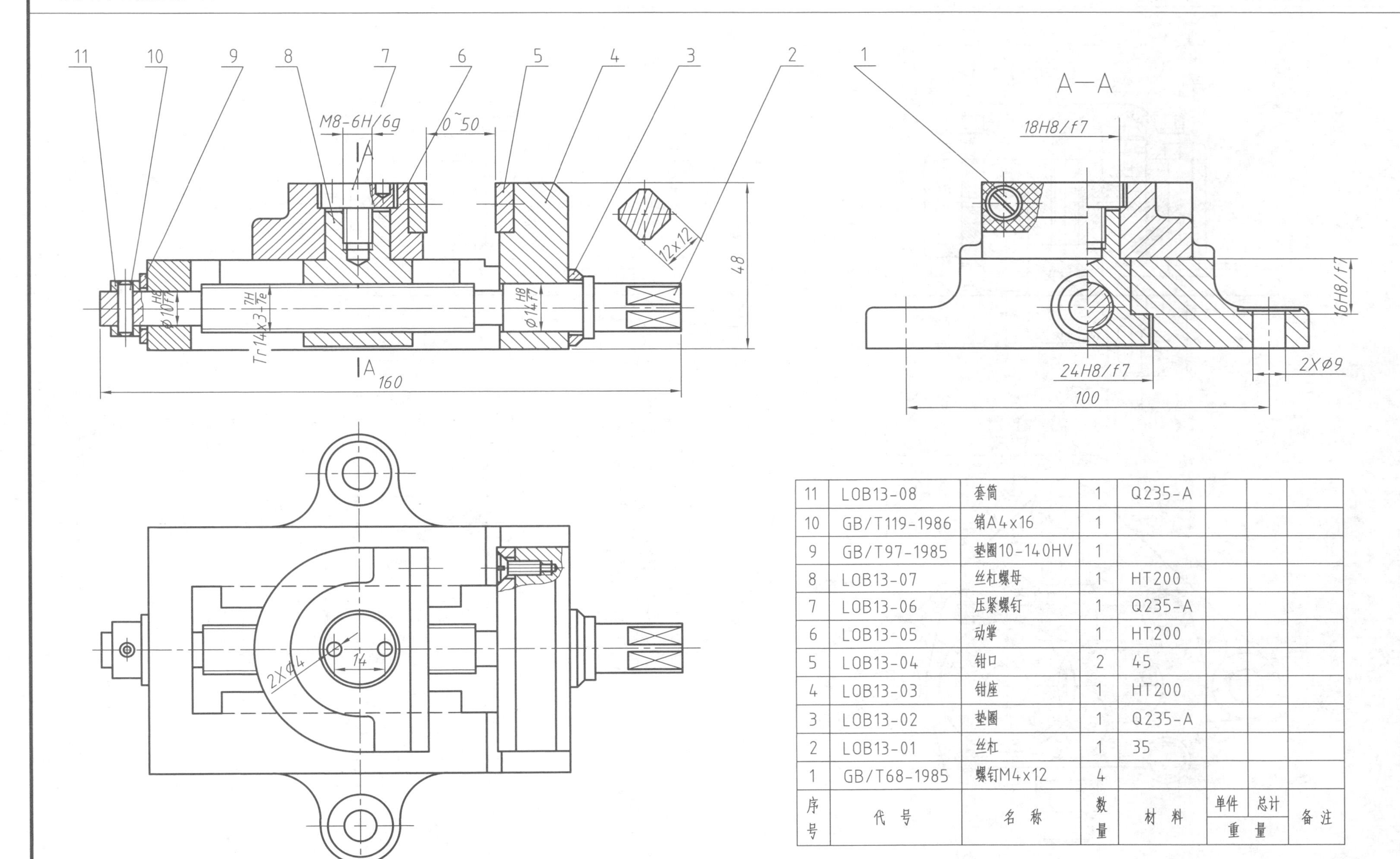

序号	代 号	名 称	数量	材 料	单件重量	总计重量	备注
11	LOB13-08	套筒	1	Q235-A			
10	GB/T119-1986	销A4x16	1				
9	GB/T97-1985	垫圈10-140HV	1				
8	LOB13-07	丝杠螺母	1	HT200			
7	LOB13-06	压紧螺钉	1	Q235-A			
6	LOB13-05	动掌	1	HT200			
5	LOB13-04	钳口	2	45			
4	LOB13-03	钳座	1	HT200			
3	LOB13-02	垫圈	1	Q235-A			
2	LOB13-01	丝杠	1	35			
1	GB/T68-1985	螺钉M4x12	4				

本页主要练习机械装配图的画法。

请绘制下面某机油泵装配图。

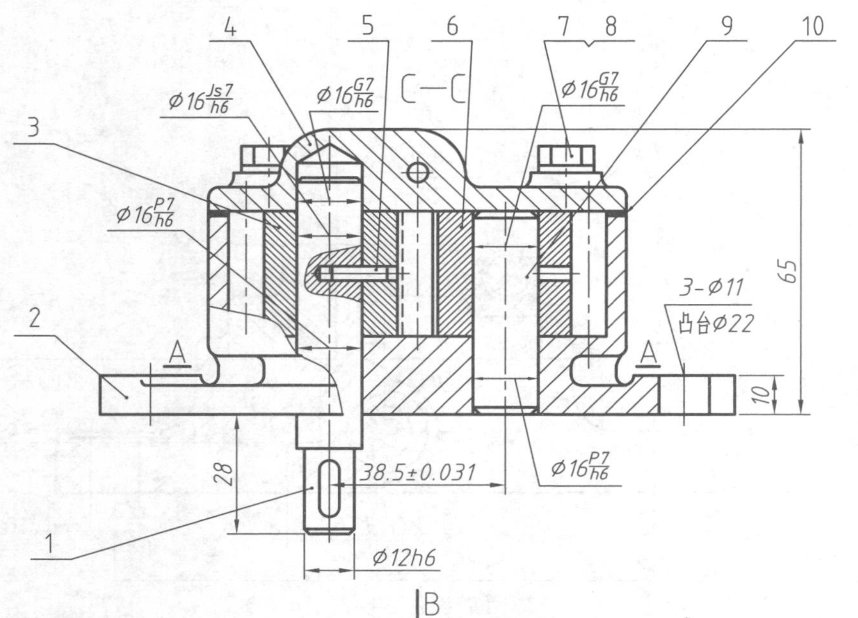

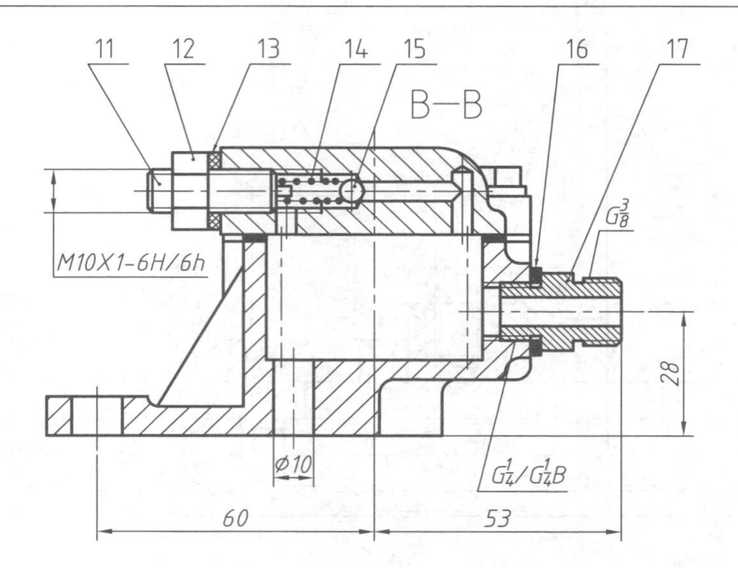

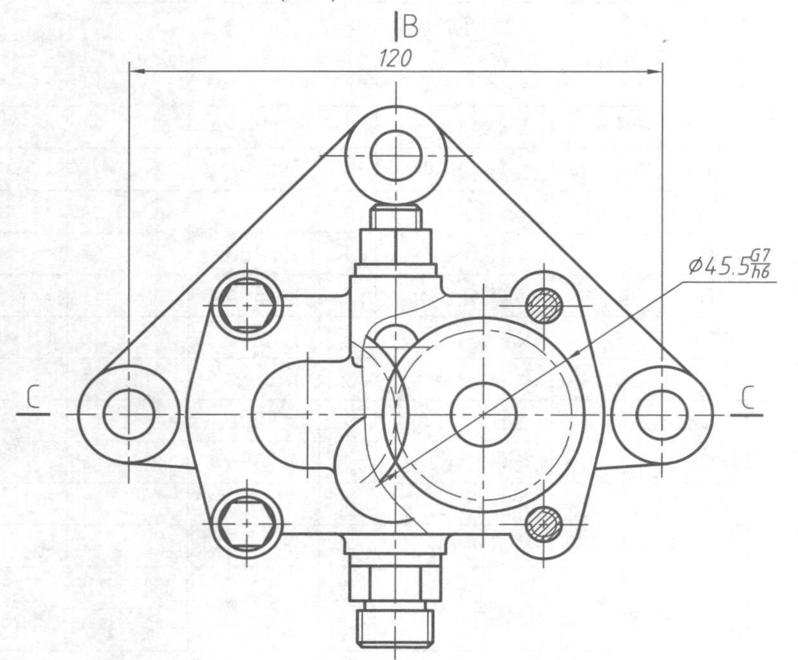

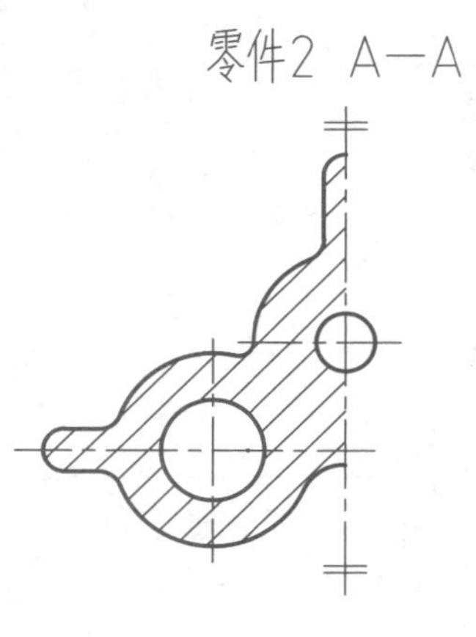

序号	代 号	名 称	数量	材 料	重 量		备 注
					单件	总计	
1		主动轴	1	45			
2		泵体	1	HT150			
3		主动齿轮	1	45			
4		泵盖	1	HT150			
5	GB/T119-1986	销 A3X12	1				
6		从动齿轮	1	45			
7	GB/T5780-1986	螺栓 M6X25	4				
8	GB/T97.1-1985	垫圈 6-140HV	4				
9		从动轴	1	45			
10		垫片	1	橡胶			
11		螺钉 M10X1X30	1	35			
12	GB/T6171-1986	螺母 M10X1	1				
13		垫圈	4	皮革			
14		弹簧	1	65Mn			
15	GB/T308-1984	球φ6	3				
16		垫片	1	皮革			
17		管接头		H62			

本页主要练习机械装配图的画法。

附录　CAD常用快捷键

快捷键	命令全称	含义
★A	ARC	绘制圆弧
AA	AREA	测量面积
AL	ALIGN	对齐对象
AR	ARRAY	阵列对象
ATT	ATTDEF	定义属性
B	BLOCK	创建块
BE	BEDIT	编辑块定义
BO	BOUNDARY	创建边界
BR	BREAK	打断对象
★C	CIRCLE	画圆
CHA	CHAMFER	倒角
COL	COLOR	颜色
★CO 或 CP	COPY	复制对象
★D	DIMSTYLE	标注样式
★DAL	DIMALIGNED	对齐标注
DAN	DIMANGULAR	角度标注
DCO	DIMCONTINUE	连续标注
DDA	DIMDISASSOCIATE	解除标注关联
DDI	DIMDIAMETER	直径标注
DED	DIMEDIT	编辑标注
DI	DIST	测量距离
DIV	DIVIDE	定数等分
★DLI	DIMLINEAR	线性标注

快捷键	命令全称	含义
DO	DONUT	绘制圆环
DRA	DIMRADIUS	半径标注
DRE	DIMREASSOCIATE	标注重新关联
★DS 或 SE	DSETTINGS	草图设置
★DT	TEXT	单行文字
★E	ERASE	删除对象
ED	TEXTEDIT	文字编辑
EL	ELLIPSE	绘制椭圆
★EX	EXTEND	延伸对象
EXT	EXTRUDE	拉伸建模
★F	FILLET	圆角
G	GROUP	对象编组
★H 或 BH	HATCH	图案填充
HE	HATCHEDIT	编辑图案填充
HI	HIDE	隐藏
I	INSERT	插入块
IN	INTERSECT	交集
J	JOIN	连接线段
★L	LINE	绘制直线
LA	LAYER	图层
LE	QLEADER	快速引线
LEN	LENGTHEN	拉长对象
LI 或 LS	LIST	列表显示

快捷键	命令全称	含义
LT	LINETYPE	线型管理器
LW	LWEIGHT	线宽设置
★M	MOVE	移动对象
★MA	MATCHPROP	特性匹配
ME	MEASURE	定距等分
★MI	MIRROR	镜像对象
ML	MLINE	绘制多线
★T 或 MT	MTEXT	多行文字
★O	OFFSET	偏移对象
OP	OPTIONS	选项
P	PAN	平移视图
PE	PEDIT	编辑多段线
★PL	PLINE	绘制多段线
PO	POINT	绘制点
POL	POLYGON	绘制正多边形
PR 或 CH 或 MO	PROPERTIES	特性
PU	PURGE	清理
R	REDRAW	重画
RE	REGEN	重生成
REC	RECTANG	绘制矩形
REG	REGION	创建面域
REV	REVOLVE	旋转建模

快捷键	命令全称	含义
★RO	**ROTATE**	**旋转对象**
RR	RENDER	渲染
★S	**STRETCH**	**拉伸对象**
★SC	**SCALE**	**缩放对象**
SEC	SECTION	创建截面
SL	SLICE	剖切
SO	SOLID	二维实体
SPL	SPLINE	绘制样条曲线
★ST	**STYLE**	**文字样式**
SU	**SUBTRACT**	**差集**
TB	TABLE	绘制表格
★TR	**TRIM**	**修剪对象**
TS	TABLESTYLE	表格样式
UN	UNITS	图形单位
UNI	**UNION**	**并集**
V	**VIEW**	**视图管理器**
VP	VPOINT	视点预设
VS	**VSCURRENT**	**视觉样式**
W	WBLOCK	写块命令
★X	**EXPLODE**	**分解对象**
XL	XLINE	绘制构造线
Z	ZOOM	缩放视图

快捷键	命令全称	含义
F1	**HELP**	**帮助**
F2		文本窗口
★F3		**对象捕捉开/关**
F4		三维对象捕捉开/关
F5		等轴测平面
F6		**动态 UCS 开/关**
F7		栅格开/关
★F8		**正交开/关**
F9		栅格捕捉模式开/关
★F10		**极轴开/关**
F11		**对象捕捉追踪开/关**
F12		**动态输入开/关**
★Ctrl+1		**打开/关闭特性**
Ctrl+2		打开/关闭设计中心
Ctrl+3		打开/关闭工具选项板
Ctrl+4		打开/关闭图纸集管理器
Ctrl+9		打开/关闭命令行
Ctrl+0		打开/关闭全屏模式
Ctrl+A		全选对象
Ctrl+C	**COPYCLIP**	**复制到剪贴板**
Ctrl+N	NEW	新建文件
Ctrl+O	OPEN	打开文件

快捷键	命令全称	含义
Ctrl+P	**PLOT**	**打印图形**
Ctrl+Q	QUIT	退出程序
★Ctrl+S	**SAVE**	**保存文件**
Ctrl+V	**PASTECLIP**	**粘贴**
Ctrl+X	CUTCLIP	剪切
Ctrl+Y	**MREDO**	**恢复操作**
★Ctrl+Z		**放弃上一步操作**
Ctrl+Shift+C	COPYBASE	带基点复制
Ctrl+Shift+S	**SAVEAS**	**另存文件**
Ctrl+Shift+V	PASTEBLOCK	粘贴为块
★Esc 键		**取消命令或取消选择**
Del 键		**删除所选对象**
★推动鼠标中键		**缩放视图**
★按住鼠标中键		平移视图
Shift+鼠标右键		对象捕捉快捷菜单
Shift+鼠标中键		动态观察
★Enter 键		**确认(命令、参数、参数值、选择等)**

注:(1)F1~F12 为功能键,表中加粗部分为使用频率较高的命令或按键,带“★”号者为使用频率极高的命令或按键。(2)根据不同绘图场景和个人绘图习惯,各命令使用频次会有所不同。本表是依据编者绘图习惯总结,以二维绘图为主,兼顾部分三维绘图。

参考资料

[1] 丁宇明,杨谆,黄水生,等. 土建工程制图[M].4 版. 北京:高等教育出版社,2021.
[2] 丁宇明,杨谆,黄水生,等. 土建工程制图习题集[M].4 版. 北京:高等教育出版社,2020.
[3] 王其恒,李永祥. 水利工程制图及 CAD[M]. 北京:中国水利水电出版社,2020.
[4] 晏孝才. AutoCAD 实训教程[M].2 版. 北京:中国电力出版社,2014.
[5] 何煜琛,习宗德,王敬艳,等. 三维 CAD 习题集[M]. 北京:清华大学出版社,2010.
[6] 晏成明,贾芸,孟庆伟. AutoCAD 工程绘图[M]. 郑州:黄河水利出版社,2013.
[7] 朱育万,卢传贤,孙天杰,等. 画法几何及土木工程制图[M].5 版. 北京:高等教育出版社,2015.
[8] 朱育万,卢传贤,孙天杰,等. 画法几何及土木工程制图习题集[M].5 版. 北京:高等教育出版社,2015.
[9] 于习法,周佶. 画法几何与土木工程制图[M].2 版. 南京:东南大学出版社,2013.
[10] 于习法,周佶. 画法几何与土木工程制图习题集[M].2 版. 南京:东南大学出版社,2013.
[11] 王晓燕,谢美芝,罗慧中. 画法几何与土木建筑制图习题集[M]. 北京:机械工业出版社,2019.
[12] 张永良. 水利工程制图习题集[M]. 北京:中国水利水电出版社,1998.
[13] 赵云华. 道路工程制图习题集[M].2 版. 北京:机械工业出版社,2012.
[14] 袁果,刘政. 道路工程制图习题集[M].5 版. 北京:人民交通出版社,2017.
[15] 高远. 建筑装饰制图与识图[M].4 版. 北京:机械工业出版社,2020.
[16] 张杭君. 环境工程制图[M]. 北京:化学工业出版社,2017.
[17] 张杭君. 环境工程制图实训[M]. 北京:化学工业出版社,2017.
[18] 蔡庄红,赵扬. 化工制图[M].2 版. 北京:化学工业出版社,2021.
[19] 裴斐. 室内与家具设计工程制图[M]. 北京:中国建筑工业出版社,2019.
[20] CAD 辅助设计教育研究室. AutoCAD 2016 家具设计从入门到精通[M]. 北京:人民邮电出版社,2017.
[21] 中国建筑标准设计研究院. 工程做法 05J909[S]. 北京:中国计划出版社,2006.
[22] 中国建筑标准设计研究院. 室外工程 12J003[S]. 北京:中国计划出版社,2012.
[23] 中国建筑标准设计研究院. 平屋面建筑构造 12J201[S]. 北京:中国计划出版社,2012.
[24] 中国建筑标准设计研究院. 楼梯 栏杆 栏板(一) 15J403-1[S]. 北京:中国计划出版社,2015.